机械类"3+4"贯通培养系列教材

互换性原理与测量技术

主　编　杨发展　栗心明
副主编　梁　鹏　刘庆玉　孟广耀

科学出版社

北　京

内 容 简 介

本书是按照高等学校机械类"3+4"贯通培养的本科专业规范、培养方案和课程教学大纲的要求，结合山东省本科教学质量与教学改革工程项目(项目名称：面向新旧动能转换战略多学科交叉融合的机械工程人才培养模式探索与实践)、山东省高水平应用型立项建设专业(群)项目以及编者所在学校的教育教学改革、课程改革经验的基础上编写而成的。全书主要内容包括绪论，测量技术基础，极限与配合，几何公差与检测，表面粗糙度与检测，光滑工件尺寸检测与量规设计，键、花键及轴承的公差与配合，螺纹的公差与检测，圆柱齿轮公差与检测。每章后面附有一定数量的习题。

本书可作为高等学校机械类、近机类各专业的教材和参考书，也可作为高职类工科院校及机械工程技术人员的学习参考书。

图书在版编目(CIP)数据

互换性原理与测量技术/杨发展，栗心明主编. —北京：科学出版社，2019.5

机械类"3+4"贯通培养系列教材

ISBN 978-7-03-061027-0

Ⅰ. ①互… Ⅱ. ①杨… ②栗… Ⅲ. ①零部件－互换性－高等学校－教材 ②零部件－测量技术－高等学校－教材 Ⅳ. ①TG801

中国版本图书馆 CIP 数据核字(2019)第 068987 号

责任编辑：邓 静 张丽花／责任校对：王萌萌
责任印制：张 伟／封面设计：迷底书装

科 学 出 版 社 出版
北京东黄城根北街 16 号
邮政编码：100717
http://www.sciencep.com
北京虎彩文化传播有限公司 印刷
科学出版社发行 各地新华书店经销
*
2019 年 5 月第 一 版 开本：787×1092 1/16
2022 年 8 月第三次印刷 印张：12 3/4
字数：325 000
定价：59.00 元
(如有印装质量问题，我社负责调换)

机械类"3+4"贯通培养系列教材

编 委 会

主 任：李长河

副主任：赵玉刚　刘贵杰　许崇海　曹树坤

韩加增　韩宝坤　郭建章

委 员（按姓名拼音排序）：

安美莉　陈成军　崔金磊　高婷婷

贾东洲　江京亮　栗心明　刘晓玲

彭子龙　滕美茹　王　进　王海涛

王廷和　王玉玲　闫正花　杨　勇

杨发展　杨建军　杨月英　张翠香

张效伟

前　言

"互换性原理与测量技术"是高等工科院校机械类、近机类等专业的重要技术基础课程之一，是联系基础课、专业课和实践教学之间的纽带。"互换性原理与测量技术"课程是学生进入专业领域学习的"先导"课程，起着联系设计类课程与制造工艺类课程的桥梁作用，在培养学生综合设计能力、产品质量检测和工程实践能力方面占有重要地位。本课程的任务是通过课堂教学、实验教学和相关项目研究等，使学生获得互换性原理与测量技术方面的基本知识，培养其应用相关公差标准对产品进行精度设计和产品质量检测的能力，支撑专业学习成果中相应指标点的达成。

本书是根据高等学校机械类"3+4"贯通培养"互换性原理与测量技术"课程教学大纲要求，按照近几年的全国高等学校教学改革的有关精神，结合编者多年教学实践并参照国内外有关资料和书籍编写而成的。全书突出体现以下特点。

(1)紧密结合教学大纲，在内容上注重加强基础，突出应用能力和工程素质的培养，做到紧扣国家标准、系统性强、内容少而精。

(2)综合运用已学过的知识进行尺寸精度和测量方法的确定与选择，既有传统标准化和计量学的基础知识，又有新技术、新装备和新的测量方法在精度设计领域的应用与发展，特色明显。

(3)为适应机械工程学科的进步和发展形势的需要，各章内容贯穿了互换性系统的思想，同时为了扩大知识面，适当加入了现代制造中的高精度、高的表面粗糙度要求等反映国内外的新成果、新技术的内容。

(4)全书采用最新国家标准及法定计量单位。

(5)为方便学生自学和进一步理解课程的主要内容，各章后均编入了一定数量的习题，做到理论联系实际，学以致用。

本书由青岛理工大学杨发展、栗心明担任主编，梁鹏、刘庆玉、孟广耀担任副主编。本书第1章由孟广耀编写，第2章由孟广耀、刘庆玉编写，第3章、第5章和第6章由杨发展编写，第4章由梁鹏、刘庆玉编写，第7章由杨发展、栗心明编写，第8章、第9章由栗心明编写。全书由杨发展统稿和定稿。

本书承蒙山东大学机械工程学院赵军教授主审。赵军教授提出了许多宝贵的建议，在此表示衷心的感谢。在本书编写过程中得到了许多专家、同仁的大力支持和帮助，参考了许多教授、专家的有关文献，在此一并向他们表示衷心的感谢。

本书的出版得到科学出版社和青岛理工大学的大力支持，在此表示衷心感谢！

由于编者的水平和时间有限，书中难免存在不足之处，恳请广大读者批评指正。

编　者

2018 年 12 月

目 录

第1章　绪论 ·· 1

  1.1　互换性与公差 ·· 1

  1.2　标准化与优先数系 ··· 3

  1.3　几何量的精度设计与测量技术 ··· 5

  习题1 ··· 6

第2章　测量技术基础 ··· 7

  2.1　测量的基本概念 ·· 7

    2.1.1　测量的方式 ·· 7

    2.1.2　测量过程的四要素 ·· 8

    2.1.3　计量基准 ·· 8

    2.1.4　量块 ·· 10

  2.2　测量仪器和测量方法 ·· 11

    2.2.1　测量仪器的基本技术性能指标 ·· 11

    2.2.2　测量仪器及分类 ··· 13

    2.2.3　测量方法及分类 ··· 13

  2.3　测量误差及数据处理 ·· 15

    2.3.1　测量误差的基本概念 ··· 15

    2.3.2　测量误差的来源 ··· 15

    2.3.3　测量误差的分类 ··· 17

    2.3.4　测量精度的分类 ··· 17

    2.3.5　测量数据的处理 ··· 18

  习题2 ··· 26

第3章　极限与配合 ··· 28

  3.1　极限与配合的术语和定义 ·· 28

    3.1.1　有关尺寸的术语与定义 ·· 28

    3.1.2　有关偏差和公差的术语与定义 ·· 30

    3.1.3　有关配合的术语与定义 ·· 31

  3.2　尺寸公差与配合的标准 ··· 35

    3.2.1　标准公差系列 ·· 36

    3.2.2　基本偏差系列 ·· 38

    3.2.3　一般、常用和优先的公差带与配合 ·· 47

3.3　尺寸公差带与配合的选用·······························49

　　3.3.1　基准制的选用·································50

　　3.3.2　公差等级的选用·······························51

　　3.3.3　配合种类的选用·······························53

　　3.3.4　选用实例·································56

3.4　大尺寸段、小尺寸段的公差与配合·······················59

　　3.4.1　大尺寸段的公差与配合··························59

　　3.4.2　小尺寸段的公差与配合··························63

习题3·····································64

第4章　几何公差与检测································66

4.1　几何公差概述··································66

　　4.1.1　几何公差的研究对象···························66

　　4.1.2　几何公差的特征及符号··························67

　　4.1.3　几何公差带的概念···························68

4.2　几何公差的标注·································69

4.3　几何公差与公差带································71

　　4.3.1　形状公差及公差带····························71

　　4.3.2　方向公差及公差带····························73

　　4.3.3　位置公差及公差带····························75

　　4.3.4　跳动公差及公差带····························77

4.4　公差原则与应用·································78

　　4.4.1　公差原则的基本术语及定义·······················78

　　4.4.2　独立原则································80

　　4.4.3　相关要求································81

4.5　几何公差的选择·································87

习题4·····································94

第5章　表面粗糙度与检测·······························97

5.1　概述·····································97

5.2　表面粗糙度的评定································98

　　5.2.1　主要术语和定义····························99

　　5.2.2　几何参数的术语···························100

　　5.2.3　评定参数·······························101

5.3　表面粗糙度的选用·······························103

　　5.3.1　表面粗糙度评定参数的选择························104

　　5.3.2　表面粗糙度评定参数允许值的选择·····················104

5.4　表面粗糙度的符号、代号及其注法······················106

　　5.4.1　表面粗糙度的符号和代号·························106

　　5.4.2　表面粗糙度要求在图样中的注法······················108

5.5　表面粗糙度的检测 ………………………………………………………… 111

习题 5 …………………………………………………………………………… 114

第 6 章　光滑工件尺寸检测与量规设计 …………………………………………… 115

6.1　光滑工件尺寸检验 ………………………………………………………… 115

6.2　光滑极限量规设计 ………………………………………………………… 123

6.2.1　光滑极限量规的功用及种类 ……………………………………… 123

6.2.2　量规的设计 ………………………………………………………… 124

习题 6 …………………………………………………………………………… 129

第 7 章　键、花键及轴承的公差与配合 …………………………………………… 130

7.1　键与花键的用途和分类 …………………………………………………… 130

7.2　平键连接的公差与配合 …………………………………………………… 131

7.3　矩形花键连接的公差与配合 ……………………………………………… 134

7.3.1　矩形花键的结构和尺寸 …………………………………………… 134

7.3.2　矩形花键连接的定心方式 ………………………………………… 135

7.3.3　矩形花键连接的公差与配合 ……………………………………… 136

7.3.4　矩形花键的图样标注 ……………………………………………… 138

7.3.5　矩形花键的检测 …………………………………………………… 138

7.4　滚动轴承公差与配合 ……………………………………………………… 139

7.4.1　滚动轴承的精度等级 ……………………………………………… 139

7.4.2　滚动轴承内径和外径的公差带及其特点 ………………………… 140

7.4.3　滚动轴承与轴和外壳孔的配合及其选择 ………………………… 143

习题 7 …………………………………………………………………………… 148

第 8 章　螺纹的公差与检测 ………………………………………………………… 150

8.1　概述 ………………………………………………………………………… 150

8.2　普通螺纹几何参数误差对互换性的影响 ………………………………… 152

8.3　普通螺纹的公差与配合 …………………………………………………… 154

8.3.1　螺纹公差带 ………………………………………………………… 154

8.3.2　螺纹公差带的选用 ………………………………………………… 158

8.3.3　普通螺纹标记 ……………………………………………………… 159

8.4　普通螺纹的检测 …………………………………………………………… 159

习题 8 …………………………………………………………………………… 160

第 9 章　圆柱齿轮公差与检测 ……………………………………………………… 161

9.1　齿轮传动及其使用要求 …………………………………………………… 161

9.2　齿轮的加工误差及其分类 ………………………………………………… 162

9.2.1　加工误差的主要来源 ……………………………………………… 162

9.2.2　齿轮加工误差的分类 ……………………………………………… 163

9.3 齿轮的评定指标及检测 ·· 164

　9.3.1 传递运动准确性的评定指标及检测 ································ 164

　9.3.2 传动平稳性的评定指标及检测 ······································ 167

　9.3.3 载荷分布均匀性的评定指标及检测 ································ 169

　9.3.4 侧隙评定指标及检测 ·· 171

9.4 齿轮安装误差的评定指标 ·· 173

9.5 渐开线圆柱齿轮精度标准 ·· 174

　9.5.1 齿轮评定指标的精度等级及选择 ···································· 174

　9.5.2 齿轮侧隙指标公差值的确定 ·· 182

　9.5.3 检验项目的选择 ·· 184

　9.5.4 齿轮坯公差 ·· 185

　9.5.5 齿轮齿面和基准面的表面粗糙度要求 ······························ 186

　9.5.6 图样上齿轮精度等级的标注 ·· 187

9.6 齿轮精度设计示例 ·· 187

9.7 新旧国标对照 ·· 190

习题 9 ·· 192

参考文献 ·· 193

第1章 绪 论

教学提示

互换性在国民经济发展和国内外各类贸易中起着重要的推动作用。零部件间具有的互换性是进行现代化规模生产的基本要求，而公差则是保证互换性得以顺利实现的基本条件。互换性的基本概念和优先数系的特点是本章学习的重点，学生在学习的过程中可结合生产实例来逐步理解并重点掌握。

教学要求

掌握互换性的基本概念。了解互换性生产在国民经济发展中的作用。掌握优先数和优先数系构成的特点。了解标准化意义及标准化与互换性之间的关系。

1.1 互换性与公差

1. 互换性与公差的概念

汽车、家电产品等的装配往往采用的是流水线作业，随着输送带及输送系统的循环运动，各部位的零件被安装到指定的位置。在生产中，为什么工人/机器手臂在捡起零件进行装配时，不加任何选择，就能将零件装上，而且能够满足要求？这就是互换性的作用。那么，什么是互换性呢？

在机械等各类产品的制造业中，**零部件的互换性是指在同一规格的一批零件或部件中，任取其一，不需经过任何的挑选或修配(如钳工打磨修理等)就能直接装在机器上，并满足设定的功能要求，这样的一批零部件就称为具有互换性的零部件。**

前面提到的零部件为什么不经过选择，随机任取一件就能装上并能满足装配和功能要求呢？这是因为这些零部件具有互换性特征。互换性在日常生活中很常见，如灯泡、螺栓、螺母、插座、USB 接口、轴承等零部件都是典型具有互换性的零部件，因为这些零部件具有在尺寸、功能上彼此互相替换的功能。因此，互换性是工业生产发展到一定水平的产物，是进行现代化生产的基本要求。

这些零部件之所以具有互换性，是因为这些零部件在制造时遵循了一个原则，即国家标准(公差标准)。**公差是零部件的几何参数所允许的变动量。**在设计时必须要给零部件规定尺寸变动范围即公差，在制造时只要控制零部件的加工误差在公差允许的范围内，就能保证零部件具有互换性。所以公差是保证互换性得以实现的基本条件。

零部件的互换性包括几何量、力学性能和理化性能等各方面的互换性，本书只介绍几何量的互换性。

2. 互换性的作用

互换性的作用主要体现在机械设计、制造、使用和维修、回收与再利用等零件的全生命周期的各个方面。

(1)在设计方面，由于大多数零部件均已标准化，所以在设计中只需要根据要求来选用即可，从而使设计过程大幅简化、耗用的时间大大缩短，设计人员可以集中精力解决关键环节的问题，提高设计质量。

(2)在制造方面，互换性有利于实现生产过程的机械化、自动化水平；采用定尺寸刀量具加工、检验，可大幅降低生产成本；有利于实现装配过程的流水线作业和自动化生产线作业，提高生产效率，如汽车装配时采用流水线作业等。

(3)在使用和维修方面，由于零部件具有了互换性，当某些零部件磨损或损坏失效时，可以及时将备用件换上，方便快捷，提高了机器的使用价值并大幅提升其服役能力和服役时间。

(4)回收与再利用方面，整机达到报废条件而机械中的一些功能部件满足力学性能且达到回收条件的零部件，根据其型号规格进行分门别类处理，经评估后还可以重新使用，可大幅节约原材料和生产成本。

在现代化工业生产中，互换性在提高产品质量、提升生产效率和降低生产成本等方面具有重要的意义。那么是否在任何场合任何零部件都需要按互换性要求进行生产呢？互换性的种类有哪些？如何根据需要来选择互换性种类？

3. 互换性的种类

互换性的分类方法很多，按互换性程度来分是常用的方法，由此可将互换性分为完全互换性和不完全互换性。

1)完全互换性

简称互换性，是以零部件装配或更换不需要经过任何挑选或修配为条件的，也就是零部件能百分百互换。它的优点是生产率高，有利于组织流水线和自动线生产，容易解决备件供应问题，有利于维修工作。缺点是对加工精度要求高的零部件，加工工序中每个环节的公差值将会很小且难以加工，实际生产不经济。

2)不完全互换性

针对加工精度要求高、生产成本要求低的矛盾，在零部件装配时允许有附加的选择或调整，但不允许有修理，所以也称为有限互换性。不完全互换性可以用分组装配法和调整法来实现。

(1)分组装配法，是将零部件的制造公差放大到经济可行的程度，在装配时进行分组，选择合适的零部件进行装配，以保证相同组内零部件的公差达到规定的装配精度。例如，活塞销和活塞销孔的装配关系，如图 1-1 所示。活塞销直径 d 与活塞销孔径 D 的公称尺寸为 $\phi28\mathrm{mm}$，按装配技术要求，在冷态装配时应有 0.0025～0.0075mm 的过盈量，配合公差是 0.005mm，孔与销轴的加工精度要求为 0.0025mm，需用研磨加工的方法才能保证精度要求。若活塞销和活塞销孔的加工精度要求降低为 0.01mm，比原来的制造公差扩大了 4 倍，那么活塞销采用精密无心磨加工，活塞销孔采用金刚镗加工，可使加工成本降低。但为达到装配要求需采用分组互换进行装配，将孔和轴均分为四组，这样公差要求保证了装配的配合公差为 0.005mm，从而满足使用的要求。该方法适用于大批量生产，缺点是易造成各组配合件数不等，不能完全配套，造成零部件积压。

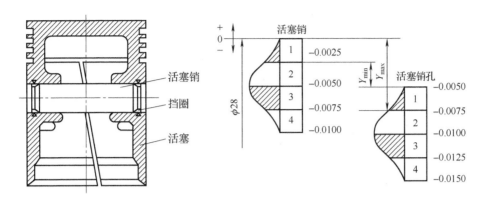

图 1-1 活塞销与活塞销孔的装配关系(单位：mm)

(2)调整互换法，分为可动调整法和固定调整法。该方法在装配时用改变产品中可调整零部件的相对位置或选用合适的调整件来达到装配精度的要求。

1.2 标准化与优先数系

1. 标准与标准化的概念

标准是对重复性事物和概念所做的统一规定，它以科学、技术和实践经验的综合成果为基础，经有关方面协商一致，由主管机构批准，以特定形式发布，作为共同遵守的准则和依据。标准是需要人们共同遵守的规范性文件。

标准的表现形式为文字表达和实物表达，如标准文件、量块等。

我国标准分为强制性标准和推荐性标准。强制性标准是国家通过法律的形式明确要求对于一些标准所规定的技术内容和要求必须执行，不允许以任何理由或方式加以违反、变更的标准，包括强制性的国家标准、行业标准和地方标准。对违反强制性标准的，国家将依法追究当事人的法律责任。推荐性标准是指国家鼓励自愿采用的具有指导作用而又不宜强制执行的标准，即标准所规定的技术内容和要求具有普遍的指导作用，允许使用单位结合自己的实际情况，灵活加以选用。

国际标准是指国际标准化组织(ISO)和国际电工委员会(IEC)所制定的标准，以及国际标准化组织已列入《国际标准题内关键词索寻引》中的 27 个国际组织制定的标准和公认具有国际先进水平的其他国际组织制定的某些标准。

标准化是指在经济、技术、科学及管理等社会实践中，对重复性事物和概念通过制定、发布和实施标准，达到统一，以获得最佳秩序和社会效益的活动。标准化包括标准的制定、宣传、贯彻、实施和管理。

2. 标准的分类及代号

根据《中华人民共和国标准化法》规定，按标准的层次分类，我国的标准分为国家标准、行业标准、地方标准和企业标准，并将国家标准、行业标准、地方标准分为强制性标准和推荐性标准两类。

国家标准是四级标准体系中的主体。例如，GB 7718—2011《食品安全国家标准预包装食品标签通则》中，GB 是国标的汉语拼音的声母，7718 为强制性国家标准的代号，2011 为年份：GB/T 1800.1—2009《产品几何技术规范（GPS）极限与配合 第 1 部分：公差、偏差和配合的基础》中，GB 后加/T 表示为推荐性国家标准。

　　行业标准是指对没有国家标准而又需要在全国某个行业范围内统一的技术要求所制定的标准。行业标准是对国家标准的补充，是专业性、技术性较强的标准。行业标准的制定不得与国家标准相抵触，国家标准公布实施后，相应的行业标准即行废止。例如，JB/T 4050.1—1999《气相防锈油技术条件》是机械行业推荐性标准。不同行业的标准的前面的两个字母不同，如 JB 机械、NY 农业、R 交通、HJ 环境保护、SN 商检、QB 轻工、LY 林业、CJ 城镇建设、WS 卫生、YC 烟草、QC 汽车、JC 建材、SJ 电子、YD 通信等。

　　地方标准是指对没有国家标准和行业标准而又需要在省、自治区、直辖市范围内统一工业产品的安全、卫生要求所制定的标准，地方标准在本行政区域内适用，不得与国家标准和行业标准相抵触。国家标准、行业标准公布实施后，相应的地方标准即行废止。例如，DB 23/T 1210—2008 黑龙江省推荐性地方标准、DB 34/848—2008 安徽省强制性地方标准，DB 后面的阿拉伯数字代表省、自治区或直辖市，如北京 11、天津 12、河北 13、山西 14、内蒙古 15、辽宁 21、吉林 22、黑龙江 23、上海 31、江苏 32、浙江 33、安徽 34、福建 35、江西 36、山东 37、河南 41、湖北 42、湖南 43、广东 44、广西 45、海南 46、重庆 50、四川 51、贵州 52、云南 53、西藏 54、陕西 61、甘肃 62。

　　企业在生产产品时，如果没有国家标准、行业标准和地方标准可参照，就应当制定相应的企业标准。对没有国家标准、行业标准或地方标准的，鼓励企业制定严于国家标准、行业标准或地方标准要求的企业标准。企业标准是指企业所制定的产品标准和在企业内需要协调、统一的技术要求、管理要求、工作要求所制定的标准。企业标准是企业组织生产经营活动的依据。例如，Q/WP1024—2002 是 TCL 集团股份有限公司的企业标准，WP 是企业代号，1024 是标准顺序号，2002 是制定和实施的年份。

3. 优先数系和优先数

　　机械设计中常遇到数据的选取问题，几何量公差最终也是数据的选取问题，如产品的分类、分级的系列参数的规定、公差数值的规定。这些数据的选择关系到统一、简化、规范和实用性的问题。国家标准 GB/T 321—2005《优先数和优先数系》给出了制定标准的数值制度。这也是国际上通用的科学数值制度。

　　1）优先数系

　　优先数系（表 1-1）是由一些十进制等比数列构成的，其代号为 Rr；公比为 $q_r = \sqrt[r]{10}$（r 取 5、10、20、40、80）。例如，R5、R10、R20 和 R40 系列。

　　R5 的公比：$q_5 = \sqrt[5]{10} \approx 1.6$

　　R10 的公比：$q_{10} = \sqrt[10]{10} \approx 1.25$

　　R20 的公比：$q_{20} = \sqrt[20]{10} \approx 1.12$

　　R40 的公比：$q_{40} = \sqrt[40]{10} \approx 1.06$

　　从表 1-1 可知优先数是近似值，其数值圆整的方法在此不做介绍，可根据表中所列数值推导出所需要的优先数。例如，R5 系列从 10 开始取数，依次为 10、16、25、40、63、100、160 等。

表 1-1 优先数系(基本系列)(摘自 GB/T 321—2005)

基本系列	优先数(常用值)										
R5	1.00		1.60		2.50		4.00		6.30		10.00
R10	1.00	1.25	1.60	2.00	2.50	3.15	4.00	5.00	6.30	8.00	10.00
R20	1.00	1.12	1.25	1.40	1.6	1.80	2.00	2.24	2.50	2.80	3.15
	3.55	4.00	4.50	5.00	5.60	6.30	7.10		8.00	9.00	10.00
R40	1.00	1.06	1.12	1.18	1.25	1.32	1.40	1.50	1.60	1.70	1.80
	1.9	2.00	2.12	2.24	2.36		2.5	2.65	2.8	3.0	3.15
	3.35	3.55	3.75		4.00	4.25	4.50		4.75	5.00	5.30
	5.60	6.00	6.30	6.70	7.10	7.50	8.00	8.50	9.00	9.50	10.00

优先数系的特点: r 值大的优先数系的项值包括 r 值小的优先数系的项值。例如, R10 系列包括 R5 系列里的所有数; R20 系列包括 R10 系列里的所有数。r 值可以判断优先数系的变化规律, 如 R5 系列就是每隔 5 位数值扩大 10 倍, R10 系列就是每隔 10 位数值扩大 10 倍, 根据此规律可按表 1-1 的数值向两边扩展, 并方便地获得所需要的优先数。例如, R5 系列比 1 小的优先数为 1、0.63、0.4、0.25、0.16、0.1 等。

2) 优先数

优先数系中的所有数均为优先数, 即都为符合 R5、R10、R20、R40 和 R80 系列的圆整值。在生产中, 为了满足用户各种各样的要求, 同一种产品的同一个参数还要从大到小取不同的值, 从而形成不同规格的产品系列。公差数值的标准化, 也是以优先数系来选数的。

3) 优先数系的分类

根据国家标准 GB/T 321—2005 的规定, 优先数系分类如下。

基本系列: R5、R10、R20、R40 和补充系列 R80。

派生系列: R10/3、R5/2、R10/2。

基本系列是常用的系列, 补充系列是在参数分级很细或基本系列中的优先数不能适应实际情况时, 才可考虑采用的。

派生系列是从基本系列或补充系列中每隔 p 项取值导出的系列, 以 Rr/p 表示, 比值 r/p 是 1~10、10~100 等各个十进制数内项值的分级数。例如, R10/3, 它的公比数大约为 2, 即 $q_{10/3} = 10^{3/10} = 1.953 \approx 2$, 它是在 R10 系列的基础上每隔 3 个数取 1 个数, 由此可导出 3 种不同项值的系列, 具体如下。

(1)1.00, 2.00, 4.00, 8.00, …

(2)1.25, 2.50, 5.00, 10.0, …

(3)1.60, 3.15, 6.30, 12.5, …

1.3 几何量的精度设计与测量技术

1. 几何量的精度设计

一般情况下, 在机械产品的设计中, 需要进行三方面的设计。

(1)运动设计/功能设计:根据机器或机构需满足的运动或功能要求, 由运动学原理出发,确定机器或机构的合理的传动系统，选择合适的机构或元件，以保证实现预定的动作或功能，最终达到机器或机构运动/功能方面的要求。

（2）结构设计：根据零部件在强度、刚度、稳定性等方面的要求，确定各个零件合理的公称尺寸，进行合理的结构设计，使其在工作时能承受设定的负荷，达到强度和刚度等各方面的要求。

（3）几何量的精度设计：零件公称尺寸确定后，还需要进行精度的计算，以确定产品各个部件的装配精度以及零件的几何参数和公差。零件加工后的实际几何形体与设计要求的理想的形体相一致的程度，称为几何量精度。零件的几何量精度直接影响零件的使用性能和质量。几何量精度往往用公差值来要求，所以零件的加工误差应小于或等于公差允许的量值。

机械零件的加工工艺就是根据该零件几何精度设计的要求安排的，本书后续内容主要讨论的是几何精度的设计。

2. 几何量的测量技术

测量技术是互换性得以实现的保障。当零件被加工完成后，其是否满足几何精度的要求，需要通过测量加以判断。测量是将被测量与作为计量单位的标准量进行比较，以确定被测量的具体数值的过程。

测量技术包括测量的仪器、测量的精度、测量的方法和测量数据的处理。通过测量不仅可以评定产品的质量，而且可以分析产生不合格品的原因并及时调整后续的生产工艺，预防废品的产生。因此，合理的几何精度设计和高水平的测量技术是保证产品质量、实现互换性生产的两个必不可少的条件和手段。

产品质量的提高，除设计和加工精度的提高外，往往更依赖于检测精度的提高。测量技术的水平在一定程度上反映了机械加工的水平。测量技术的发展能提高检测效率、公正评判和保证产品质量。

本课程学习的主要任务就是掌握几何量精度设计的基本方法，获得互换性、标准化、测量技术及质量工程的基础知识，掌握各公差标准及其应用和工厂常用计量器具的操作技能，初步了解测量误差及其处理方法，为后续从事机电产品的设计、制造、维修、开发和科研打下坚实的基础。

习题 1

1-1 什么叫互换性？它在机械制造中有何重要意义？是否只适用于大批量生产？

1-2 完全互换与不完全互换有何区别？各用于何种场合？

1-3 公差、检测、标准化与互换性有什么关系？

1-4 按标准颁发的级别，我国标准可分为哪几种？

1-5 什么是优先数系？R5 系列的数每隔 5 位，数值增加几倍？

1-6 请根据表 1-1 写出 R10 和 R10/2 系列自 1 以后的 10 个数。

1-7 可装配性与互换性有何区别？

第 2 章　测量技术基础

2.1　测量的基本概念

　　制造业的发展离不开测量技术的进步，测量技术的进步促进了现代制造业的快速发展，并进一步提升了精密与高精密加工等技术的应用。在产品的"设计、制造、检测"这三大环节中，测量占有极其重要的地位。

　　有关检测方面的国家标准有 GB/T 3177—2009《产品几何技术规范（GPS）光滑工件尺寸的检验》、GB/T 1957—2006《光滑极限量规 技术条件》、GB/T 10920—2008《螺纹量规和光滑极限量规型式与尺寸》、GB/T 6093—2001《几何量技术规范（GPS）长度标准 量块》、JJG 146—2011《量块》、JJF 1001—2011《通用计量术语及定义》等。

2.1.1　测量的方式

　　一件制造完成后的产品是否满足设计的几何精度要求，通常有以下几种判断方式。

　　(1)测量。测量是指以确定被测对象的量值为目的的一个操作过程。在这一操作过程中，将被测对象与体现计量单位的标准量进行比较。设被测几何量为 L，所采用的计量单位为 E，则它们的比值 q 为

$$q = L/E \tag{2-1}$$

　　被测几何量的量值 L 为测量所得的量值 q 与计量单位 E 的乘积，即

$$L = q \times E \tag{2-2}$$

　　式(2-2)表明，任何几何量的量值都由两部分组成，表征几何量的数值和该几何量的计量单位，如 2.02m 或 2020mm。

　　显然，进行任何测量，首先要明确被测对象和确定计量单位，其次要有与被测对象相适应的测量方法，并且测量结果还要达到所要求的测量精度。

(2)测试。测试是指具有试验研究性质的测量，也可理解为试验和测量的全过程。

(3)检验。检验是判断被测物理量(参数)是否合格(在极限范围内)的过程。通常不能测出被测对象的具体数值。

(4)计量。计量是为实现测量单位的统一和量值准确可靠的一种活动。

2.1.2　测量过程的四要素

任何测量过程都包含测量对象、计量单位、测量方法和测量误差四个要素。

(1)测量对象。在机械制造中，测量的对象主要为几何量，包括长度、角度、表面粗糙度、轮廓形状和位置误差以及螺纹、齿轮的几何参数等。

(2)计量单位。计量单位是定量表示同种量的大小而约定的定义和采用的特定量。计量单位涉及长度基准的确定、建立、保存、传递和使用，以保证量值的准确和统一。我国的计量单位一律采用《中华人民共和国法定计量单位》中的规定，如几何量中长度的基本单位为米(m)，几何量中平面角的单位为弧度(rad)，立体角的单位为球面度(sr)。

(3)测量方法。测量方法是进行测量时按类别叙述的一组操作逻辑次序，如替代法、零位法等。根据被测对象的特点，如精度、大小、轻重、材质、数量等来确定测量方法，从而确定所用的计量器具，分析研究被测参数的特点和与其他参数的关系，确定最合适的测量条件(如环境、温度)等。

(4)测量误差。测量误差是指测得量值与被测量的真值之间的差。由于测量过程总是不可避免地会出现测量误差，测量结果只能在一定范围内无限地靠近真值，绝对等于真值在现实中是不可能的。测量误差大说明测量精度低，所以误差和精度是两个相对的概念。

2.1.3　计量基准

在生产和科学实验中测量需要标准量，而标准量所体现的量值需要由基准提供，因此，为了保证测量的准确性，就必须建立起统一、可靠的计量单位基准。

计量基准是为了定义、实现、保存和复现计量单位的一个或多个量值，用作参考的实物量具、测量仪器、参考物质和测量系统。在几何量计量领域内，测量基准可分为长度基准和角度基准两类。

1. 长度基准

米是国际上通用的长度计量单位，即"1m 是光在真空中于（1/299792458）s 时间间隔内的行程长度"。

从 1790 年到现在，米作为长度基准的定义已经过了两次重大修改，从最初的实物基准到自然基准，从自然基准到建立在光速值这个基本物理常数的基础上的新的定义。无论如何修改，对长度计量工作者来说，影响不大，因为他们关注的是如何进行长度量值的统一和传递的问题。在生产中都是通过一些高精度的计量器具将基准的量值进行传递。可直接用这些测量器具对零件进行测量。图 2-1 是国家标准所规定的长度量值的传递系统，通过线纹尺和量块这两个主要媒介把国家基准波长向下传递，由于传递的媒介不同，精度要求也不同，实际应用中可根据具体的要求选择不同精度的测量基准。例如，生产中常用的游标卡尺的制造是以 3 等线纹尺为基准的，而立式光学计是以量块为测量基准的。

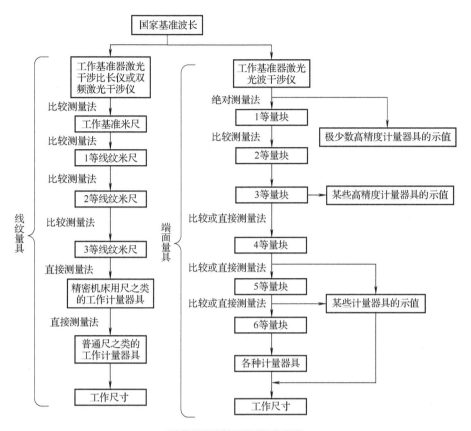

图 2-1　长度基准传递系统

2. 角度基准

角度也是机械制造中重要的几何参数。常用角度单位为度(°)是由圆周角 360° 来定义的，而弧度与度、分、秒又有确定的换算关系，因此角度度量与长度度量不同，角度度量不需要再建立一个自然基准。但在实际应用中，为了测量方便，角度基准的实物基准常用特殊合金钢或石英玻璃制成的多面棱体，并建立了角度量值的传递系统。

多面棱体的工作面数有 4、6、8、12、24、36、72 等几种。图 2-2 所示的多面棱体为正八面棱体，它所有相邻两工作面法线间的夹角均为 45°，因此用它作为角度基准可以测量任意 $n×45°$ 的角度(n 为正整数)。图 2-3 所示是以多面棱体为角度基准的量值传递系统。

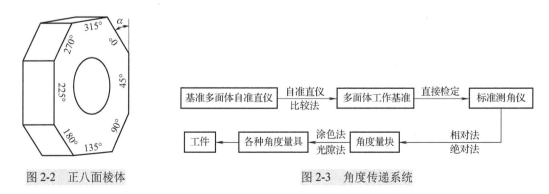

图 2-2　正八面棱体　　　　　　　　　　　图 2-3　角度传递系统

2.1.4　量块

量块是指截面为矩形，并具有一对相互平行的测量面的端面量具，又称块规，它没有刻度。它是保证长度量值统一的一种端面长度标准，一般用特殊的合金钢等耐磨材料制造。除了作为工作基准，量块还可以用来调整仪器、机床或直接测量零件。

量块的外形如图 2-4 和图 2-5 所示。绝大多数量块制成直角平行六面体，即有 2 个测量面和 4 个侧面构成。量块的测量面是经过研磨加工的，所以其表面较侧面要光滑得多，很容易区分开来。

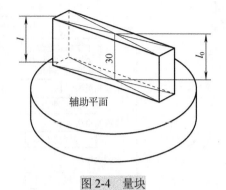

图 2-4　量块

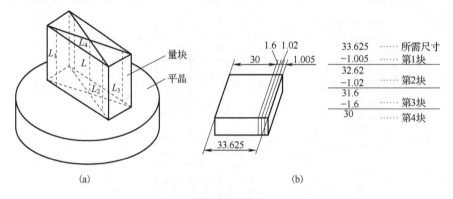

(a)　　　　　　　　　　　　　　(b)

图 2-5　量块

量块的长度是指测量面上任意点到与其相对的另一个测量面相研合的辅助体表面之间的垂直距离，用符号 l 表示，辅助体的材料表面质量应与量块相同，如图 2-4 所示。

从量块一个测量面上任意点(距边缘 0.5mm 区域除外)到与此量块另一个测量面相研合的面的垂直距离称为量块长度 L_i，从量块一个测量面中心点到与此量块另一个测量面相研合的面的垂直距离称为量块的中心长度 L，如图 2-4 所示。标称长度至 10mm 的量块，其截面尺寸为 30mm×9mm；标称长度为 10～1000mm 的量块，其截面尺寸为 35mm×9mm。标称长度至 5.5mm 的量块，其标称长度刻在上测量面上；标称长度大于 5.5mm 的量块，其标称长度刻在上测量面左侧的平面上。

量块是定尺寸量具，一个量块只有一个尺寸。量块在使用时，通常利用其测量平面的研合性由几个量块组合使用。为了能用较少的块数组合成所需要的尺寸，量块应按一定的尺寸系列成套生产供应。国家标准共规定了 17 种系列的成套量块，每套的块数分别为 91、83、46、38、10 等几种。表 2-1 列出了其中两种成套量块的尺寸系列。

表 2-1　两种成套量块的尺寸(摘自 GB/T 6093—2001)

序	总块数	组别	尺寸系列/mm	间隔/mm	块数
1	83	0,1,2	0.5	—	1
			1	—	1
			1.005	—	1
			1.01,1.02,…,1.49	0.01	49

序	总块数	组别	尺寸系列/mm	间隔/mm	块数
1	83	0,1,2	1.5,1.6,…,1.9	0.1	5
			2.0,2.5,…,9.5	0.5	16
			10,20,…,100	10	10
2	46	0,1,2	1,2,…,9	1	9
			1.001,1.002,…,1.009	0.001	9
			1.01,1.02,…,1.09	0.01	9
			1.1,1.2,…,1.9	0.1	9
			10,20,…,100	10	10

根据不同的使用要求，量块做成不同的精度等级。划分量块精度有两种规定：按"级"划分和按"等"划分。

GB/T 6093—2001 按制造精度将量块分为 0、1、2、3 和 K 级共五级，其中 0 级精度最高，3 级精度最低，K 级为校准级。分级的依据是量块长度极限偏差、量块长度变动允许值、测量面的平面度、量块的研合性等。量块按"级"使用时，以量块的标称长度作为工作尺寸，该尺寸包含量块的制造误差，将被引入测量结果中。由于不需要加修正值，故使用较方便。量块生产企业大多按级推向市场销售。

在各级计量部门，标准 JJG 146—2011《量块》按检定精度将量块分为 1～5 等，精度依次降低。量块按"等"使用时，不再以标称长度作为工作尺寸，而是以量块经检定后所给出的实测中心长度作为工作尺寸，该尺寸排除了量块的制造误差，仅包含检定时的测量误差。

量块的分"级"和分"等"是从成批制造和单个检定两种不同的角度，对其精度进行划分的。就同一量块而言，检定时的测量误差要比制造误差小得多，因此量块按"等"使用比按"级"使用时的测量精度高，并且能在保持量块原有使用精度的基础上延长其使用寿命，磨损超过极限的量块经修复和检定后仍可作同等使用。

量块在机械制造企业和各级计量部门中应用较广，常作为尺寸传递的长度基准和计量仪器示值误差的检定标准，也可作为精密零件测量、精密机床和夹具调整时的尺寸基准。

量块组合使用时，为了减少量块组合的累积误差，应力求使用最少的块数，一般不超过四块。组成量块组时，可从消去所需工作尺寸的最小尾数开始，逐一选取。例如，为了得到工作尺寸为 33.625mm 的量块组，可以从 83 块一套的量块中分别选取 1.005mm、1.02mm、1.6mm 和 30mm 等 4 块量块；如果要获得工作尺寸为 25mm 的量块组，可从表 2-3 中选 5mm 和 20mm 两块组成，也可选 10mm、7mm 和 8mm 等 3 块组成。

2.2　测量仪器和测量方法

测量仪器(计量器具)是指能单独地或连同辅助设备一起用以进行测量的器具。测量仪器的发展很快，许多高精度、自动化的仪器的开发，使测量精度大大提高。

2.2.1　测量仪器的基本技术性能指标

测量仪器的基本技术性能指标是合理选择和使用计量器具的重要依据。标准 JJF 1001—2011《通用计量术语及定义》中给出了这些指标的定义。

(1)标尺间距。标尺间距是指计量器具沿着标尺长度的同一条线测得的两相邻标尺标记之间的距离。标尺间距用长度单位表示，而与被测量的单位和标在标尺上的单位无关。例如，立式光学计的目镜视场所能见到的标尺间距为0.96mm，如图2-6所示。通常为了目测方便，标尺间距为0.75～2.5mm。

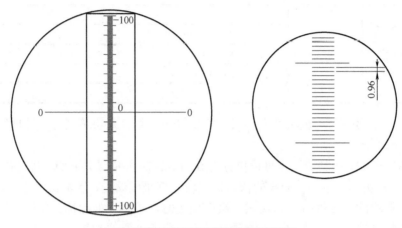

图2-6　立式光学计的目镜视场尺像

(2)标尺间隔。标尺间隔也称为分度值，是指计量器具标尺对应两相邻标记的两个值之差。标尺间隔用标在标尺上的单位表示，即标尺上所能读出的最小单位。一般长度计量器具的标尺的间隔(分度值)有0.1mm、0.05mm、0.02mm、0.01mm、0.005mm、0.002mm、0.001mm等几种。例如，立式光学计的目镜视场所能见到的标尺间隔或分度值为0.001mm(1μm)，如图2-6所示。通常，分度值越小，计量器具的精度越高。

(3)分辨率。分辨率是指计量器具所能有效辨别的最小的示值。分辨率由于在一些量仪(如数字式量仪)中，其读数采用非标尺或非分度盘显示，因此就不能使用分度值这一概念，而将其称为分辨率，即当变化一个有效数字时示值的变化。

(4)示值范围。示值范围是极限示值界限内的一组值。对模拟显示而言，它可以称为标尺范围。例如，立式光学计的目镜视场所能见到标尺的示值范围是±100μm，如图2-6所示。

(5)测量范围。测量范围是指测量仪器的误差处在规定极限内的一组被测量的值，也称工作范围。测量范围的上限值与下限值之差称为量程。例如，立式光学计的测量范围为0～180mm，量程为180mm。

(6)灵敏度。灵敏度是指测量仪器响应的变化除以对应的激励变化，即量仪对被测量变化的反应能力。若被测几何量的激励变化为Δx，该几何量引起计量器具的响应变化为ΔL，则灵敏度S为

$$S = \frac{\Delta L}{\Delta x} \tag{2-3}$$

当式(2-3)中分子和分母为同种量时，灵敏度也称放大比或放大倍数。对于具有等分刻度的标尺或分度盘的量仪，放大倍数等于标尺间距与分度值之比，一般情况下，分度值越小，则计量器具的灵敏度就越高。

(7)示值误差。示值误差是指测量仪器的示值与被测几何量的真实值之差。通常示值误差越小，测量仪器的精度就越高。

(8)修正值。修正值用代数法与未修正测量结果相加,以补偿其系统误差的值。修正值等于负的系统误差,其大小与示值误差的绝对值相等,而符号相反。例如,示值误差为-0.001mm,则修正值为+0.001mm。

(9)测量结果的重复性。测量结果的重复性是指在相同的测量条件下,对同一个被测几何量进行连续多次重复测量所得结果之间的一致性。通常重复性可用测量结果的分散性定量地表示。

(10)测量不确定度。测量不确定度是表征合理地赋予被测量值的分散性与测量结果相联系的参数。此参数可以是标准偏差及其倍数或说明了置信水平的区间的半宽度。

2.2.2　测量仪器及分类

测量仪器的分类方法很多,以下按仪器的测量特点来分类。

(1)实物量具。实物量具是指以固定形式复现或提供给定量的一个或多个已知值的计量器具。该种器具结构往往比较简单,可分为单值量具和多值量具两种。单值量具是指复现单一量值的量具,例如,量块、直角尺和硅码等,通常是成套使用。多值量具是指能复现同一物理量一系列不同量值的量具,如线纹尺、千分尺、游标卡尺等。

(2)测量传感器。测量传感器是指提供与输入量有确定关系的输出量的器件,如热电偶、电流互感器、应变计和 pH 电极。

(3)测量系统。测量系统是指组装起来以进行特定测量的全套测量仪器和其他设备。

(4)显示式测量仪器。显示式测量仪器是指能将被测几何量的量值转换成可直接观测的指示值(示值)的测量仪器,如各种机械式指示表、游标式量仪等。

(5)记录式测量仪器。记录式测量仪器是指提供示值记录的测量仪器,如气压记录仪、记录式光谱仪和触针式轮廓仪、圆度仪等。

(6)数字式测量仪器。数字式测量仪器是指提供数字化输出或显示的测量仪器,如数显式光学计、数显式触针式轮廓仪、数显式圆度仪等。这种量仪精度高、测量信号易于与计算机接口,实现测量和数据处理的自动化。

(7)测量设备。测量设备是指为确定被测几何量的量值所必需的测量仪器、测量标准、参考物质和辅助设备的总称。它能够测量同一工件较多的几何量和形状比较复杂的工件,有助于实现检测自动化或半自动化。

2.2.3　测量方法及分类

测量方法是指在进行测量时所用的,按类别叙述的一组操作逻辑次序。测量方法的分类很多,以下根据获得测量结果的方式分类。

1. 直接测量和间接测量

按实测几何量是否为欲测几何量,可分为直接测量和间接测量。

(1)直接测量。直接测量是指被测的量值直接由计量器具读出。例如,用游标卡尺、千分尺测量零件直径。

(2)间接测量。间接测量是指欲测量的量值由几个实测的量值按一定的函数关系式运算后获得的。如图 2-7 所示,用弓高弦长法间接测量圆弧样板的半径 R,为了

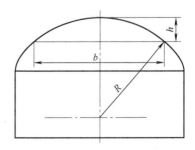

图 2-7　用弓高弦长法测量圆弧半径 R

得到 R 的量值，只要测得弓高 h 和弦长 b 的量值，然后按下式进行计算即可，它们的关系式为

$$R = \frac{b^2}{8h} + \frac{h}{2} \tag{2-4}$$

直接测量过程简单，其测量精度只与这一测量过程有关，而间接测量的精度不仅取决于几个实测几何量的测量精度，还与所依据的计算公式和计算的精度有关(参见 2.3 节)。因此，间接测量只用于受条件所限而无法进行直接测量的场合，如角度、锥度、孔心距等。

2. 绝对测量和相对测量

按示值是否为被测量的量值，可分为绝对测量和相对测量。

(1)绝对测量。绝对测量是指计量器具显示或指示的示值，即被测几何量的量值。例如，用游标卡尺、千分尺测量零件直径。

(2)相对测量。相对测量也称为比较测量，是指计量器具显示或指示出被测几何量相对于已知标准量的偏差，测量结果为已知标准量与该偏差值的代数和。例如，用立式光学计测量轴径时先根据轴的公称尺寸用量块调整量仪示值零位，然后换上被测轴进行测量，该比较仪指示出的示值为被测轴径相对于量块尺寸的偏差值，即实际偏差。一般来说，相对测量的测量精度比绝对测量的高。

3. 接触测量和非接触测量

按测量时被测表面与计量器具的测头是否接触，可分为接触测量和非接触测量。

(1)接触测量。接触测量是指测量时计量器具的测头与被测表面直接接触。例如，用游标卡尺、千分尺、立式光学计测量轴径，用触针式轮廓仪测量表面粗糙度轮廓。

(2)非接触测量。非接触测量是指测量时计量器具的测头不与被测表面接触。例如，用光切显微镜测量表面粗糙度轮廓，用工具显微镜测量孔径和螺纹参数。

在接触测量中，由于接触时有机械作用的测量力，使接触可靠，但测头与被测表面的接触会引起弹性形变，产生测量误差。非接触测量则无此影响，故适宜于软质表面或薄壁易变形工件的测量，但不适合测量表面有油污和切削液的零件。

4. 单项测量和综合测量

按零件上同时被测几何量的多少，可分为单项测量和综合测量。

(1)单项测量。单项测量是指分别对工件上的各被测几何量进行独立测量。例如，用工具显微镜分别测量外螺纹的螺距、牙侧角和中径。

(2)综合测量。综合测量是指同时测量零件上几个相关参数的综合效应或综合指标，以判断综合结果是否合格。例如，用螺纹量规通规综合检验螺纹的螺距、牙侧角和中径是否合格。

就零件整体来说，单项测量的效率比综合测量的低，但单项测量便于进行工艺分析，综合测量适用于大批量生产，且只要求判断合格与否，而不需要得到具体的误差值的情形。

5. 被动测量和主动测量

按测量结果对工艺过程所起的作用，可分为被动测量和主动测量。

(1)被动测量。被动测量是指在零件加工后进行测量。测量结果只能判断零件是否合格。

(2)主动测量。主动测量是指在零件加工过程中进行测量。其测量结果可及时显示加工是否正常，并可以随时控制加工过程，及时防止废品的产生，缩短零件生产周期。

主动测量常用于生产线上，因此，也称在线测量。它使检测与加工过程紧密结合，充分发挥检测的作用，是检测技术发展的方向。

6. 动态测量和静态测量

按被测零件在测量过程所处的状态，可分为动态测量和静态测量。

(1)动态测量。动态测量是指在测量过程中，被测表面与测头处于相对运动状态。例如，用圆度仪测量圆度误差，用触针式轮廓仪测量表面粗糙度轮廓。

(2)静态测量。静态测量是指在测量过程中，量值不随时间变化的测量，即被测表面与测头处于相对静止状态。例如，用游标卡尺、千分尺、立式光学计测量轴径。

动态测量效率高，并能测出工件上几何参数连续变化时的情况。但对计量器具要求高，否则会影响检测结果。

2.3　测量误差及数据处理

2.3.1　测量误差的基本概念

零件的制造误差，包括加工误差和测量误差。测量误差等于测量结果减去被测量的真值。

由于计量器具和测量条件的限制，测量误差是始终存在的，所以测得的实际尺寸就不可能为真值，即使是对同一零件同一部位进行多次测量，其结果也会产生变动，这就是测量误差的表现形式。

测量误差可用绝对误差(测量误差)或相对误差来表示。

1. 绝对误差

绝对误差是测量结果减去被测量的真值，常称为测量误差或误差，测量结果是由测量所得到的赋予被测量的值，其关系式为

$$\delta = L - L_0 \tag{2-5}$$

式中，δ 为绝对误差；L 为测量结果；L_0 为被测量的真值。

用绝对误差表示测量精度，只能用于评比大小相同的被测值的测量精度。而对于大小不相同的被测值，则需要用相对误差来评价其测量精度。

2. 相对误差

相对误差是测量误差(取绝对值)除以被测量的真值。由于被测量的真值不能确定，因此在实际应用中常以被测量的约定真值或实际测得值代替真值进行估算。即等于绝对误差与被测值之比，其关系式为

$$\varepsilon = \frac{|\delta|}{L_0} \approx \frac{|\delta|}{L} \tag{2-6}$$

式中，ε 为误差。

例如，测得两个轴径大小分别为 50mm 和 30mm，它们的绝对误差都为 0.01mm，则它们的相对误差分别为 ε_1=0.01mm / 50mm = 0.0002，ε_2=0.01mm / 30mm = 0.00033，因此前者的测量精度比后者高。相对误差通常用百分比来表示，即 $\varepsilon_1 = 0.02\%$，$\varepsilon_2 = 0.033\%$。

2.3.2　测量误差的来源

在实际测量中，产生测量误差的因素很多，归结起来主要有以下 4 类。

1. 测量方法误差

测量方法误差指测量方法的不完善引起的误差。例如，在测量中，工件安装、定位不准确或测头偏离、测量基准面本身的误差和计算不准确等所造成的误差。

2. 计量器具的误差

计量器具的误差是指计量器具本身所具有的误差以及各种辅助测量工具、附件等的误差。

1) 原理误差

原理误差是指计量器具的测量原理、结构设计和计算不严格等所造成的误差。例如，设计计量器具时，为了简化结构而采用近似设计的方法，结构设计违背了阿贝原则。阿贝原则是指测量长度时，使被测量的测量线与量仪中作为标准量的测量线重合或在同一条直线上。

如图 2-8 所示，用游标卡尺测量轴的直径，游标卡尺的读数刻度尺(标准量)与被测轴的直径不在同一条直线上，两者相距 S，违背了阿贝原则。在测量过程中，卡尺活动量爪倾斜一个角度 ϕ，此时产生的测量误差 S 的计算公式为

$$\delta = x - x' = -S \times \tan\phi \approx -S \times \phi$$

设 S=30mm，$\phi = 1' \approx 0.003\text{rad}$，则由于卡尺结构不符合阿贝原则而产生的测量误差为

$$\delta = 30\text{mm} \times 0.003 = 0.09\text{mm} = 90\mu\text{m}$$

由此可见，游标卡尺之所以精度较低，就是不符合阿贝原则造成的测量误差的影响。

2) 制造和调整误差

制造和调整误差是指计量器具零件的制造和装配误差会引起测量误差。例如，读数装置中分划板、标尺、刻度盘的刻度不准确和装配偏心、倾斜，仪器传动装置中的杠杆、齿轮副、螺旋副的制造和装配误差，光学系统的制造和调整误差，传动元件之间的间隙、摩擦和磨损，电子元件的质量误差等。

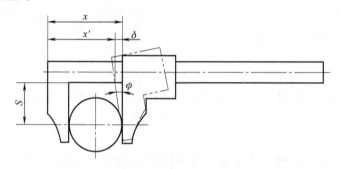

图 2-8　用游标卡尺测量轴径

3) 测量力引起的测量误差

在接触测量时，为了保证接触可靠，必须有一定的测量力，会引起被测零件表面和量仪的测量系统产生弹性变形，产生测量误差。但是这类误差值很小，一般可以忽略不计。另外，相对测量时使用的标准量(如量块)的制造误差也会产生测量误差。

3. 测量环境误差

测量环境误差是指测量时环境条件不符合标准的测量条件所引起的误差。例如，环境温度、湿度、气压、照明(引起视差)等不符合标准以及振动、电磁场等的影响都会产生测量误差，在长度测量中温度的影响是主要的，其余各因素只在高精度测量或有要求时才考虑。

当温度偏离标准温度(20℃)时引起的测量误差为

$$\Delta L = L\left[\alpha_1\left(t_1 - 20\right) - \alpha_2\left(t_2 - 20\right)\right] \tag{2-7}$$

式中，L 为被测长度；α_1、α_2 为被测零件、计量器具的线膨胀系数；t_1、t_2 为测量时被测零件、计量器具的温度，℃。

因此，测量时应根据测量精度的要求，合理控制环境温度，以减小温度对测量精度的影响。

4. 主观误差

主观误差是指测量人员主观因素造成的差错，它也会产生测量误差。例如，测量人员使用计量器具不正确、眼睛的视差或分辨能力造成的不准确读数或估读错误等，都会产生测量误差。

2.3.3　测量误差的分类

测量误差可分为系统误差、随机误差和粗大误差三类。

1. 系统误差

系统误差是指在相同的条件下，多次测取同一量值时，绝对值和符号均保持不变或者绝对值和符号按某一规律变化的测量误差。前者称为定值系统误差，后者称为变值系统误差。

定值系统误差，对测量引起的误差大小是不变的。例如，在比较仪上用相对法测量零件尺寸时，调整量仪所用量块的误差，对每一次测量引起的误差大小是不变的。

变值系统误差，对测量的影响是按一定的规律变化的。例如，量仪的分度盘的偏心引起仪器的示值按正弦规律周期变化，刀具正常磨损引起的加工误差，温度均匀变化引起的测量误差等。

根据系统误差的性质和变化规律，系统误差可以用计算或实验对比的方法确定，用修正值(校正值)从测量结果中予以消除。但在某些情况下，系统误差由于变化规律比较复杂，不易确定，因而难以消除。

2. 随机误差

随机误差是指在相同的条件下，多次测取同一量值时，绝对值和符号以不可确定的方式变化着的测量误差。

随机误差主要是由测量过程中一些偶然性因素或不稳定因素引起的。例如，量仪传动机构的间隙、摩擦、测量力的不稳定以及温度波动等引起的测量误差，都属于随机误差。

对单次测量而言，随机误差的绝对值和符号无法预先知道。但对于连续多次重复测量来说，随机误差还是符合一定的概率统计规律，因此，可以应用概率论和数理统计的方法来对它进行分析与计算，从而判断其误差范围。

3. 粗大误差

粗大误差是指超出在规定测量条件下预计的测量误差。这种误差是由测量者粗心大意造成不正确的测量、读数、记录和计算上的错误，以及外界条件的突然变化等造成的误差。正确的测量过程应该避免粗大误差。

2.3.4　测量精度的分类

测量精度是指被测几何量的测得值与其真值的接近程度，它和测量误差是从两个不同的角度来说明同一概念的术语。测量误差越大，测量精度就越低。测量精度有以下几种分类。

(1)正确度。正确度反映测量结果中系统误差的影响程度。系统误差小，正确度就高。

(2)精密度。精密度反映测量结果中随机误差的影响程度。随机误差小，精密度就高。

(3)准确度。准确度反映测量结果中系统误差和随机误差的综合影响程度。如果系统误差和随机误差都小，则准确度就高。

如图 2-9 所示，图 2-9(a) 系统误差大、正确度差、随机误差小、精密度高，所以弹着点虽距靶心较远，但弹着点密集；图 2-9（b）系统误差小、正确度高、随机误差大、精密度差，所以弹着点虽围绕靶心，却较散；图 2-9（c）系统误差小、正确度高、随机误差小、精密度高，所以弹着点距靶心较近、弹着点密集、准确度高；图 2-9（d）系统误差大、正确度差、随机误差大、精密度低，所以弹着点距靶心较远，弹着点也很散，准确度低。

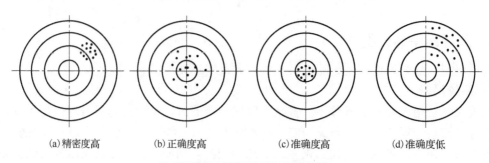

| (a)精密度高 | (b)正确度高 | (c)准确度高 | (d)准确度低 |

图 2-9　精密度、正确度和准确度

2.3.5　测量数据的处理

通过对某一被测几何量进行连续多次的重复测量，得到一系列的测量数据（测得值），即测量列，可以对该测量列进行数据处理，以消除或减小测量误差的影响，提高测量精度。

由于测得值 L 可能大于或小于真值 L_0，因而绝对误差可能为正值或负值，这样，被测量的真值可以写为

$$L_0 = L \pm |\delta| \tag{2-8}$$

在实际应用中，由于测量误差的存在，真值是不能确定的，往往要求通过分析或估算来获得真值的近似值。利用式（2-8），可以得知真值必落在测得值 L 附近，即 δ 绝对值越小，测量结果 L 就越接近于真值 L_0，因此测量精度就越高；反之，测量精度就越低。

1. 随机误差的处理

1）随机误差的特性及分布规律

通过对大量的测试实验数据进行统计后发现，随机误差通常服从正态分布规律，其正态分布曲线如图 2-10 所示，正态分布曲线的数学表达为

$$y = \frac{1}{\sigma\sqrt{2\pi}} \mathrm{e}^{-\frac{\delta^2}{2\sigma^2}} \tag{2-9}$$

式中，y 为概率密度函数；σ 为标准偏差；δ 为随机误差；e 为自然对数的底，e=2.71828。

该曲线具有以下四个基本特性。

（1）单峰性。绝对值越小的随机误差出现的概率越大，反之则越小，即 δ 越大，y 值越小，当 $\delta=0$ 时，概率密度 y 最大为 $y_{max} = \frac{1}{\sigma\sqrt{2\pi}}$。

（2）对称性。绝对值相等的正、负随机误差出现的概率相等，即曲线以 y 轴为对称轴。

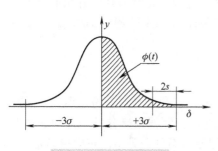

图 2-10　正态分布曲线

（3）有界性。在一定测量条件下，随机误差的绝对值不会超过一定的界限，即随着 δ 值的增大，y 值趋向于零，迅速向 δ 轴收敛。

(4)抵偿性。随着测量次数的增加，各次随机误差的算术平均值趋于零，即各次随机误差的代数和趋于零。该特性是由对称性推导而来的，它是对称性的必然反映。

概率密度 y 的大小与随机误差 δ、标准偏差 σ 有关。概率密度最大值随标准偏差大小的不同而异。当 $\sigma_1 < \sigma_2 < \sigma_3$ 时，$y_{1max} > y_{2max} > y_{3max}$，即 σ 越小，曲线就越陡，随机误差的分布就越集中，测量精度就越高；反之，σ 越大，曲线就越平坦，随机误差的分布就越分散，测量精度就越低。

随机误差的标准偏差 σ 可用下式计算得到，即

$$\sigma = \sqrt{\frac{\delta_1^2 + \delta_2^2 + \cdots + \delta_N^2}{N}} \tag{2-10}$$

式中，$\delta_1, \delta_2, \cdots, \delta_N$ 为测量列中各测得值相应的随机误差；N 为测量次数。

标准偏差 σ 是反映测量列中测得值分散程度的一项指标，它是测量列中单次测量值(任一测得值)的标准偏差。

由于随机误差具有有界性，因此它的大小不会超过一定的范围。随机误差的极限值就是测量极限误差。

由概率论可知，正态分布曲线和横坐标轴间所包含的面积等于 1 减去所有随机误差出现的概率总和，当随机误差区间在 $(-\infty, +\infty)$ 时，其概率为

$$P = \int_{-\infty}^{+\infty} y \mathrm{d}\delta = \int_{-\infty}^{+\infty} \frac{1}{\sigma\sqrt{2\pi}} \mathrm{e}^{-\frac{\delta^2}{2\sigma^2}} \mathrm{d}\delta = 1 \tag{2-11}$$

如果随机误差区间为 $(-\delta, +\delta)$，则其概率为

$$P = \int_{-\delta}^{+\delta} y \mathrm{d}\delta = \int_{-\delta}^{+\delta} \frac{1}{\delta\sqrt{2\pi}} \mathrm{e}^{-\frac{\delta^2}{2\sigma^2}} \mathrm{d}\delta \tag{2-12}$$

为了变换成标准正态分布，将式(2-12)进行变量置换，设：$t = \dfrac{\delta}{\sigma}$，$\mathrm{d}t = \dfrac{\mathrm{d}\delta}{\sigma}$，则式(2-12)变化为

$$P = \frac{1}{2\pi} \int_{-t}^{+t} \mathrm{e}^{-\frac{t^2}{2}} \mathrm{d}t = \frac{2}{\sqrt{2\pi}} \int_{-t}^{+t} \mathrm{e}^{-\frac{t^2}{2}} \mathrm{d}t = 2\phi(t) \tag{2-13}$$

函数 $\phi(t)$ 称为拉普拉斯函数，也称正态分布概率积分。表 2-2 列出了不同 t 值对应的 $\phi(t)$ 值。

表 2-2　正态概率积分值 $\phi(t)$

t	$\phi(t)$	t	$\phi(t)$	t	$\phi(t)$	t	$\phi(t)$	t	$\phi(t)$
0.00	0.0000	0.55	0.2088	1.10	0.3643	1.65	0.4505	2.40	0.4918
0.05	0.0199	0.60	0.2257	1.15	0.3749	1.70	0.4554	2.50	0.4938
0.10	0.0398	0.65	0.2422	1.20	0.3849	1.75	0.4599	2.60	0.4953
0.15	0.0596	0.70	0.2580	1.25	0.3944	1.80	0.4641	2.70	0.4965
0.20	0.0793	0.75	0.2734	1.30	0.4032	1.85	0.4678	2.80	0.4574
0.25	0.0987	0.80	0.2881	1.35	0.4115	1.90	0.4713	2.90	0.4981
0.30	0.1179	0.85	0.3023	1.40	0.4192	1.95	0.4744	3.00	0.49865
0.35	0.1368	0.90	0.3159	1.45	0.4265	2.00	0.4772	3.20	0.49931
0.40	0.1554	0.95	0.3289	1.50	0.4332	2.10	0.4821	3.42	0.49966
0.45	0.1736	1.00	0.3413	1.55	0.4394	2.20	0.4861	3.60	0.499841
0.50	0.1915	1.05	0.3531	1.60	0.4452	2.30	0.4893	3.80	0.499928

表 2-3 给出 t 取 1、2、3、4 这 4 个特殊值所对应的 $2\phi(t)$ 值和 $[1-2\phi(t)]$ 值。由此表可见，当 $t=3$ 时，在 $\delta\pm3\sigma$ 范围内的概率为 99.73%，δ 超出该范围的概率仅为 0.27%，即连续进行 370 次的测量，随机误差超出 $\pm3\sigma$ 的只有 1 次。

表 2-3　4 个特殊 t 值对应的概率

t	$\delta = \pm t\sigma$	不超出 δ 的概率 $P = 2l(t)$	超出 $|\delta|$ 的概率 $\alpha = 1l\ 2l(t)$
1	1σ	0.6826	0.3174
2	2σ	0.9544	0.0456
3	3σ	0.9973	0.0027
4	4σ	0.9999	0.0001

在实际测量时，测量次数一般不会太多。随机误差超出 $\pm3\sigma$ 的情况实际上很难出现。因此，可取 $\pm3\sigma$ 作为随机误差的极限值，记作

$$\delta_{\text{lim}} = \pm 3\sigma \tag{2-14}$$

显然，δ_{lim} 也是测量列中单次测量值的测量极限误差。选择不同的 t 值，就对应有不同的概率，测量极限误差的可信程度也就不一样。随机误差在 $\pm t\sigma$ 范围内出现的概率称为置信概率，t 称为置信因子或置信系数。在几何测量中，通常取置信因子 $t=3$，则其置信概率为 99.73%。

例如，某次测量的测得值为 40.002mm，若已知标准偏差 $\sigma=0.0003$mm，置信概率取 99.73%，则测量结果为

$$40.002\text{mm} \pm 3\times0.0003\text{mm} = (40.002\pm0.0009)\text{mm}$$

即被测几何量的真值有 99.73% 的可能性在 40.0011～40.0029mm。

2) 随机误差的处理步骤

对某一被测几何量在一定测量条件下重复测量 N 次，得到测量列的测得值为 L_1，L_2，…，L_N。设测量列的测得值中不包含系统误差和粗大误差，被测几何量的真值为 L_0，则可得出相应各次测得值的随机误差分别为

$$\delta_1 = L_1 - L_2, \quad \delta_2 = L_1 - L_2, \quad \cdots, \quad \delta_N = L_N - L_0$$

则对随机误差的处理首先应按式 (2-10) 计算单次测量值的标准偏差，然后再由式 (2-14) 计算得到随机误差的极限值 $\delta_{\text{lim}0}$，则测量结果为 $L = L_0 \pm \delta_{\text{lim}} = L_0 \pm 3\sigma$。

但是，由于被测量的真值 L_0 未知，所以不能按式 (2-10) 计算求得标准偏差 σ 的数值。在实际测量时，当测量次数 N 充分大时，随机误差的算术平均值趋于零，因此可以用测量列中各个测得值的算术平均值代替真值，并用一定的方法估算出标准偏差，进而确定测量结果。具体处理过程如下。

(1) 计算测量列中各个测得值的算术平均值。设测量列的各个测得值分别为 L_1，L_2，…，L_N，则算术平均值 $\overline{L}$ 为

$$\overline{L} = \frac{\sum_{i=1}^{N} L_i}{N} \tag{2-15}$$

式中，N 为测量次数。

(2) 计算残差。用算术平均值代替真值后，计算各个测得值 L_i 与算术平均值 $\overline{L}$ 之差，称为残余误差 (简称残差)，记为 υ_i，即

$$v_i = L_i - \overline{L} \tag{2-16}$$

残差具有如下两个特性。

① 残差的代数和等于零，即 $\sum\limits_{i-1}^{N} v_1 = 0$。这一特性可用来校核算术平均值及残差计算的准确性。

② 残差的平方和为最小，由此可以说明，用算术平均值作为测量结果是最可靠且最合理的。

(3) 估算测量列中单次测量值的标准偏差。用测量列中各个测得值的算术平均值代替真值计算得到各个测得值的残差后，可按贝塞尔(Bessel)公式计算出单次测量值的标准偏差的估计值。贝塞尔公式为

$$\sigma = \sqrt{\dfrac{\sum\limits_{i-1}^{N} v_i^2}{N-1}} \tag{2-17}$$

该式根号内的分母为($N-1$)，而不是 N，这是因为受 N 个测得的残差代数和等于零这个条件约束，所以 N 个残差只能等效于($N-1$)个独立的随机变量。

这时，单次测量值的测量结果 L 可表示为

$$L = L_0 \pm \delta_{\lim} = L_0 \pm 3\sigma \tag{2-18}$$

(4) 计算测量列算术平均值的标准偏差。若在相同的测量条件下，对同一被测几何量进行多组测量(每组皆测量 N 次)，则对应每组 N 次测量都有一个算术平均值，各组的算术平均值不相同。不过，它们的分散程度要比单次测量值的分散程度小得多。根据误差理论，测量列算术平均值的标准偏差 $\sigma_{\overline{L}}$ 与测量列单次测量值的标准偏差 σ 存在如下关系，即

$$\sigma_{\overline{L}} = \frac{\sigma}{\sqrt{N}} \tag{2-19}$$

式中，N 为每组的测量次数。

由式(2-19)可知，多组测量的算术平均值的标准偏差 $\sigma_{\overline{L}}$ 为单次测量值的标准偏差的 $1/\sqrt{N}$。这说明测量次数越多，$\sigma_{\overline{L}}$ 就越小，测量精密度就越高，但由函数 $\sigma_{\overline{L}} / \sigma = 1/\sqrt{N}$ 画得的图形(图 2-11)可知，当 $\sigma_{\overline{L}}$ 一定时，$N>10$ 以后 $\sigma_{\overline{L}}$ 减小已很缓慢，故测量次数不必过多，一般情况下，取 N 为 $10 \sim 15$ 次。

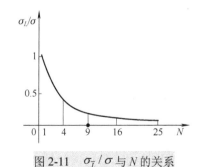

图 2-11　$\sigma_{\overline{L}} / \sigma$ 与 N 的关系

多次(组)测量所得算术平均值的测量结果 L 可表示为

$$L = \overline{L} \pm \delta_{\lim(\overline{L})} = \overline{L} \pm 3\sigma_{\overline{L}} \tag{2-20}$$

2. 测量列中系统误差的处理

因为系统误差的数值往往比较大，所以会对测量精度造成一定的影响。为了消除和减小系统误差，首先遇到的问题是如何发现系统误差，在实际测量中，系统误差很难完全发现和消除，这里只介绍几种适用于发现和消除某些系统误差常用的方法。

1) 发现系统误差的方法

系统误差分为定值系统误差和变值系统误差。在测量过程中，当随机误差和系统误差同

时存在时，定值系统误差仅改变随机误差的分布中心位置，不改变误差曲线的形状。而变值系统误差不仅改变随机误差的分布中心位置，也改变误差曲线的形状。

（1）实验对比法。实验对比法是指改变产生系统误差的条件而进行不同条件下的测量，以发现系统误差。例如，量块按标称尺寸使用时，在测量结果中就存在由于量块的尺寸偏差而产生的定值系统误差，重复测量也不能发现这一误差，只有用另一块等级更高的量块进行测量对比时才能发现。

（2）残差观察法。残差观察法是指根据测量列的各个残差大小和符号的变化规律，直接由残差数据或残差曲线图形来判断有无系统误差，这种方法主要适用于发现大小和符号按一定规律变化的变值系统误差。根据测量先后次序，将测量列的残差作图，如图 2-12 所示，观察残差的变化规律。若各残差大体上正、负相间，又没有显著变化，如图 2-12（a）所示，则不存在变值系统误差；若各残差按近似的线性规律递增或递减，如图 2-12（b）所示，则可判断存在线性系统误差；若各残差的大小和符号有规律地周期变化，如图 2-12（c）所示，则可判断存在周期性系统误差；若各残差如图 2-12（d）所示，则可判断存在线性系统误差和周期性系统误差。

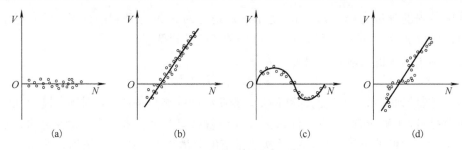

图 2-12　系统误差的发现

2）消除系统误差的方法

系统误差的消除方法和具体的测量对象、测量方法、测量人员的经验有关，下面介绍最基本的几种方法。

（1）从产生误差根源上消除系统误差。这要求测量人员对测量过程中可能产生系统误差的各个环节进行仔细的分析，并在测量前就将系统误差从产生根源上加以消除。例如，为了防止测量过程中仪器示值零位的变动，测量开始和结束时都需检查示值零位。

（2）用修正法消除系统误差。这种方法是预先将计量器具的系统误差检定或计算出来，作出误差表或误差曲线，然后取与系统误差数值相同而符号相反的值作为修正值，将测得值加上相应的修正值，即可得到不包含系统误差的测量结果。

（3）用抵消法消除定值系统误差。这种方法要求在对称位置上分别测量一次，以使这两次测量中测得的数据出现的系统误差大小相等，符号相反，取这两次测量中数据的平均值作为测得值，即可消除定值系统误差。例如，在工具显微镜上测量螺纹螺距时，为了消除螺纹轴线与量仪工作台移动方向倾斜而引起的系统误差，可分别测取螺纹左、右牙侧的螺距，然后取它们的平均值作为螺距测得值。

（4）用半周期法消除周期性系统误差。对周期性系统误差，可以每相隔半个周期进行一次测量，以相邻两次测量的数据的平均值作为一个测得值，即可有效消除周期性系统误差。例如，仪器刻度盘安装偏心，测量表指针回转中心与刻度盘中心有偏心等引起的周期性误差，皆可用半周期法予以消除。

消除和减小系统误差的关键是找出误差产生的根源和规律。实际上，系统误差不可能完全消除，但一般来说，系统误差若能减小到使其影响相当于随机误差的程度，则可认为已被消除。

3. 测量列中粗大误差的处理

粗大误差的数值(绝对值)相当大，其明显歪曲了测量结果。在测量中应尽可能避免。如果粗大误差已经产生，则应根据判断粗大误差的准则予以剔除，粗大误差的判定准则有 3σ 准则(拉依达准则)、罗曼诺夫斯基准则和格罗布斯准则等，这里介绍常用的 3σ 准则和罗曼诺夫斯基准则。

1) 3σ 准则(拉依达准则)

3σ 准则认为，当测量列服从正态分布时，残余误差落在 $\pm 3\sigma$ 外的概率仅有 0.27%，即在连续 370 次测量中只有 1 次测量的残差超出 $\pm 3\sigma$，而实际上连续测量的次数绝不会超过 370 次，测量列中超出 $\pm 3\sigma$ 的残差概率非常小。因此，当测量列中出现绝对值大于 3σ 的残差时，即

$$\left|v_j\right| > 3\sigma \tag{2-21}$$

如果式(2-21)成立，则认为该残差对应的测得值含有粗大误差，应予以剔除。该准则是以测量次数充分大为前提的，如果测量次数小于或等于 10，则不能使用 3σ 准则，可以使用罗曼诺夫斯基准则。

2) 罗曼诺夫斯基准则(t 检验准则)

罗曼诺夫斯基准则应用于测量次数较少的情况下，当对某量进行多次等精度测量后，获得系列测量值，$L_1, L_2, \cdots, L_n$，首先将其中的一个测得值 L_j(该值往往是偏离平均值的)作为可疑值剔除，然后计算剔除了 L_j 后的测量列的平均值 $\overline{L}$ 和标准差 σ。

$$\left|v_j\right| > K_\sigma \tag{2-22}$$

式中，$v_j = L_j - \overline{L}$，K 为 t 分布检验系数，可根据测量次数 N 和所选取的显著度 α 查表 2-4 获得。如果计算的 v_j 满足式(2-22)，则认为剔除的测得值 L_j 含有粗大误差，剔除也是正确的，否则认为 L_j 不含有粗大误差，剔除是不正确的，应该将该值保留。

表 2-4　K 值的选取

N \ α	0.05	0.01	N \ α	0.05	0.01	N \ α	0.05	0.01
4	4.97	11.46	13	2.29	3.23	22	2.14	2.91
5	3.56	6.53	14	2.26	3.17	23	2.13	2.90
6	3.04	5.04	15	2.24	3.12	24	2.12	2.88
7	2.78	4.36	16	2.22	3.08	25	2.11	2.86
8	2.62	3.96	17	2.20	3.04	26	2.10	2.85
9	2.51	3.71	18	2.18	3.01	27	2.10	2.84
10	2.43	3.54	19	2.17	3.00	28	2.09	2.83
11	2.37	3.41	20	2.16	2.95	29	2.09	2.82
12	2.33	3.31	21	2.15	2.93	30	2.08	2.81

4. 等精度测量结果的数据处理

等精度测量是指在测量条件(包括量仪、测量人员、测量方法及环境条件等)不变的情况下，对某一被测几何量进行的连续多次测量。虽然在此条件下得到的各个测得值不相同，但影响各个测得值精度的因素和条件相同，故测量精度视为相等。相反，在测量过程中全部或部分因素和条件发生改变，则称为不等精度测量。在一般情况下，为了简化对测量数据的处理，大多采用等精度测量。这里仅介绍等精度测量结果的数据处理。

1) 直接测量列的数据处理

对某量进行直接测量，为了得到正确的测量结果，应按前述误差理论对随机误差、系统误差和粗大误差进行分析处理，现以实例说明测量数据的处理方法和步骤。

例 2-1 在立式光学计上对某一轴径 d 等精度测量 15 次，按测量顺序将各测得值依次列于表 2-5 中，试求测量结果。

解：假设计量器具已经检定、测量环境得到有效控制，可认为测量列中不存在定值系统误差。

(1) 求测量列算术平均值，由式(2-15)得

$$\overline{L} = \frac{\sum\limits_{i=1}^{N} L_i}{N} = 24.990 (\text{mm})$$

(2) 判断系统误差。按残差观察法，根据残差的计算结果，如表 2-5 所示，误差的符号大体上正负相同，且无显著变化规律，因此可以认为测量列中不存在变值系统误差。

表 2-5 数据处理计算表

测量序号	测得值 x_i/mm	残差	残差的平方 v_i^2/μm
1	24.990	0	0
2	24.987	−3	9
3	24.989	−1	1
4	24.990	0	0
5	24.992	2	4
6	24.994	4	16
7	24.990	0	0
8	24.993	3	9
9	24.990	0	0
10	24.988	−2	4
11	24.989	−1	1
12	24.986	−4	16
13	24.987	−3	9
14	24.997	7	49
15	24.988	−2	4
算术平均值	$\overline{L} = 24.99$	$\sum\limits_{i=1}^{N} v_i = 0$	$\sum\limits_{i=1}^{N} v_i^2 = 122$

（3）计算测量列单次测量值的标准偏差，由式（2-17）得

$$\sigma = \sqrt{\frac{\sum_{i=1}^{v} \upsilon_i^2}{N-1}} = \sqrt{\frac{122}{15-1}} \approx 2.95(\mu m)$$

（4）判断粗大误差。按照 3σ 准则，测量列中没有出现绝对值大于 3σ（$3 \times 2.95\mu m = 8.85\mu m$）的残差，因此判断测量列中不存在粗大误差。

（5）计算测量列算术平均值的标准偏差，由式（2-19）得

$$\sigma_{\overline{L}} = \frac{\sigma}{\sqrt{N}} = \frac{2.95}{\sqrt{15}} \approx 0.762(\mu m)$$

（6）计算测量列算术平均值的测量极限误差，即

$$\delta_{\lim(\overline{L})} = \pm 3\sigma_{\overline{L}} = \pm 3 \times 0.762 = \pm 2.286(\mu m)$$

（7）确定测量结果，由式（2-20）得

$$L = \overline{L} \pm \delta_{\lim(\overline{L})} = 34.99 \pm 0.002 (mm)$$

这时的置信概率为 99.73%。

2）间接测量列的数据处理

间接测量是指直接测量的量与被测量之间有一定的函数关系，因此直接测量的测得值误差也按一定的函数关系传递到被测量的测量结果中，其数据处理的方法和步骤如下。

（1）函数误差的基本计算公式。间接测量数表示为

$$y = F(x_1, x_2, \cdots, x_i, \cdots, x_m)$$

式中，y 为被测几何量；$x_1, x_2, \cdots, x_i, \cdots, x_m$ 为各个实测几何量。

该函数的增量可用函数的全微分来表示，即

$$\mathrm{d}y = \sum_{i=1}^{m} \frac{\partial F}{\partial x_i} \mathrm{d}x_i \tag{2-23}$$

式中，$\mathrm{d}y$ 为被测几何量的测量误差；$\mathrm{d}x_i$ 为各个实测几何量的测量误差；$\dfrac{\partial F}{\partial x_i}$ 为各个实测几何量的测量误差的传递系数。

式（2-23）即函数误差的基本计算公式。

（2）函数系统误差的计算。如果各个实测几何量 x_i 的测得值中存在着系统误差 Δx_i，那么被测几何量 y 也存在着系统误差 Δy。以 Δx_i 代替式（2-23）中的 $\mathrm{d}x_i$，则可近似得到函数系统误差的计算式：

$$\Delta y = \sum_{i=1}^{m} \frac{\partial F}{\partial x_i} \Delta x_i \tag{2-24}$$

式（2-24）即间接测量中系统误差的计算公式。

（3）函数随机误差的计算。由于各个实测几何量 x_i 的测量值中存在着随机误差，因此被测几何量 y 也存在着随机误差。根据误差理论，函数的标准偏差 σ_y 与各个实测几何量的标准偏差 σ_{x_i} 的关系为

$$\sigma_y = \sqrt{\sum_{i=1}^{m} \left(\frac{\partial F}{\partial x_i}\right)^2 \delta_{\lim(x_i)}^2} \tag{2-25}$$

如果各个实测几何量的随机误差均服从正态分布，则由式(2-25)可推导出函数的测量极限误差的计算公式为

$$\delta_{\lim(y)} = \pm \sqrt{\sum_{i=1}^{m} \left(\frac{\partial F}{\partial x_i}\right)^2 \delta_{\lim(x_i)}^2} \tag{2-26}$$

式中，$\delta_{\lim(y)}$ 为被测几何量的测量极限误差；$\delta_{\lim(x_i)}$ 为各个实测几何量的测量极限误差。

(4)测量结果的计算。测量结果为

$$y' = (y - \Delta y) \pm \delta_{\lim(y)}^2 \tag{2-27}$$

(5)间接测量列的数据实例。

例 2-2 如图 2-7 所示，在万能工具显微镜上用弓高弦长法间接测量圆弧样板的半径 R。测得弓高 h=4mm，弦长 b=40mm，它们的系统误差和测量极限误差分别为 Δh =+0.0012mm，$\delta_{\lim(h)}$=±0.0015mm；Δb =0.002mm，$\delta_{\lim(b)}$=±0.002mm。试确定圆弧半径 R 的测量结果。

解： ① 由式(2-4)计算圆弧半径 R，即

$$R = \frac{b^2}{8h} + \frac{h}{2} = \frac{40^2}{8 \times 4} + \frac{4}{2} = 52 \text{(mm)}$$

② 按式(2-24)计算圆弧半径 R 的系统误差，即

$$\Delta R = \frac{\partial F}{\partial b} \Delta b + \frac{\partial F}{\partial h} \Delta h = \frac{b}{4h} \Delta b - \left(\frac{b^2}{8h^2} - \frac{1}{2}\right) \Delta h$$

$$= \frac{40 \times (-0.002)}{4 \times 4} - \left(\frac{40^2}{8 \times 4^2} - \frac{1}{2}\right) \times 0.0012 = -0.0194 \text{(mm)}$$

③ 按式(2-26)计算圆弧半径 R 的测量极限误差 $\delta_{\lim(R)}$，即

$$\delta_{\lim(R)} = \pm \sqrt{\left(\frac{b}{4h}\right)^2 \delta_{\lim(b)}^2 + \left(\frac{b^2}{8h^2} - \frac{1}{2}\right)^2 \delta_{\lim(h)}^2}$$

$$= \pm \sqrt{\left(\frac{40}{4 \times 4}\right)^2 \times 0.002^2 + \left(\frac{40^2}{8 \times 4^2} - \frac{1}{2}\right)^2 \times 0.0015^2}$$

$$= \pm 0.0187 \text{(mm)}$$

④ 按式(2-27)确定测量结果 R'，即

$$R' = (R - \Delta R) \pm \delta_{\lim(R)} = [52 - (-0.0194)] \pm 0.0187$$

$$= 52.0194 \pm 0.0187 \text{(mm)}$$

此时的置信概率为 99.73%。

习题 2

2-1 测量的实质是什么？测量和检验有何区别？

2-2 刻度值、刻度间距与放大比三者有何关系？放大比与灵敏度有何关系？标尺的示值范围与测量器具的测量范围有何区别？

2-3 量块分"等"和"级"的依据是什么？按"等"和按"级"使用量块有什么不同？

2-4 测量误差分为几类，各有何特征？

2-5　如何减少测量误差对测量结果的影响?

2-6　在相同的测量条件下,对某一尺寸重复测量 14 次,测得的值(单位为 mm)分别为 20.6348、20.6337、20.6344、20.6338、20.6341、20.6346、20.6339、20.6345、20.6345、20.6338、20.6345、20.6341、20.6342、20.6344。请判断有无粗大误差,并删去;判断有无显著的系统误差;求单次测得值的标准偏差 σ 及测量极限误差;求算术平均值的标准偏差 σ 及测量极限误差。

2-7　用图 2-13 所示的方法测量样板的角度 α,已知实测的几何量为量块尺寸 $h=40mm$ 和正弦规的两圆柱的中心距 $L=100mm$,且两者的函数关系是 $\sin\alpha=h/L$,系统误差和测量极限误差分别为 $\Delta h=-2\mu m$, $\Delta L=+4\mu m$, $\delta_{\lim(h)}=\pm0.8\mu m$, $\delta_{\lim(L)}=\pm0.7\mu m$,若指示表在图示位置测量值相等,且不考虑平板和指示表,试求角度 α 及其测量极限误差。

2-8　用普通计量器具测量 $\phi40^{+0.007}_{-0.032}$,安全裕度为 0.003mm,则该孔的上验收极限为(　　)。

①40.004;②40.010;③39.971;④39.965。

2-9　试计算检验 $\phi30H8/h7$Ⓔ工作量规通规和止规的尺寸及轴的校对量规的尺寸。

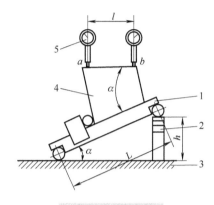

图 2-13　习题 2-7 图

1-正弦规;2-量块;3-平板;4-样板;5-指示表

第 3 章　极限与配合

教学提示

本章涉及的国家标准主要有以下五个：GB/T 1800.1—2009《产品几何技术规范(GPS) 极限与配合 第 1 部分：公差、偏差和配合的基础》；GB/T 1800.2—2009《产品几何技术规范(GPS) 极限与配合 第 2 部分：标准公差等级和孔、轴极限偏差表》；GB/T 1801—2009《产品几何技术规范(GPS) 极限与配合 公差带和配合的选择》；GB/T 1803—2003《极限与配合 尺寸至 18mm 孔、轴公差带》；GB/T 1804—2000《一般公差 未注公差的线性和角度尺寸的公差》。

教学要求

了解极限与配合的基本术语和定义；掌握极限与配合的国家标准，国家标准对有关尺寸公差、配合的主要规定；了解极限与配合标准的一般选用，掌握国家标准规定的常用公差与配合。熟悉常用尺寸公差与配合的选用，掌握尺寸公差与配合以及尺寸公差的相关计算、尺寸精度的设计、尺寸公差带图的绘制和识别等。

3.1　极限与配合的术语和定义

在机械设计与加工领域，零件要满足互换性的要求，就零件本身的尺寸而言，只要这些零件尺寸处在某一合理的变动范围内就满足要求。而对于相互结合的零件，这个变动范围既要保证相互结合的尺寸之间形成一定的配合关系，满足不同的使用要求，又要在生产加工成本上保证良好的经济性和可行性。这样就形成了“尺寸的公差与配合”的概念。公差主要用于协调机械设备中相互关联的零部件的使用要求与制造成本之间的矛盾关系，而配合则反映出不同零件在结合时的相互关系及其要求。尺寸的公差与配合是一项应用广泛且极为重要的标准，也是最基础、最典型的标准。尺寸的公差与配合的标准化有利于机械设计、制造、使用、维护和回收再利用等产品的全生命周期过程，不仅是机械工业部门间进行产品设计、工艺规划设计和制定其他标准的基础，而且是行业间广泛协作和专业化生产的重要依据。

3.1.1　有关尺寸的术语与定义

(1) 尺寸。尺寸是以特定单位表示线性尺寸值的数值，通常以毫米(mm)为通用单位(单位不必标出)，如直径、长度、宽度、高度、深度、中心距等。

(2) 尺寸要素。尺寸要素由一定大小的线性尺寸或角度尺寸确定的几何形状。

(3) 公称尺寸(D, d)。公称尺寸是由图样规范确定的理想形状要素的尺寸。通过它并应用尺寸的上、下极限偏差可计算出极限尺寸。公称尺寸通常由设计者给定，用 D 和 d 表示(大写字母表示孔、小写字母表示轴)。它一般是根据产品的使用要求、零件的强度、刚度要求等，通过计算或试验以及类比的方法确定的，经过圆整后得到的尺寸，公称尺寸一般符合标准尺寸系列。如图 3-1 所示，ϕ20mm 及 ϕ30mm 为圆柱销的直径和长度的公称尺寸。

（4）实际（组成）要素（旧称为"实际尺寸"）。由接近实际（组成）要素所限定的工件实际表面的组成要素部分，是通过测量获得的尺寸。由于存在测量误差，实际（组成）要素并非尺寸的真值。同时，由于形状误差等方面的影响，零件同一表面不同部位的实际（组成）要素往往存在差异。

（5）提取组成要素的局部尺寸（D_a, d_a）（旧称为"局部实际尺寸"）。为方便起见，可将提取组成要素的局部尺寸简称为提取要素的局部尺寸。实际要素是通过测量获得的某一孔、轴的尺寸。由于加工误差的存在，半径、宽度、深度、高度按照同一图样要求所加工的各个零件，其实际要素往往不同。即使是同一个零件，不同部位、不同方向的提取要素的局部尺寸往往也不一样（图 3-2），故提取要素的局部尺寸是实际零件上某一位置的测得值。由于测量时还存有测量误差，所以提取要素的局部尺寸并非被测尺寸的真值。孔、轴的实际要素代号分别用 D_a 和 d_a 表示。

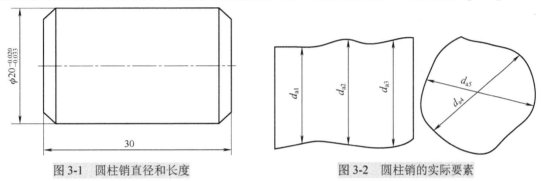

图 3-1　圆柱销直径和长度　　　　　　图 3-2　圆柱销的实际要素

（6）极限尺寸。极限尺寸是指一个孔或轴允许的尺寸的两个极端，也就是允许的尺寸变化范围的两个界限值。实际要素应位于其中，可以达到两个极限值。其中较大的称为上极限尺寸，较小的称为下极限尺寸，如图 3-3 所示。

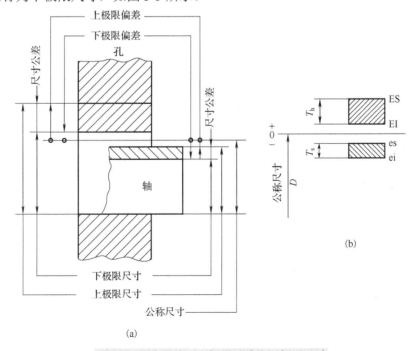

图 3-3　公称尺寸、上极限尺寸和下极限尺寸

3.1.2　有关偏差和公差的术语与定义

1. 尺寸偏差(简称偏差)

偏差是指某一尺寸(实际要素、实际(组成)要素、极限尺寸等)减其公称尺寸所得的代数差，其值可为正、负或零。在计算和标注时，除了零以外的值必须标注正、负号。大写字母代表孔，小写字母代表轴。尺寸偏差包括实际偏差与极限偏差。

(1)实际偏差。实际要素减去其公称尺寸所得的代数差。记为

$$\begin{cases} E_a = D_a - D \\ e_a = d_a - d \end{cases} \tag{3-1}$$

(2)极限偏差。极限尺寸减其公称尺寸所得的代数差称为极限偏差。上极限尺寸减其公称尺寸所得的代数差，称为上极限偏差；下极限尺寸减其公称尺寸所得的代数差，称为下极限偏差；上极限偏差和下极限偏差统称为极限偏差。国家标准规定：孔的上极限偏差代号为 ES，轴的上极限偏差代号为 es，孔的下极限偏差代号为 EI，轴的下极限偏差代号为 ei。上极限偏差、下极限偏差之间的关系如下所示。

上极限偏差(ES，es)：

$$ES = D_{max} - D \tag{3-2}$$

$$es = d_{max} - d \tag{3-3}$$

下极限偏差(EI，ei)：

$$EI = D_{min} - D \tag{3-4}$$

$$ei = d_{min} - d \tag{3-5}$$

2. 尺寸公差(T_h，T_s)

尺寸公差简称公差，是指上极限尺寸减下极限尺寸之差，或上极限偏差减下极限偏差之差。它是允许尺寸的变动量。尺寸公差是一个没有符号的绝对值，永远为正值。在公称尺寸相同的情况下，尺寸公差越小，则尺寸精度越高。

孔的公差：

$$T_h = D_{max} - D_{min} = ES - EI \tag{3-6}$$

轴的公差：

$$T_s = d_{max} - d_{min} = es - ei \tag{3-7}$$

尺寸公差、偏差与极限尺寸和公称尺寸之间的关系，如图 3-3 所示。

公差与偏差的异同如下。

(1)偏差可以为正值、负值或零，而公差是绝对值，只能为正值。

(2)极限偏差用于限制实际偏差，而公差用于限制误差。

(3)对于单个零件，只能测出尺寸的实际偏差，而对一批零件，可以统计出尺寸误差。

(4)偏差取决于加工机床的调整，如车削时进刀的位置，不能反映加工的难易程度，而公差表示制造精度，反映出加工的难易程度。

(5)极限偏差反映公差带位置，影响两工件结合的松紧程度，而公差反映公差带大小，影响配合的精度。

3. 公差带图解

由于公差和偏差的数值比公称尺寸的数值小得多，不便于使用同一比例表示。如果仅为

了表明尺寸、极限偏差及公差之间的关系，可以不必画出孔与轴的全形，而采用简单明了的公差带图解表示，如图 3-4 所示。公差带图解由两部分组成：零线和公差带。

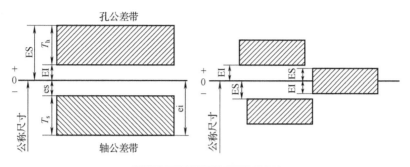

图 3-4　公差带图与基本偏差

(1) 零线。在图 3-4 中的公差带图解中，确定偏差的一条基准直线即零偏差线，简称零线。注意：正偏差位于零线上方，负偏差位于零线下方，零偏差与零线重合。习惯上零线沿水平方向绘制，在其左端画出表示偏差大小的纵坐标，并标上"0"、"+"和"−"。零线下方画上带单箭头的尺寸线并注上公称尺寸值。

(2) 公差带。由上极限偏差和下极限偏差或上极限尺寸和下极限尺寸的两条直线所限定的区域称为公差带。国家标准中，公差带包括了公差带大小与公差带位置两个参数，公差带大小由标准公差确定，公差带位置由基本偏差确定。

为了区别，一般在同一个图中，孔和轴的公差带的剖面线的方向相反。通常采用孔公差带由右上角向左下角的 45° 斜线表示，轴公差带用左上角向右下角的 45° 斜线表示。公差带在垂直于零线方向上的宽度表示公差值。公差带图中位置在上的线表示上极限偏差，位置在下的线表示下极限偏差。公差带沿零线方向的长度可适当选取。公差带图解中，尺寸单位为毫米(mm)，偏差及公差的单位也可采用微米(μm)表示，如图 3-4 所示，单位省略不标出。

4. 标准公差(IT)

标准公差是指国家标准 GB/T 1800.1—2009 中，表格所列的任一公差，它确定了公差带的大小。字母 IT 为"国际公差"的符号。

5. 基本偏差

基本偏差是指用来确定公差带相对于零线位置的上极限偏差或下极限偏差。一般以靠近零线的那个极限偏差作为基本偏差。

以图 3-4 孔公差带为例，当公差带完全在零线上方或正好在零线上方时，其下极限偏差(EI)为基本偏差；当公差带完全在零线下方或正好在零线下方时，其上极限偏差(ES)为基本偏差；而对称地分布在零线上时，其上、下极限偏差中的任何一个都可作为基本偏差。

3.1.3　有关配合的术语与定义

1. 孔

通常指工件的圆柱形内尺寸要素，也包括非圆柱形的内尺寸要素(由两平行平面或切面形成的包容面)，孔的直径尺寸用 D 表示，在加工过程中，尺寸越加工越大。如图 3-5 中的 B、ϕD、L、B_1、L_1 所确定的部分都称为孔。

2. 轴

通常指工件的圆柱形外尺寸要素，也包括非圆柱形的外尺寸要素（由两平行平面或切面形成的被包容面），轴的直径尺寸用 d 表示，在加工过程中，尺寸越加工越小，图 3-5 外表面中由尺寸 ϕd、l、l_1 所确定的部分都称为轴。

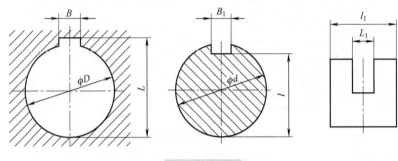

图 3-5　孔与轴

从广义上来讲，无论是从装配关系看还是从加工过程看，在尺寸的极限与配合制中，孔、轴的概念是广义的，且都是由单一尺寸构成的。采用广义孔与轴的目的，是确定工件的尺寸极限和相互的配合关系，同时也拓展了极限与配合的应用范围，不仅应用于圆柱内外表面的结合，也可应用于非圆柱体的内外表面的配合，如键宽与键槽的配合，花键结合中大径、小径的配合等。

3. 配合

1）配合的定义

配合是指公称尺寸相同的并且相互结合的孔和轴公差带之间的关系。由于配合是指一批孔、轴的装配关系，而不是指单个孔和单个轴的装配关系，所以只有用公差带关系来反映配合才是比较准确的。孔的尺寸减去相配合的轴的尺寸所得代数差为正值时是间隙，用 X 表示，为负值时是过盈，用 Y 表示。

2）配合种类

根据孔、轴公差带之间关系的不同，配合分为三大类：间隙配合、过盈配合、过渡配合。

（1）间隙配合。间隙配合是指具有间隙（包括最小间隙为零）的配合，此时，孔的公差带完全在轴的公差带之上，如图 3-6 所示。

最大间隙 X_{max}：孔的上极限尺寸减轴的下极限尺寸所得的代数差，即

$$X_{max}=D_{max}-d_{min}=ES-ei=(+) \tag{3-8}$$

最小间隙 X_{min}：孔的下极限尺寸减轴的上极限尺寸所得的代数差，即

$$X_{min}=D_{min}-d_{max}=EI-es=(+\text{或 }0) \tag{3-9}$$

平均间隙 X_{av}：最大间隙与最小间隙的算术平均值，即

$$X_{av}=(X_{max}+X_{min})/2=(+) \tag{3-10}$$

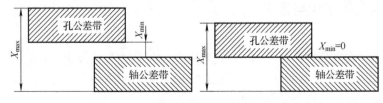

图 3-6　间隙配合

(2)过盈配合。过盈配合是指具有过盈(包括最小过盈为零)的配合。此时,孔的公差带完全在轴的公差带之下,如图 3-7 所示。

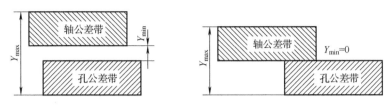

图 3-7 过盈配合

最小过盈 Y_{min}:

$$Y_{min}=D_{max}-d_{min}=ES-ei=(-\text{或}\ 0) \tag{3-11}$$

最大过盈 Y_{max}:

$$Y_{max}=D_{min}-d_{max}=EI-es=(-) \tag{3-12}$$

平均过盈 Y_{av}:

$$Y_{av}=(Y_{max}+Y_{min})/2=(-) \tag{3-13}$$

(3)过渡配合。可能具有间隙或过盈的配合,此时,孔的公差带与轴的公差带相互交叠,间隙量和过盈量都不大,如图 3-8 所示。

图 3-8 过渡配合

最大间隙 X_{max}:

$$X_{max}=D_{max}-d_{min}=ES-ei=(+) \tag{3-14}$$

最大过盈 Y_{max}:

$$Y_{max}=D_{min}-d_{max}=EI-es=(-) \tag{3-15}$$

平均间隙 X_{av}:

$$X_{av}=(X_{max}+Y_{max})/2=(+) \tag{3-16}$$

平均过盈 Y_{av}:

$$Y_{av}=(X_{max}+Y_{max})/2=(-)$$

4. 配合公差(T_f)

配合公差是指组成配合的孔与轴的公差之和,它是允许间隙或过盈的变动量。它表示配合精度,是评定配合质量的一个重要综合指标。

$$\left.\begin{array}{ll}\text{对于间隙配合} & T_f=|X_{max}-X_{min}|\\ \text{对于过盈配合} & T_f=|Y_{max}-Y_{min}|\\ \text{对于过渡配合} & T_f=|X_{max}-Y_{max}|\end{array}\right\} \tag{3-17}$$

将最大、最小间隙和最大、最小过盈分别用孔、轴的极限尺寸或极限偏差换算后代入式(3-17),则得到三类配合的配合公差均为

$$T_f=T_h+T_s \tag{3-18}$$

式(3-18)表明配合精度(配合公差)取决于相互配合的孔和轴的尺寸精度(尺寸公差)。在设计时,可根据配合公差来确定孔和轴的尺寸公差。

5. 配合制

配合制是指同一极限制的孔和轴组成的一种配合制度。国家标准规定了两种配合制,即基孔制配合与基轴制配合。

1)基孔制配合

基孔制配合是指基本偏差为一定的孔的公差带,与不同基本偏差的轴的公差带形成各种配合的一种制度,如图3-9(a)所示。

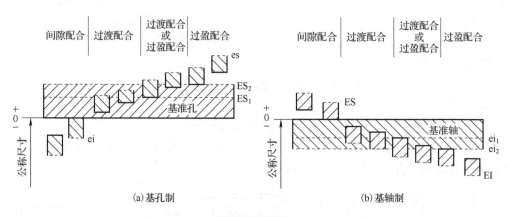

图 3-9　配合制

基孔制配合中的孔为基准孔,代号为 H,它是配合的基准件,而轴为非基准件。标准规定,基准孔以下极限偏差 EI 为基本偏差,其数值为零,上极限偏差为正值,其公差带偏置在零线上侧。

2)基轴制配合

基轴制配合是指基本偏差为一定的轴的公差带,与不同基本偏差的孔的公差带形成各种配合的一种制度,如图3-9(b)所示。

基轴制配合中的轴为基准轴,代号为 h,它是配合的基准件,而孔为非基准件。标准规定,基准轴以上极限偏差 es 为基本偏差,其数值为零,下极限偏差为负值,其公差带偏置在零线下侧。

按照孔、轴公差带相对位置的不同,两种基准制都可以形成间隙、过盈和过渡三种不同的配合性质。如图3-9所示,图中基准孔的 ES 边界和基准轴的 ei 边界是两条虚线,而非基准件的公差带有一边界也是虚线,它们都表示公差带的大小是可变的。

在"过渡配合或过盈配合"这部分区域,当非基准件的基本偏差一定时,由于基准件公差带大小不同,则与非基准件的公差带可能交叠,也可能不交叠。当公差带交叠时,形成过渡配合,不交叠时,形成过盈配合。

综上所述,各种配合是由孔、轴公差带之间的位置关系所决定的,而公差带的大小和位置则分别由标准公差和基本偏差所决定。

例 3-1　求下列三种孔、轴配合的极限间隙或过盈、配合公差,并绘制公差带图。

(1)孔 $\phi 25_{0}^{+0.021}$ 和轴 $\phi 25_{-0.033}^{-0.020}$ 相配合。

(2)孔 $\phi 25^{+0.021}_{0}$ 和轴 $\phi 25^{+0.041}_{+0.028}$ 相配合。

(3)孔 $\phi 25^{+0.021}_{0}$ 和轴 $\phi 25^{+0.015}_{+0.002}$ 相配合。

解：（1）

$$X_{\max}=ES-ei=+0.021-(-0.033)=+0.054$$
$$X_{\min}=EI-es=0-(-0.020)=+0.020$$
$$T_{f}=X_{\max}-X_{\min}=0.054-0.020=0.034$$

或

$$T_{f}=T_{h}+T_{s}=0.021+0.013=0.034$$

（2）

$$Y_{\min}=ES-ei=+0.021-0.028=-0.007$$
$$Y_{\max}=EI-es=0-0.041=-0.041$$
$$T_{f}=Y_{\min}-Y_{\max}=-0.007-(-0.041)=0.034$$

或

$$T_{f}=T_{h}+T_{s}=0.021+0.013=0.034$$

（3）

$$X_{\max}=ES-ei=+0.021-0.002=+0.019$$
$$Y_{\max}=EI-es=0-0.015=-0.015$$
$$T_{f}=X_{\max}-Y_{\max}=0.019-(-0.015)=0.034$$

或

$$T_{f}=T_{h}+T_{s}=0.021+0.013=0.034$$

如图 3-10 所示，同一孔与三个不同尺寸的轴的配合，形成三种配合关系，左边为间隙配合，中间为过盈配合，右边为过渡配合。计算后得知轴的公差均相同，由于公差带位置不同，构成了不同的配合关系。配合的种类是由孔、轴公差带的相互位置所决定的，而公差带的大小和位置又分别由标准公差和基本偏差所决定。

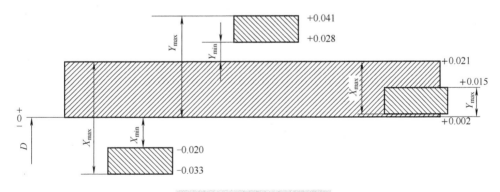

图 3-10　三种配合的公差带图

3.2　尺寸公差与配合的标准

在机械制造中，常用的尺寸为小于或等于 500mm 的尺寸，该尺寸段在生产实践中应用最为广泛，本节将对该尺寸段进行重点介绍。

3.2.1　标准公差系列

标准公差是极限与配合国家标准中规定的用以确定公差带大小的任一公差值，标准公差系列是国家标准制定出的一系列标准公差数值。标准公差系列包括标准公差等级、标准公差因子和公称尺寸分段三项内容，其内容如表 3-1 所示。

表 3-1　标准公差数值(摘自 GB/T 1800.1—2009)

公称尺寸/mm	标准公差等级																	
	IT1	IT2	IT3	IT4	IT5	IT6	IT7	IT8	IT9	IT10	IT11	IT12	IT13	IT14	IT15	IT16	IT17	IT18
	μm									mm								
≤3	0.8	1.2	2	3	4	6	10	14	25	40	60	100	0.14	0.25	0.4	0.6	1	1.4
>3~6	1	1.5	2.5	4	5	8	12	18	30	48	75	120	0.18	0.3	0.48	0.75	1.2	1.8
>6~10	1	1.5	2.5	4	6	9	15	22	36	58	90	150	0.22	0.36	0.58	0.9	1.5	2.2
>10~18	1.2	2	3	5	8	11	18	27	43	70	110	180	0.27	0.43	0.7	1.1	1.8	2.7
>18~30	1.5	2.5	4	6	9	13	21	33	52	84	130	210	0.33	0.52	0.84	1.3	2.1	3.3
>30~50	1.5	2.5	4	7	11	16	25	39	62	100	160	250	0.39	0.62	1	1.6	2.5	3.9
>50~80	2	3	5	8	13	19	30	46	74	120	190	300	0.46	0.74	1.2	1.9	3	4.6
>80~120	2.5	4	6	10	15	22	35	54	87	140	220	350	0.54	0.87	1.4	2.2	3.5	5.4
>120~180	3.5	5	8	12	18	25	40	63	100	160	250	400	0.63	1	1.6	2.5	4	6.3
>180~250	4.5	7	10	14	20	29	46	72	115	185	290	460	0.72	1.15	1.85	2.9	4.6	7.2
>250~315	6	8	12	16	23	32	52	81	130	210	320	520	0.81	1.3	2.1	3.2	5.2	8.1
>315~400	7	9	13	18	25	36	57	89	140	230	360	570	0.89	1.4	2.3	3.6	5.7	8.9
>400~500	8	10	15	20	27	40	63	97	155	250	400	630	0.97	1.55	2.5	4	6.3	9.7

1. 标准公差等级

确定尺寸精确程度的等级称为标准公差等级。规定和划分公差等级是为了简化和统一公差的要求，使规定的等级既能满足不同的使用要求，又能大致代表各种加工方法的精度，为零件设计和制造带来极大的方便。

标准公差等级分为 20 级,由标准公差符号 IT 和数字组成,分别由 IT01,IT0,IT1,IT2,…,IT18 来表示。等级依次降低，标准公差值依次增大，公差等级的高低、加工的难易程度、公差值的大小见图 3-11。

图 3-11　公差等级的高低、加工的难易程度、公差值的大小示意图

2. 标准公差因子

标准公差因子是国家标准极限与配合制中，用以计算标准公差的基本单位，是公称尺寸的函数。它是制定标准公差数值的基础。生产实际经验和科学统计分析表明，加工误差与公称尺寸的关系基本上呈立方根抛物线关系，即尺寸误差与尺寸的立方根成正比，如图 3-12 所示。另外，随着公称尺寸的增加，测量误差的影响也增大，所以在确定标准公差值时应考虑上述两个因素。

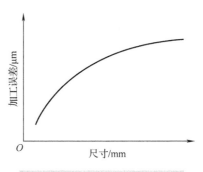

图 3-12　加工误差与尺寸的关系

对于公称尺寸≤500mm 的尺寸，IT5～IT18 用标准公差因子 i 的倍数计算公差值，标准公差因子 i 的计算公式如下

$$i = 0.45\sqrt[3]{D} + 0.001D \tag{3-19}$$

式中，D 为公称尺寸段的几何平均值，mm；i 为标准公差因子，μm。

式 (3-19) 中第一项反映的是加工误差的影响，第二项反映的是测量误差的影响，用于补偿与直径成正比的误差，包括由测量偏离标准温度及量规的变形引起的测量误差。当直径较小时，第二项所占比例较小，当直径较大时，标准公差因子随直径的增加而快速增大，公差值相应增加。

3. 公称尺寸分段

为了减少标准公差的数目，统一公差数值，简化公差表格，以利于生产应用，国家标准对公称尺寸进行了分段，如表 3-1 所示。公称尺寸至 500mm 的尺寸范围分成 13 个尺寸段，这样的尺寸段称为主段落。另外还有把主段落中的一段又分成 2～3 段的中间段落。在公差表格中，一般使用主段落，而在基本偏差表中，对过盈或间隙较敏感的一些配合才使用中间段落。

在标准公差及后面的基本偏差的计算公式中，公称尺寸 D 一律以所属尺寸分段内的首尾两个尺寸 $(D_1 、 D_2)$ 的几何平均值来进行计算，即

$$D = \sqrt{D_1 D_2} \tag{3-20}$$

这样，在一个尺寸段内只有一个公差数值，极大地简化了公差表格（对于公称尺寸≤3mm 的尺寸段，$D=1.732$mm）。实践证明，这样计算的公差值差别不大，对生产有利，且对公差数值的标准化有利。

4. 标准公差值

在公称尺寸和公差等级已定的情况下，就可以按表 3-2 所列的标准公差计算式计算出对应的标准公差值。为了避免因计算时尾数化整方法不一致而造成计算结果的差异，国家标准对尾数圆整作了有关的规定。最后编出标准公差数值表（表 3-1），使用时可直接查此表。

标准公差数值的计算公式见表 3-2。

表 3-2 标准公差的计算公式

等级	公式	等级	公式	等级	公式
IT01	$0.3+0.008D$	IT6	$10i$	IT13	$250i$
IT0	$0.5+0.012D$	IT7	$16i$	IT14	$400i$
IT1	$0.8+0.020D$	IT8	$25i$	IT15	$640i$
IT2	$(IT1)(IT5/IT1)^{1/4}$	IT9	$40i$	IT16	$1000i$
IT3	$(IT1)(IT5/IT1)^{1/2}$	IT10	$64i$	IT17	$1600i$
IT4	$(IT1)(IT5/IT1)^{3/4}$	IT11	$100i$	IT18	$2500i$
IT5	$7i$	IT12	$160i$		

表 3-2 中的高精度等级 IT01、IT02 和 IT1，主要是考虑测量误差的影响，所以标准公差与公称尺寸呈线性关系。

IT2～IT4 是在 IT1 与 IT5 之间插入三级，使 IT1、IT2、IT3、IT4、IT5 呈等比数列，其公比为 $q=(IT5/IT1)^{1/4}$。

IT5～IT18 级的标准公差按下式计算：

$$IT=a \cdot i \tag{3-21}$$

式中，a 为公差等级系数；i 为标准公差因子。除了 IT5 的公差等级系数 $a=7$，从 IT6 开始，公差等级系数按 R5 优先数系增加，即公比 $q=\sqrt[5]{10} \approx 1.6$ 的等比数列。因此，每隔 5 个公差等级，公差数值增大 10 倍。

例 3-2 求公称尺寸为 $\phi30$，IT6、IT7 的公差值。

解：由表 3-1 可知，直径 30 处于 18～30 尺寸段：

$$D=\sqrt{18 \times 30}=23.24$$

$$i=0.45\sqrt[3]{D}+0.001D=0.45\sqrt[3]{23.24}+0.001 \times 23.24=1.31$$

查表 3-2 可得

$$IT6=10i，\ IT7=16i$$

因此

$$IT6=10i=10 \times 1.31=13.1 \approx 13\,(\mu m)$$

$$IT7=16i=16 \times 1.31=20.96 \approx 21\,(\mu m)$$

按照几何平均值计算出的公差数值，经过尾数的圆整，即得到标准公差数值。

3.2.2 基本偏差系列

1. 基本偏差及其代号

不同的公差带位置与基准件结合将形成不同的配合。基本偏差的数量将决定配合种类的数量。为了满足各种不同松紧程度的配合需要，同时尽量减少配合种类，以利互换，国家标准对孔和轴分别规定了 28 种基本偏差，分别用拉丁字母表示，其中孔用大写字母表示，轴用小写字母表示。28 种基本偏差代号，由 26 个拉丁字母去掉 5 个容易与其他参数相混淆的字母：I、L、O、Q、W（i、l、o、q、w），剩下的 21 个字母加上 7 个双写字母：CD、EF、FG、

JS、ZA、ZB、ZC（cd、ef、fg、js、za、zb、zc）组成。这 28 种基本偏差代号反映了 28 种公差带相对于零线的位置，构成了基本偏差系列，如图 3-13 所示。

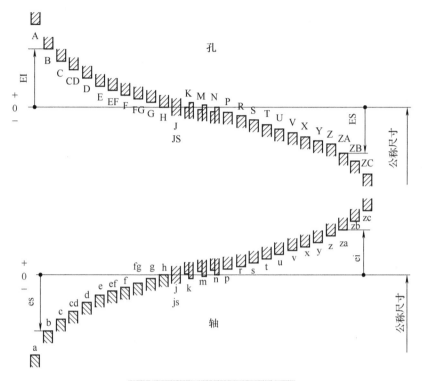

图 3-13　孔与轴的基本偏差系列

孔的偏差系列中，A～G 的基本偏差是下极限偏差 EI（正值）；H 的基本偏差 EI=0，是基准孔；J～ZC 的基本偏差是上极限偏差 ES（除 J 和 K 外，其余皆为负值）；JS 的基本偏差是 ES=+T_h/2 或 EI=-T_h/2。

轴的偏差系列中，a～g 的基本偏差是上极限偏差 es（负值）；h 的基本偏差 es=0，是基准轴；j～zc 的基本偏差是下极限偏差 ei（除 j 外，其余皆为正值）；js 的基本偏差是 es=+T_s/2 或 Ei=-T_s/2。

基本偏差系列图中仅绘制出公差带的一端，未绘出公差带的另一端，它取决于公差大小。因此，任何一个公差带代号都由基本偏差代号和公差等级数联合表示，如 H7、h6、F5 等。

基本偏差是公差带位置标准化的唯一参数，除去 JS 和 js 以及 J、j、K、k、M、m 和 N、n，原则上基本偏差和公差等级无关。

2．轴的基本偏差

轴的基本偏差数值是以基准孔为基础，根据各种配合的要求，在生产实践和大量试验的基础上，依据统计分析的结果整理出一系列公式而计算出来的。轴的基本偏差计算公式如表 3-3 所示，计算结果也按一定的规则将尾数进行圆整。

由图 3-13 和表 3-3 可知，在基孔制配合中，a～h 与基准孔形成间隙配合，基本偏差为上极限偏差 es，其绝对值正好等于最小间隙的数值。其中 a、b、c 三种用于大间隙配合，最小间隙采用与直径成正比的关系计算。d、e、f 主要用于一般润滑条件下的旋转运动，为了保证良好的液体摩擦，最小间隙与直径呈平方根关系。但考虑到表面粗糙度的影响，间隙应适当减小，所以，计算式中 D 的指数略小于 0.5。g 主要用于滑动、定心或半液体摩擦的场合，间隙取小，D 的指数有所减小。h 的基本偏差数值为零，它是最紧的间隙配合。至于 cd、ef 和 fg 的数值，则分别取与 c 与 d、e 与 f 和 f 与 g 的基本偏差的几何平均值。

表 3-3　公称尺寸≤500mm 的轴的基本偏差计算公式　　　　（单位：μm）

代号	适用范围	基本偏差为上极限偏差(es)	代号	适用范围	基本偏差为下极限偏差(ei)
a	$D \leq 120mm$	$-(265+1.3D)$	k	IT4～IT7	$+0.6\sqrt[3]{D}$
a	$D > 120mm$	$-3.5D$	m	—	$+(IT7-IT6)$
b	$D \leq 160mm$	$-(140+0.85D)$	n	—	$+0.5D^{0.34}$
b	$D > 160mm$	$-1.8D$	p	—	$+IT7+(0 \sim 5)$
c	$D \leq 40mm$	$-52D^2$	r	—	$+\sqrt{p \cdot s}$
c	$D > 40mm$	$-(95+0.8D)$	s	$D \leq 50mm$	$+IT8+(1 \sim 4)$
cd	—	$-\sqrt{c \cdot d}$	s	$D > 50mm$	$+IT7+0.4D$
d	—	$-16D^{0.44}$	t	—	$+IT7+0.63D$
e	—	$-11D^{0.41}$	u	—	$+IT7+D$
ef	—	$-\sqrt{e \cdot f}$	v	—	$+IT7+1.25D$
f	—	$-5.5D^{0.41}$	x	—	$+IT7+1.6D$
fg	—	$-\sqrt{f \cdot g}$	y	—	$+IT7+2D$
g	—	$-2.5D^{0.34}$	z	—	$+IT7+2.5D$
h	—	0	za	—	$+IT8+3.15D$
j	IT5～IT8	经验数据	zb	—	$+IT9+4D$
k	≤IT3 及 ≥IT8	0	zc	—	$+IT10+5D$
js = $\pm \dfrac{IT}{2}$					

注：① 表中 D 的单位为 mm。② 除 j 和 js 外，表中所列公式与公差等级无关。

j～n 与基准孔形成过渡配合，其基本偏差为下极限偏差 ei，数值基本上根据经验与统计的方法确定。

p～zc 与基准孔形成过盈配合，其基本偏差为下极限偏差 ei，数值大小按与一定等级的孔相配合所要求的最小过盈而定。最小过盈系数的系列符合优先数系，规律性较好，便于应用。

实际工作中，轴的基本偏差数值不必用公式计算，为方便使用，计算结果的数值已列成表，见表 3-4，使用时可查表确定。

当轴的基本偏差确定后，利用轴的基本偏差值和标准公差值，根据下式计算出另一个极限偏差。

$$ei = es - T_s, \quad es = ei + T_s \tag{3-22}$$

轴的基本偏差数值如表 3-4 所示。孔的基本偏差数值如表 3-5 所示。

表 3-4　尺寸≤500mm 的轴的基本偏差数值（摘自 GB/T 1800.1—2009）

基本偏差数值/μm

基本尺寸/mm		上偏差(es) 所有标准公差等级												j ≤IT3,>IT7（IT5和IT6）	j（IT7）	j（IT8）	k（IT4~IT7）	k（≤IT3,>IT7）	下偏差(ei) 所有标准公差等级													
大于	至	a	b	c	cd	d	e	ef	f	fg	g	h	js						m	n	p	r	s	t	u	v	x	y	z	za	zb	zc
—	3	−270	−140	−60	−34	−20	−14	−10	−6	−4	−2	0		−2	−4	−6	0	0	+2	+4	+6	+10	+14	—	+18	—	+20	—	+26	+32	+40	+60
3	6	−270	−140	−70	−46	−30	−20	−14	−10	−6	−4	0		−2	−4	—	+1	0	+4	+8	+12	+15	+19	—	+23	—	+28	—	+35	+42	+50	+80
6	10	−280	−150	−80	−56	−40	−25	−18	−13	−8	−5	0		−2	−5	—	+1	0	+6	+10	+15	+19	+23	—	+28	—	+34	—	+42	+52	+67	+97
10	14	−290	−150	−95	—	−50	−32	—	−16	—	−6	0		−3	−6	—	+1	0	+7	+12	+18	+23	+28	—	+33	—	+40	—	+50	+64	+90	+130
14	18	−290	−150	−95	—	−50	−32	—	−16	—	−6	0		−3	−6	—	+1	0	+7	+12	+18	+23	+28	—	+33	+39	+45	—	+60	+77	+108	+150
18	24	−300	−160	−110		−65	−40		−20		−7	0		−4	−8	—	+2	0	+8	+15	+22	+28	+35	—	+41	+47	+54	+63	+73	+98	+136	+188
24	30	−300	−160	−110		−65	−40		−20		−7	0		−4	−8	—	+2	0	+8	+15	+22	+28	+35	+41	+48	+55	+64	+75	+88	+118	+160	+218
30	40	−310	−170	−120		−80	−50		−25		−9	0		−5	−10	—	+2	0	+9	+17	+26	+34	+43	+48	+60	+68	+80	+94	+112	+148	+200	+274
40	50	−320	−180	−130		−80	−50		−25		−9	0		−5	−10	—	+2	0	+9	+17	+26	+34	+43	+54	+70	+81	+97	+114	+136	+180	+242	+325
50	65	−340	−190	−140		−100	−60		−30		−10	0		−7	−12	—	+2	0	+11	+20	+32	+41	+53	+66	+87	+102	+122	+144	+172	+226	+300	+405
65	80	−360	−200	−150		−100	−60		−30		−10	0		−7	−12	—	+2	0	+11	+20	+32	+43	+59	+75	+102	+120	+146	+174	+210	+274	+360	+480
80	100	−380	−220	−170		−120	−72		−36		−12	0		−9	−15	—	+3	0	+13	+23	+37	+51	+71	+91	+124	+146	+178	+214	+258	+335	+445	+585
100	120	−410	−240	−180		−120	−72		−36		−12	0		−9	−15	—	+3	0	+13	+23	+37	+54	+79	+104	+144	+172	+210	+254	+310	+400	+525	+690
120	140	−460	−260	−200		−145	−85		−43		−14	0		−11	−18	—	+3	0	+15	+27	+43	+63	+92	+122	+170	+202	+248	+300	+365	+470	+620	+800
140	160	−520	−280	−210		−145	−85		−43		−14	0		−11	−18	—	+3	0	+15	+27	+43	+65	+100	+134	+190	+228	+280	+340	+415	+535	+700	+900
160	180	−580	−310	−230		−145	−85		−43		−14	0		−11	−18	—	+3	0	+15	+27	+43	+68	+108	+146	+210	+252	+310	+380	+465	+600	+780	+1000
180	200	−660	−340	−240		−170	−100		−50		−15	0		−13	−21	—	+4	0	+17	+31	+50	+77	+122	+166	+236	+284	+350	+425	+520	+670	+880	+1150
200	225	−740	−380	−260		−170	−100		−50		−15	0		−13	−21	—	+4	0	+17	+31	+50	+80	+130	+180	+258	+310	+385	+470	+575	+740	+960	+1250
225	250	−820	−420	−280		−170	−100		−50		−15	0		−13	−21	—	+4	0	+17	+31	+50	+84	+140	+196	+284	+340	+425	+520	+640	+820	+1050	+1350
250	280	−920	−480	−300		−190	−110		−56		−17	0		−16	−26	—	+4	0	+20	+34	+56	+94	+158	+218	+315	+385	+475	+580	+710	+920	+1200	+1550
280	315	−1050	−540	−330		−190	−110		−56		−17	0		−16	−26	—	+4	0	+20	+34	+56	+98	+170	+240	+350	+425	+525	+650	+790	+1000	+1300	+1700
315	355	−1200	−600	−360		−210	−125		−62		−18	0		−18	−28	—	+4	0	+21	+37	+62	+108	+190	+268	+390	+475	+590	+730	+900	+1150	+1500	+1900
355	400	−1350	−680	−400		−210	−125		−62		−18	0		−18	−28	—	+4	0	+21	+37	+62	+114	+208	+294	+435	+530	+660	+820	+1000	+1300	+1650	+2100
400	450	−1500	−760	−440		−230	−135		−68		−20	0		−20	−32	—	+5	0	+23	+40	+68	+126	+232	+330	+490	+595	+740	+920	+1100	+1450	+1850	+2400
450	500	−1650	−840	−480		−230	−135		−68		−20	0		−20	−32	—	+5	0	+23	+40	+68	+132	+252	+360	+540	+660	+820	+1000	+1250	+1600	+2100	+2600

js 列：偏差等于 ±ITn/2，其中 ITn 是 IT 级数。

注：①公称尺寸小于或等于 1mm 时，基本偏差 a 和 b 均不采用。②公差带 js7 至 js11，若 ITn 数值是奇数，则取偏差=±(ITn−1)/2。

表 3-5　尺寸≤500mm 的孔的基本偏差数值（摘自 GB/T 1800.1—2009）

下偏差(EI)列为"所有标准公差等级"；基本偏差数值/μm；上偏差(ES)中 P～ZC 列为"标准公差等级大于 IT7"。JS 列：偏差=±IT_n/2。P 至 ZC（≤IT7）列：在大于 IT7 的相应数值上增加一个 Δ 值。

基本尺寸/mm 大于	至	A	B	C	CD	D	E	EF	F	FG	G	H	JS	J IT6	J IT7	J IT8	K ≤IT8	K >IT8	M ≤IT8	M >IT8	N ≤IT8	N >IT8	P	R	S	T	U	V	X	Y	Z	ZA	ZB	ZC	Δ IT3	Δ IT4	Δ IT5	Δ IT6	Δ IT7	Δ IT8
—	3	+270	+140	+60	+34	+20	+14	+10	+6	+4	+2	0	±IT/2	+2	+4	+6	0	0	-2	-2	-4	-4	-6	-10	-14	—	-18	—	-20	—	-26	-32	-40	-60	0	0	0	0	0	0
3	6	+270	+140	+70	+46	+30	+20	+14	+10	+6	+4	0		+5	+6	+10	-1+Δ	-1	-4+Δ	-4	-8+Δ	0	-12	-15	-19	—	-23	—	-28	—	-35	-42	-50	-80	1	1.5	1	3	4	6
6	10	+280	+150	+80	+56	+40	+25	+18	+13	+8	+5	0		+5	+8	+12	-1+Δ	-1	-6+Δ	-6	-10+Δ	0	-15	-19	-23	—	-28	—	-34	—	-42	-52	-67	-97	1	1.5	2	3	6	7
10	14	+290	+150	+95	—	+50	+32	—	+16	—	+6	0		+6	+10	+15	-1+Δ	-1	-7+Δ	-7	-12+Δ	0	-18	-23	-28	—	-33	—	-40	—	-50	-64	-90	-130	1	2	3	3	7	9
14	18	+290	+150	+95	—	+50	+32	—	+16	—	+6	0		+6	+10	+15	-1+Δ	-1	-7+Δ	-7	-12+Δ	0	-18	-23	-28	—	-33	-39	-45	—	-60	-77	-108	-150	1	2	3	3	7	9
18	24	+300	+160	+110	—	+65	+40	—	+20	—	+7	0		+8	+12	+20	-2+Δ	-2	-8+Δ	-8	-15+Δ	0	-22	-28	-35	—	-41	-47	-54	-63	-73	-98	-136	-188	1.5	2	3	4	8	12
24	30	+300	+160	+110	—	+65	+40	—	+20	—	+7	0		+8	+12	+20	-2+Δ	-2	-8+Δ	-8	-15+Δ	0	-22	-28	-35	-41	-48	-55	-64	-75	-88	-118	-160	-218	1.5	2	3	4	8	12
30	40	+310	+170	+120	—	+80	+50	—	+25	—	+9	0		+10	+14	+24	-2+Δ	-2	-9+Δ	-9	-17+Δ	0	-26	-34	-43	-48	-60	-68	-80	-94	-112	-148	-200	-274	1.5	3	4	5	9	14
40	50	+320	+180	+130	—	+80	+50	—	+25	—	+9	0		+10	+14	+24	-2+Δ	-2	-9+Δ	-9	-17+Δ	0	-26	-41	-43	-54	-70	-81	-97	-114	-136	-180	-242	-325	1.5	3	4	5	9	14
50	65	+340	+190	+140	—	+100	+60	—	+30	—	+10	0		+13	+18	+28	-2+Δ	-2	-11+Δ	-11	-20+Δ	0	-32	-41	-53	-66	-87	-102	-122	-144	-172	-226	-300	-405	2	3	5	6	11	16
65	80	+360	+200	+150	—	+100	+60	—	+30	—	+10	0		+13	+18	+28	-2+Δ	-2	-11+Δ	-11	-20+Δ	0	-32	-43	-59	-75	-102	-120	-146	-174	-210	-274	-360	-480	2	3	5	6	11	16
80	100	+380	+220	+170	—	+120	+72	—	+36	—	+12	0		+16	+22	+34	-3+Δ	-3	-13+Δ	-13	-23+Δ	0	-37	-51	-71	-91	-124	-146	-178	-214	-258	-335	-445	-585	2	4	5	7	13	19
100	120	+410	+240	+180	—	+120	+72	—	+36	—	+12	0		+16	+22	+34	-3+Δ	-3	-13+Δ	-13	-23+Δ	0	-37	-54	-79	-104	-144	-172	-210	-254	-310	-400	-525	-690	2	4	5	7	13	19
120	140	+460	+260	+200	—	+145	+85	—	+43	—	+14	0		+18	+26	+41	-3+Δ	-3	-15+Δ	-15	-27+Δ	0	-43	-63	-92	-122	-170	-202	-248	-300	-365	-470	-620	-800	3	4	6	7	15	23
140	160	+520	+280	+210	—	+145	+85	—	+43	—	+14	0		+18	+26	+41	-3+Δ	-3	-15+Δ	-15	-27+Δ	0	-43	-65	-100	-134	-190	-228	-280	-340	-415	-535	-700	-900	3	4	6	7	15	23
160	180	+580	+310	+230	—	+145	+85	—	+43	—	+14	0		+18	+26	+41	-3+Δ	-3	-15+Δ	-15	-27+Δ	0	-43	-68	-108	-146	-210	-252	-310	-380	-465	-600	-780	-1000	3	4	6	7	15	23
180	200	+660	+340	+240	—	+170	+100	—	+50	—	+15	0		+22	+30	+47	-4+Δ	-4	-17+Δ	-17	-31+Δ	0	-50	-77	-122	-166	-236	-284	-350	-425	-520	-670	-880	-1150	3	4	6	9	17	26
200	225	+740	+380	+260	—	+170	+100	—	+50	—	+15	0		+22	+30	+47	-4+Δ	-4	-17+Δ	-17	-31+Δ	0	-50	-80	-130	-180	-258	-310	-385	-470	-575	-740	-960	-1250	3	4	6	9	17	26
225	250	+820	+420	+280	—	+170	+100	—	+50	—	+15	0		+22	+30	+47	-4+Δ	-4	-17+Δ	-17	-31+Δ	0	-50	-84	-140	-196	-284	-340	-425	-520	-640	-820	-(1050)	-1350	3	4	6	9	17	26
250	280	+920	+480	+300	—	+190	+110	—	+56	—	+17	0		+25	+36	+55	-4+Δ	-4	-20+Δ	-20	-34+Δ	0	-56	-94	-158	-218	-315	-385	-475	-580	-710	-920	-1200	-1550	4	4	7	9	20	29
280	315	+1050	+540	+330	—	+190	+110	—	+56	—	+17	0		+25	+36	+55	-4+Δ	-4	-20+Δ	-20	-34+Δ	0	-56	-98	-170	-240	-350	-425	-525	-650	-790	-1000	-1300	-1700	4	4	7	9	20	29
315	355	+1200	+600	+360	—	+210	+125	—	+62	—	+18	0		+29	+39	+60	-4+Δ	-4	-21+Δ	-21	-37+Δ	0	-62	-108	-190	-268	-390	-475	-590	-730	-900	-1150	-1500	-1900	4	5	7	11	21	32
355	400	+1350	+680	+400	—	+210	+125	—	+62	—	+18	0		+29	+39	+60	-4+Δ	-4	-21+Δ	-21	-37+Δ	0	-62	-114	-208	-294	-435	-530	-660	-820	-1000	-1300	-1650	-2100	4	5	7	11	21	32
400	450	+1500	+760	+440	—	+230	+135	—	+68	—	+20	0		+33	+43	+66	-5+Δ	-5	-23+Δ	-23	-40+Δ	0	-68	-126	-232	-330	-490	-595	-740	-920	-1100	-1450	-1850	-2400	5	5	7	13	23	34
450	500	+1650	+840	+480	—	+230	+135	—	+68	—	+20	0		+33	+43	+66	-5+Δ	-5	-23+Δ	-23	-40+Δ	0	-68	-132	-252	-360	-540	-660	-820	-1000	-1250	-1600	-2100	-2600	5	5	7	13	23	34

注：①公称尺寸小于或等于 1mm 时，基本偏差 a 和 b 均不采用。②公差带 js7 至 js11，若 IT_n 数值是奇数，则取偏差=±(IT_n-1)/2。

3. 孔的基本偏差

公称尺寸≤500mm 时，孔的基本偏差没有直接的计算公式，而是由同名的轴的基本偏差换算而来。孔的基本偏差的换算规则如下。

1) 通用规则(倒影关系)

用同一字母表示的孔、轴基本偏差的绝对值相等，符号相反，即孔的基本偏差是轴的基本偏差相对于零线的倒影关系，同名配合的配合性质完全相同，如图 3-14 所示。例如，基孔制的配合(如 ϕ30H8/f8)变成同名的基轴制的配合(ϕ30F8/h8)时，其配合性质不变。在较低精度等级的配合中，孔与轴采用相同的公差等级。通用规则的适用范围如下。

(1) 对所有公差等级的 A～H 孔，EI=−es。

(2) 对标准公差大于 IT8 的 K、M、N 和大于 IT7 的 P～ZC，ES=−ei。

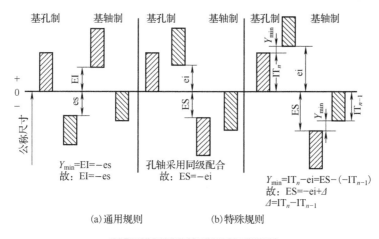

图 3-14　孔的基本偏差换算规则

2) 特殊规则

同名代号的孔和轴的基本偏差的符号相反，而绝对值相差一个 Δ 值，这主要是由于在较高公差等级中，孔比同级的轴加工困难，因此标准规定，按孔的公差等级比轴低一级来考虑配合，并要求在两种基准制中形成的配合性质相同。即

$$ES = -ei + \Delta \tag{3-23}$$

$$\Delta = IT_n - IT_{n-1} = T_h - T_s \tag{3-24}$$

特殊规则仅适用于公称尺寸大于 3mm 小于等于 500mm、标准公差等级小于或等于 IT8 的孔的基本偏差 K、M、N 和标准公差等级小于或等于 IT7 的孔的基本偏差 P～ZC。

孔的另一个极限偏差可根据下列公式计算：

$$ES=EI+T_h \tag{3-25}$$

$$EI=ES-T_h \tag{3-26}$$

由于孔加工比轴加工困难，因此国家标准规定，为使孔和轴在工艺上等价，在高精度或较高精度的间隙、过渡和过盈配合中，一般取孔比轴低一个级别。其中，间隙和过渡配合时 IT≤8 级为高或较高精度，过盈配合时 IT≤7 级为高精度或较高精度。

例 3-3　试用查表法计算 $\phi60\dfrac{\text{H7}}{\text{f6}}$ 和 $\phi60\dfrac{\text{H7}}{\text{h6}}$ 的极限间隙。

解：查标准公差表 IT6=0.019，IT7=0.030。

计算极限偏差。

基孔制配合为 $\phi60\text{H7}\left(^{+0.03}_{0}\right)$。

$\phi60\text{f6}$ 的基本偏差：

查表 3-4，获得轴的上极限偏差为

$$\text{es}=-0.03$$

则轴的另一个偏差为

$$\text{ei}=\text{es}-\text{IT6}=-0.03-0.019=-0.049$$

故 $\phi60\text{f6}\left(^{-0.030}_{-0.049}\right)$。

基轴制配合：

$\phi60\text{h6}$ 的基本偏差为

$$\text{es}=0$$

另一个偏差的计算为

$$\text{ei}=\text{es}-\text{IT6}=0-0.019=-0.019$$

$\phi60\text{F6}$ 的基本偏差，查表 3-5 得 EI=0.030，则

$$\text{ES}=\text{EI}+\text{IT7}=+0.03+0.03=+0.06$$

故 $\phi60\text{F7}\left(^{+0.06}_{+0.03}\right)$。

计算极限间隙：

基孔制：　　　　　　　$X_{\max}=\text{ES}-\text{ei}=0.03-(-0.049)=+0.079$

$X_{\min}=\text{EI}-\text{es}=0-(-0.03)=+0.03$

基轴制：　　　　　　　$X_{\max}=\text{ES}-\text{ei}=+0.06-(-0.019)=+0.079$

$X_{\min}=\text{EI}-\text{es}=+0.03-0=+0.03$

从以上的计算结果可知，极限间隙完全相同，配合性质相同，均为间隙配合。

4. 公差与配合在图上的标注

1）零件图的标注

在零件图上，除了标注所需的公称尺寸，重要的尺寸和配合处应标注极限偏差、几何公差（参照第 4 章）和表面粗糙度。重要尺寸和配合处的标注形式是在公称尺寸后标注基本偏差代号与公差等级数字，标注时要用同一字号的字体（即两个符号等高）（GB/T 4458.5—2013）。图 3-15 所示为减速机输出轴的零件图的尺寸标注。

（1）孔 $\phi55\text{H7}$ 　或　轴 $\phi55\text{h7}$。

（2）孔 $\phi55\text{H7}\left(^{+0.030}_{0}\right)$ 　或　轴 $\phi55\text{h6}\left(^{0}_{-0.019}\right)$。

（3）孔 $\phi55^{+0.030}_{0}$ 　或　轴 $\phi55^{0}_{-0.019}$。

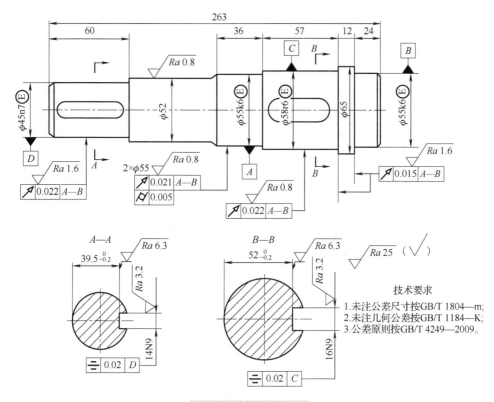

图 3-15　减速机输出轴

其中第一种应用广泛，第二种适用于批量生产，第三种用于单件小批量生产。

2）装配图上的标注

在装配图上，除了标注总体尺寸、重要的联系尺寸，在配合处应标注尺寸公差以及必要的几何公差。公差与配合的标注形式是在公称尺寸后标注公差代号和公差等级数字。孔与轴以分式形式表示，孔为分子，轴为分母，以如下三种形式表示。

（1）$\phi 55\dfrac{\text{H7}}{\text{h6}}$ 或 $\phi 44\text{H7}/\text{h6}$。

（2）$\phi 55\dfrac{\text{H7}\binom{+0.030}{0}}{\text{h6}\binom{0}{-0.019}}$ 或 $\phi 55\text{H7}\binom{+0.025}{0}\Big/\text{h6}\binom{0}{-0.019}$。

（3）$\phi 55\dfrac{\binom{+0.030}{0}}{\binom{0}{-0.019}}$ 或 $\phi 55\binom{+0.025}{0}\Big/\binom{0}{-0.019}$。

其中第一种应用广泛，第二种适用于批量生产，第三种用于单件小批量生产。

现以圆柱齿轮减速机装配图 3-16 为例，按照类比法对主要部件进行几何精度设计，包括尺寸公差、几何公差、表面粗糙度等的选择和确定。

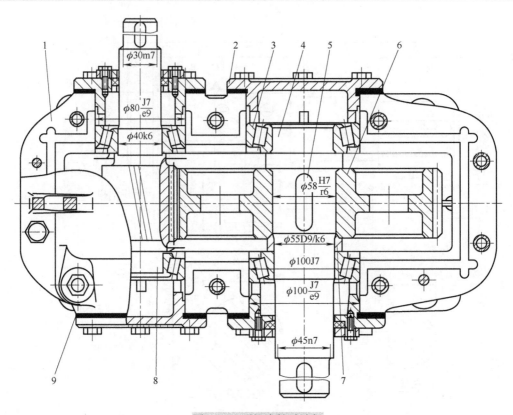

图 3-16　圆柱齿轮减速机

1-箱体；2-端盖；3-滚动轴承；4-输出轴；5-平键；6-齿轮；7-轴套；8-齿轮轴；9-垫片

　　根据使用要求，该减速机所用轴承为 0 级，齿轮为一般精度。但与之相配合的轴颈和箱体孔为较为重要的配合，轴的轴颈处及与齿轮孔配合处公差选取 IT6 级，箱体孔及齿轮孔取为 IT7 级。

　　（1）齿轮孔与轴之间的配合 H7/r6。为了保证对中、传递运动的平稳性和拆装方便，故选较小的过盈配合。

　　（2）轴承内圈与轴颈处的配合 k6。轴承内圈与轴颈处的配合，应按照标准件滚动轴承的国家标准 GB/T 275—2015 选取。

　　（3）轴承外圈与外壳孔之间的配合 J7。为了保证轴在受热伸长时有轴向游隙，采用轴承外圈为游动套圈的结构形式。

　　（4）轴承盖与外壳孔之间的配合 J7/e9。轴承盖定心精度要求不高，要求拆装方便，所以应选用极限间隙稍大的间隙配合。考虑到箱体外壳孔加工方便，设计为光孔，选定为 J7，又因此间隙的变动不会影响其使用要求，轴承盖选择 IT9 级符合经济性要求，这种间隙配合为非标准制配合 J7/e9。

　　（5）输入轴和联轴器之间的配合 m7。由于输入轴转速高，为了保证连接可靠、拆装方便，选择松紧适度的过渡配合 m7。

　　（6）定位轴套与输出轴的配合 D9/k6。输出轴端处定位轴套有轴向定位要求，选择轴套的孔的公差带为 D9，使之与轴构成过渡配合。

　　（7）输出轴与链轮之间的配合 n7。由于输出轴转速较低，通过键连接来传递运动和扭矩，为了保证装拆方便，选用较小间隙的过渡配合。

3.2.3　一般、常用和优先的公差带与配合

1. 一般、常用和优先公差带

按照国家标准中提供的标准公差及基本偏差系列，可将任一基本偏差与任一标准公差组合，从而得到大小与位置不同的大量公差带。在公称尺寸≤500mm 范围内，孔公差带有 $20×27+3=543$ 个，轴的公差带有 $20×27+4=544$ 个。这么多的公差带都使用是不经济的，因它必然会导致定值刀具和量具规格的繁多。为此，GB/T 1801—2009 规定了公称尺寸≤500mm 的一般用途轴的公差带 116 个和孔的公差带 105 个，再从中选出常用轴的公差带 59 个和孔的公差带 43 个，根据生产实际情况，国家标准对常用尺寸段推荐了孔和轴的一般、常用、优先公差带，并进一步挑选出轴和孔的优先用途公差带各 13 个，如图 3-17 和图 3-18 所示。图中方框中的为常用公差带，圈中的为优先公差带。

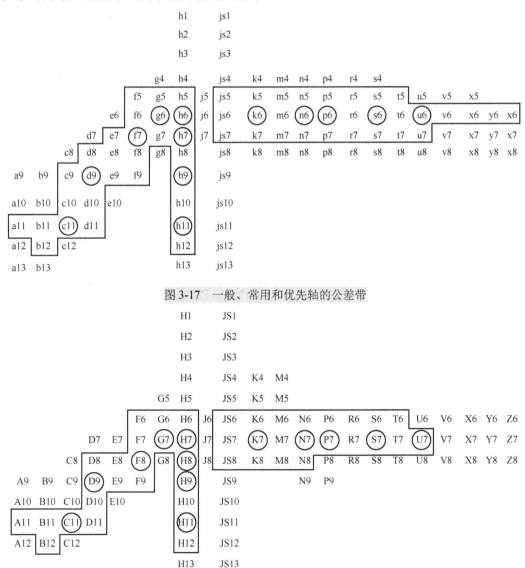

图 3-17　一般、常用和优先轴的公差带

图 3-18　一般、常用和优先孔的公差带

2. 常用和优先配合

在上述推荐的轴、孔公差带的基础上，国家标准还推荐了孔、轴公差带的组合。对基孔制，规定有 59 种常用配合；对基轴制，规定有 47 种常用配合。在此基础上，又从中各选取了 13 种优先配合。选择时，应优先选用优先配合，再选用常用配合。优先和常用配合见表 3-6 和表 3-7。

表 3-6　基孔制常用和优先配合

基准孔	轴																				
	a	b	c	d	e	f	g	h	js	k	m	n	p	r	s	t	u	v	x	y	z
	间隙配合								过渡配合				过盈配合								
H6						H6/f5	H6/g5	H6/h5	H6/js5	H6/k5	H6/m5	H6/n5	H6/p5	H6/r5	H6/s5	H6/t5					
H7						H7/f6	H7/g6	H7/h6	H7/js6	H7/k6	H7/m6	H7/n6	H7/p6	H7/r6	H7/s6	H7/t6	H7/u6	H7/v6	H6/x6	H7/y6	H7/k5
H8				H8/e7	H8/f7	H8/g7	H8/h7	H8/js7	H8/k7	H8/m7	H8/n7	H8/p7	H8/r7	H8/s7	H8/t7	H8/u7					
H8				H8/d8	H8/e8	H8/f8		H8/h8													
H9			H9/c9	H9/d9	H9/e9	H9/f9		H9/h9													
H10			H10/c10	H10/d10				H10/h10													
H11	H11/a11	H11/b11	H11/c11	H11/d11				H11/h11													
H12		H12/b12						H12/h12													

注：① H6/n5、H7/p6 在公称尺寸小于或等于 3mm 和 H8/r7 在小于或等于 100mm 时，为过渡配合。

② 表格中标注下划线 "＿＿" 的配合为优先配合。

表 3-7　基轴制常用和优先配合

基准轴																					
	A	B	C	D	E	F	G	H	JS	K	M	N	P	R	S	T	U	V	X	Y	Z
	间隙配合								过渡配合				过盈配合								
h5						F6/h5	G6/h5	H6/h5	JS6/h5	K6/h5	M6/h5	N6/h5	P6/h5	R6/h5	S6/h5	T6/h5					
h6						F7/h6	G7/h6	H7/h6	JS7/h6	K7/h6	M7/h6	N7/h6	P7/h6	R7/h6	S7/h6	T7/h6	U7/h6				
h7					E8/h7	F8/h7		H8/h7	JS8/h7	K8/h7	M8/h7	N8/h7									
h8				D8/h8	E8/h8	F8/h8		H8/h8													
h9				D9/h9	E9/h9	F9/h9		H9/h9													
h10				D10/h10				H10/h10													
h11	A11/h11	B11/h11	C11/h11	D11/h11				H11/h11													
h12		B12/h12						H12/h12													

注：表格中标注下划线 "＿＿" 的配合为优先配合。

3. 一般公差(线性尺寸的未注公差)

一般公差是指在车间普通工艺条件下机床设备一般加工能力可保证的公差。在正常维护和操作情况下，它代表车间的一般加工的经济加工精度。国家标准 GB/T 1804—2000《一般公差 未注公差的线性和角度尺寸的公差》等效地采用了国际标准中的有关部分。

GB/T 1804—2000 对线性尺寸的一般公差规定了四个公差等级：精密级(f)、中等级(m)、粗糙级(c)和最粗级(v)。对尺寸也采用大的分段。具体数据见表 3-8。这四个公差等级相当于 IT12、IT14、IT16 和 IT17。

表 3-8　未注公差的线性尺寸极限偏差的数值(摘自 GB/T 1804—2000)　　　(单位：mm)

公差等级	尺寸分段							
	0.5～3	>3～6	>6～30	>30～120	>120～400	>400～1000	>1000～2000	>2000～4000
f(精密级)	±0.05	±0.05	±0.1	±0.15	±0.2	±0.3	±0.5	—
m(中等级)	±0.1	±0.1	±0.2	±0.3	±0.5	±0.8	±1.2	±2
c(粗糙级)	±0.2	±0.3	±0.5	±0.8	±1.2	±2	±3	±4
v(最粗级)	—	±0.5	±1	±1.5	±2.5	±4	±6	±8

从表 3-8 中看出，无论孔和轴还是长度尺寸，其极限偏差的取值都采用对称分布的公差带。标准也同时对倒圆半径与倒角高度尺寸的极限偏差数值作了规定，见表 3-9。

表 3-9　倒圆半径与倒角高度尺寸的极限偏差的数值(摘自 GB/T 1804—2000)　　　(单位：mm)

公差等级	尺寸分段			
	0.5～3	>3～6	>6～30	>30
f(精密级)	±0.2	±0.5	±1	±2
m(中等级)				
c(粗糙级)	±0.4	±1	±2	±4
v(最粗级)				

注：倒圆半径与倒角高度的含义参见国家标准《零件倒圆与倒角》(GB/T 6403.4—2008)。

极限偏差的取值都采用对称分布的公差带。

在图样上标注线性尺寸的一般公差，只需要在图样或技术文件中用标准号和公差等级符号标注即可。例如，按产品精密程度和车间普通加工经济精度选用标准中规定的 m(中等)级时，可表示为：GB/T 1804—m。这表明图样上凡是未注公差的线性尺寸(包括倒圆半径尺寸及倒角尺寸)均按 m(中等)级加工和验收。

一般公差的线性尺寸是在加工精度保证的情况下加工出来的，一般可以不检验。若生产方和使用方有争议，则应以表中查得的极限偏差作为依据来判断其合格性。

3.3　尺寸公差带与配合的选用

尺寸公差带与配合的选择是机械设计与制造中的一个重要环节，它是在公称尺寸已经确定的情况下进行的尺寸精度设计。选用得当与否，对于机械的使用性能和制造成本有很大的影响，有时甚至起决定性的作用。其内容包括三个方面：选择基准制、公差等级的确定和配合种类的选用。尺寸公差与配合选择的原则是在满足使用要求的前提下能够获得最佳的技术经济效益。选择的方法有计算法、试验法和类比法。

3.3.1 基准制的选用

选择基准制时，应从结构、工艺性及经济性等方面综合分析考虑。

1. 优先选用基孔制

选用基孔制配合的零件、部件生产成本低、经济效益好而广泛使用，主要因为选用基孔制可以减少孔用定值刀具和量具等数目。由于加工轴的刀具等多是不定值的，因此，改变轴的尺寸不会增加刀具和量具的数目。

2. 应选用基轴制的情况

(1) 直接使用有一定公差等级(IT8～IT11)而不再进行机械加工的冷拔钢材(这种钢材是按基准轴的公差带制造的)做轴。

(2) 加工尺寸小于 1 mm 的精密轴比同级孔要困难，因此在仪器制造、钟表生产、无线电工程中，常使用经过光轧成形的钢丝直接做轴，这时采用基轴制较经济。

(3) 根据结构的需要，在同一公称尺寸的轴上装配有不同配合要求的几个孔件时应采用基轴制。例如，发动机的活塞销轴与连杆铜套孔和活塞孔之间的配合，如图 3-19 所示。根据工作需要及装配性，活塞销轴与活塞孔采用过渡配合，而与连杆铜套孔采用间隙配合。若采用基孔制配合，如图 3-19(b)所示，销轴将做成阶梯状。而采用基轴制配合，如图 3-19(c)所示，销轴可做成光轴。这种选择不仅有利于轴的加工，并且能够保证装配中的配合质量。

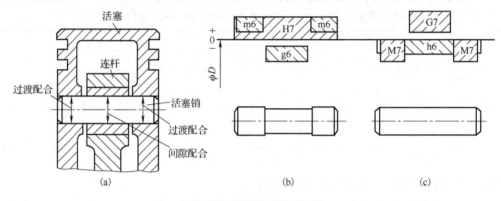

图 3-19 基准制选择示例 1

(4) 与标准件配合。若与标准件(零件或部件)配合，应以标准件为基准件确定采用基孔制还是基轴制。例如，滚动轴承外圈与箱体孔的配合应采用基轴制，滚动轴承内圈与轴的配合应采用基孔制，如图 3-20 所示。选择箱体孔的公差带为 J7，选择轴颈的公差带为 k6。

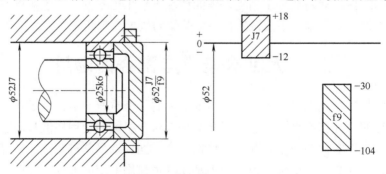

图 3-20 基准制选择示例 2

(5)为满足配合的特殊要求，允许选用非基准制的配合。

非基准制的配合是指相配合的两零件既无基准孔 H 又无基准轴 h 的配合。当一个孔与几个轴配合或一个轴与几个孔相配合，其配合要求各不相同时，有的配合要出现非基准制的配合，如图 3-20 所示。在箱体孔中装配有滚动轴承和轴承端盖，由于滚动轴承是标准件，它与箱体孔的配合是基轴制配合，箱体孔的公差带代号为 J7，这时如果端盖与箱体孔的配合也坚持基轴制，则配合为 J/h，属于过渡配合。但由于轴承端盖需要经常拆卸，显然这种配合过于紧密，而选用间隙配合为好。轴承端盖公差带不用能 h，只能选择非基准轴公差带，考虑到轴承端盖的性能要求和加工的经济性，采用公差等级 9 级，最后选择轴承端盖与箱体孔之间的配合为 J7/f9。

3.3.2　公差等级的选用

公差等级的选用就是确定尺寸的制造精度。由于尺寸精度与加工的难易程度、加工的成本和零件的工作质量有关，所以在选择公差等级时，要正确处理使用要求、加工工艺及成本之间的关系。选择公差等级的基本原则是，在满足使用要求的前提下，尽量选取较低的公差等级。公差等级的选用常采用类比法，也就是参考从生产实践中总结出来的经验资料，进行比较选用。选择时应考虑以下几方面。

(1)在常用尺寸段内，对于较高精度等级的配合(间隙和过渡配合中孔的标准公差≤IT8，过盈配合中孔的标准公差≤IT7)，由于孔比轴难加工，选定孔比轴低一级精度，使孔、轴的加工难易程度相同。低精度的孔和轴选择相同公差等级。如 H9/f9 与 F9/h9，H7/p6 与 P7/h6。

(2)各种加工方法能够达到的公差等级如表 3-10 所示，可供选择时参考。

表 3-10　加工方法能够达到的公差等级

加工方法	公差等级																	
	IT1	IT2	IT3	IT4	IT5	IT6	IT7	IT8	IT9	IT10	IT11	IT12	IT13	IT14	IT15	IT16	IT17	IT18
研磨	===	===	===	===	===													
珩磨				===	===	===	===											
圆磨					===	===	===	===										
平磨					===	===	===	===										
金刚石车					===	===	===											
金刚石镗					===	===	===											
拉削					===	===	===	===										
铰孔						===	===	===	===	===								
精车精镗							===	===	===									
粗车										===	===	===						
粗镗										===	===	===						
铣削								===	===	===	===							
刨、插										===	===	===						
钻削										===	===	===						
冲压										===	===	===	===	===				
滚压、挤压										===	===							
锻造															===	===		
砂型铸造														===	===	===		
金属型铸造														===	===	===		
气割															===	===	===	===

注：研磨可以达到 IT01 和 IT0 级。其他的不能达到。

(3) 公差等级的应用范围如表 3-11 所示。

表 3-11　公差等级的应用

公差等级	应用条件说明	应用举例
IT5	用于机床、发动机和仪表中特别重要的配合，在配合公差要求很小，形状公差要求很高的条件下，能使配合性质比较稳定（相当于旧国标中最高精度即 1 级精度轴），对加工要求较高，一般机械制造中较少应用	与 6 级滚动轴承孔相配的机床主轴，机床尾架套筒，高精度分度盘轴颈，分度头主轴，精密丝杆基准轴颈，精度镗套的外径等，发动机主轴的外径，活塞销外径与塞的配合，精密仪器的轴与各种传动件轴承的配合，航空、航海工业中仪表中重要的精密孔的配合，精密机械及高速机械的轴径，5 级精度齿轮的基准孔及 5 级、6 级精度齿轮的基准轴
IT6	广泛用于机械制造中的重要配合，配合表面有较高均性要求，能保证相当高的配合性质，使用可靠（相当于旧国家标准中 2 级精度轴和 1 级精度孔的公差）	机床制造中，装配式齿轮、蜗轮、联轴器、带轮、凸轮的孔径，机床丝杆主轴承轴颈，矩形花键的定心直径，摇臂钻床的支柱等，精密仪器、光学仪器、计量仪器的精密轴，无线电工业、自动化仪表、电子仪、邮电机械及手表中特别重要的轴，医疗器械中的 X 射线机齿轮箱的精密轴，发动机中重要轴类，发动机的汽缸外套外径，曲轴主轴颈，活塞销，连杆衬套，连杆和轴瓦外径等，6 级精度齿轮的基准孔和 7 级、8 级精度齿轮的基准轴颈，以及 1 级、2 级精度齿轮顶圆直径
IT7	应用条件与 IT6 相类似，但精度要求可比 IT6 稍低一点，在一般机械制造业中应用相当普遍	机械制造中装配铜蜗轮轮缘孔径、联轴器、皮带轮、凸轮等的孔径，机床卡盘座孔、摇臂钻床的摇臂孔、车床丝杆轴承孔，发动机的连杆孔、活塞孔、铰制螺栓定位孔等，纺织机械、印染机械中要求较高的零件，手表的高台杆压簧等，自动化仪表、缝纫机、邮电机械中重要零件的内孔，7 级、8 级精度齿轮的基准孔和 9 级、10 级精度齿轮的基准轴
IT8	在机械制造中属中等精度，在仪度、仪表及钟表制造中，由于公称尺寸较小，属于较高精度范围，是应用较多的一个等级，尤其是在农业机械、纺织机械、印染机械、自行车、缝纫机械、医疗器械中应用最广	轴承座衬套沿宽度方向的尺寸配合，手表中跨齿轮、棘爪拨针轮等与夹板的配合，无线电仪表工业中的一般配合，电子仪器仪表中较重要的内孔，机动车中变速齿轮孔和轴的配合，医疗器械中牙科车头的钻头套的孔与车针柄部的配合，电机制造业中铁心与机座的配合，发动机活塞油槽宽度，连杆轴瓦内径，低精度（9~12 级精度）齿轮的基准孔和 11~12 级精度齿轮的基准轴，6~8 级精度齿轮的顶圆
IT9	应用条件与 IT8 相类似，但精度要求低于 IT8	机床制造中轴套外径与孔，操件件与轴，空转皮带轮与轴，操纵系统的轴与轴承配合，纺织机械、印染机械中的一般配合零件，发动机中机油泵体内孔，飞轮与飞轮套筒、汽缸盖孔径、活塞槽环的配合等，光学仪器、自动化仪表中的一般配合，手表中要求较高零件的未注公差尺寸的配合，单键连接中键宽配合尺寸，打字机中的运动件配合等
IT10	应用条件与 IT9 相类似，但精度要求低于 IT9	电子仪器仪表中支架的配合，打字机中铆合件的配合尺寸，钟表机构中的中心管与前夹板，轴套与轴，手表中的未注公差尺寸，发动机中油封挡圈孔与曲轴皮带轮毂
IT11	配合精度要求较粗糙，装配后可能有较大的间隙，特别适用于要求间隙较大且有显著变动而不会引起危险的场合	机床上法兰盘止口与孔、滑块与滑移齿轮、凹槽等，农业机械、机车车厢部件与冲压加工的配合零件，钟表制造中不重要的零件，手表制造用的工具及设备中的未注公差尺寸，纺织机械中的活动配合，印染机械中要求较低的配合，医疗器械中手术刀片的配合，不作测量基准用的齿轮顶圆直径公差
IT12	配合精度要求很低，装配后有较大间隙	非配合尺寸及工序间尺寸，发动机分离杆，手表制造中工艺装备的未注公差尺寸，切削加工中未注公差尺寸的极限偏差，医疗器械中手术刀柄的配合，机床制造中扳手孔与扳手座的连接
IT13	应用条件与 IT12 相类似	非配合尺寸及工序间尺寸，计算机、打字机中切削加工零件及圆片孔、二孔中心距的未注公差尺寸
IT14	用于非配合尺寸及不包括在尺寸链中的尺寸	机床、汽车、拖拉机、冶金矿山、石油化工、电机、电器、仪器、仪表、造船、航空、医疗器械、钟表、自行车、造纸、纺织机械等工业中未注公差尺寸的切削加工零件
IT15	用于非配合尺寸及不包括在尺寸链中的尺寸	冲压件、木模铸造零件、重型机床中尺寸大于 3150mm 的未注公差尺寸
IT16	用于非配合尺寸及不包括在尺寸链中的尺寸	浇铸件尺寸，无线电制造中箱体外形尺寸，压弯延伸加工用尺寸，纺织机械中木制零件及塑料零件尺寸公差，木模制造和自由锻造时用
IT17/IT18	用于非配合尺寸及不包括在尺寸链中的尺寸	塑料成型尺寸公差，医疗器械中的一般外形尺寸公差，冷作、焊接尺寸用公差

(4) 相配合零件或部件精度要匹配。例如，与滚动轴承相配合的轴和孔的公差等级与轴承的精度有关，如图 3-20 所示；与齿轮相配合的轴的公差等级直接受齿轮的精度影响。

(5)过盈、过渡配合的公差等级不能太低。一般孔的标准公差≤IT8，轴的标准公差≤IT7，间隙配合不受此限制。但间隙小的配合公差等级应较高，而间隙大的公差等级可以低一些。例如，选用 H6/g5 和 H11/a11 是可以的，而选用 H11/g11 和 H6/a5 则不合适。

(6)在非基准制配合中，有的零件精度要求不高，可与相配合零件的公差等级差 2～3 级，如图 3-20 中箱体孔与轴承端盖的配合。

(7)应熟悉表 3-11 中常用尺寸公差等级的应用。

3.3.3 配合种类的选用

(1)根据使用要求确定配合的类别：确定间隙、过渡或过盈配合应根据具体的使用要求，具体如表 3-12 所示。

表 3-12 配合情况与间隙和过盈量的增减

具体工作情况	间隙应增大或减小	过盈量应增大或减小
材料许用应力小	—	减
经常拆卸	—	减
有冲击负荷	减	增
工作时孔的温度高于轴温度	减	减
工作时孔的温度低于轴温度	增	减
配合长度较大	增	减
零件形状误差较大	增	减
装配中可能歪斜	增	增
转速高	增	增
有轴向运动	增	—
润滑油黏度大	增	—
表面粗糙度值大	减	增
装配精度高	减	减

(2)选定基本偏差的方法有三种：计算法、试验法和类比法。

(3)用类比法选择配合时应考虑的因素：要掌握各种配合的特征和应用场合，尤其是对国家标准所规定的常用与优先配合要更为熟悉。

表 3-13 所示为尺寸至 500mm 基孔制常用和优先配合的特征及应用场合。

表 3-13 常用和优先配合的特征及应用场合(标注下画线"＿"的为优先配合)

配合方式		装配方法	配合特性及使用条件	应用举例
基孔制	基轴制			
H7/z6	—	温差	用于承受很大的转矩或变载、冲击振动载荷处，配合处不加紧固件，材料的许用应力要求很大	中、小型交流电机轴壳上绝缘体和接触环，柴油机传动轴壳体和分电器套
H7/y6				小轴肩和环
H7/x6		特重型压入配合		钢和轻合金或塑料等不同材料的配合，如柴油机销轴与壳体、汽缸盖与进气门座等配合
H7/v6				柴油机销轴与壳体，连杆杆和衬套外径配合

续表

| 配合方式 | | 装配方法 | 配合特性及使用条件 | | 应用举例 |
基孔制	基轴制				
H7/v6 H7/u6	U7/h6	压力机或温差	重型压入配合	用于传递较大扭矩,配合处不加紧固件即可得到十分牢固的连接。材料的许用应力要求较大	车轮轮毂与轮芯,联轴器与轴,轧钢设备中的辊子与心轴,拖拉机活塞销和活塞壳,船舵尾轴和衬套等的配合
H8/u7					蜗轮青铜轮缘与钢轮芯,安全联轴器销轴与套,螺纹车床蜗杆轴衬和箱体孔
H6/t5	T6/h5	压力机或温差	中型压入配合	不加紧固件可传递较小的转矩,当材料强度不够时,可用来代替重型压入配合,但需要紧固件	齿轮孔和轴的配合
H7/t6 H8/t7	T7/h6				联轴器与轴,含油轴承和轴承座,农业机械中曲柄盘与销轴
H6/s5	S6/h5				柴油机连杆衬套和轴瓦,主轴承孔和主轴瓦等的配合
H7/s6	S7/h6				减速机中轴与蜗轮,空压机连杆头与衬套,辊道辊子和轴,大型减速机低速齿轮与轴的配合
H8/s7					青铜轮缘与轮芯,轴衬与轴承座,空气钻外壳盖与套筒,安全联轴器销钉和套,压气机活塞销与销套,拖拉机齿轮泵小齿轮与轴的配合
H7/r6	R7/h6	压力机或温差	轻型压入配合	用于不拆卸的轻型过盈连接,不依靠配合过盈量传递摩擦载荷,传递转矩时要增加紧固件,以及用于高的定位精度达到部件的刚度及对中性要求	重载齿轮与轴,车床齿轮箱中齿轮与衬套,蜗轮青铜轮缘与轮芯,轴和联轴器,可换铰套与铰模板等的配合
H6/p5	P6/h5				冲击振动的重载荷齿轮和轴,压缩机十字销轴和连杆衬套,柴油机缸体上口和主轴瓦,凸轮孔和凸轮轴等的配合
H7/p6	P7/h6				
H8/p7		压力机	过盈概率 66.8%~93.6%	用于可承受很大转矩、振动及冲击(但需附加紧固件),不经常拆卸的地方,同轴度及配合紧密性较好	升降机用蜗轮或带轮的轮缘与轮芯,链轮轮缘与轮芯,高压循环泵缸和套等的配合
H6/n5	N6/h5		80%		可换铰套与铰模板,增压器主轴和衬套部分配合
H7/n6	N7/h6		77.7%~82.4%		爪形联轴器与轴,蜗轮青铜轮缘与轮芯,破碎机与振动机械的齿轮和轴,柴油机泵座与泵缸,压缩机连杆衬套与曲轴衬套
H8/n7	N7/h8		58.3%~67.6%		安全联轴器销钉和套,高压泵缸体和缸套,拖拉机活塞销和活塞毂等的配合
H6/m5	M6/h5	铜锤打入	50%~62.1%	用于配合紧密不经常拆卸的地方。当配合长度大于 1.5 倍直径时,用来代替 H7/n6,同轴度好	压缩机连杆头与衬套,柴油机活塞孔与活塞销的配合
H7/m6	M7/h6				蜗轮青铜轮缘与铸铁心,齿轮孔与轴,减速机轴与圆链齿轮,定位销与孔的配合
H8/m7	M8/h7				升降机构中的轴与孔,压缩机十字销轴与座的配合
H6/k5	K6/h5	手锤打入	46.2%~49.1%	用于受不大的冲击载荷处,同轴度仍好,用于常拆卸部位。被广泛应用的一种过渡配合	精密螺纹车床床头箱体孔与主轴轴承外圆的配合
H7/k6	K7/h6		41.7%~45%		机床不滑动齿轮和轴,中型电机轴和联轴器或带轮,减速机蜗轮与轴,齿轮和轴的配合
H8/k7	K8/h7		41.5%~54.2%		压缩机连杆孔与十字头销,循环泵活塞与活塞杆
H6/js5	JS6/h5	手锤或木槌装卸	19.2%~21.1%	用于频繁拆卸、同轴度要求不高的地方,是最松的一种过渡配合,大部分都将得到间隙	木工机械中轴与轴承的配合
H7/js6	JS7/h6		18.8%~20%		机床变速器中的齿轮和轴,精密仪表中的轴和轴承,增压器衬套间的配合
H8/js7	JS8/h7		17.4%~20.8%		机床变速器中的齿轮和轴,轴端可卸下的带轮和手轮,电机基座和端盖的配合
H6/h5	H6/h5	加油后用手旋紧	配合间隙较小,能较好地对准中心,一般多用于常拆卸或在调整时需要移动或转动的连接处,或工作时滑移较慢并要求较好的导向精度的地方,和同轴度有一定要求,通过紧固传递转矩的固定连接		剃齿机主轴与剃刀衬套,车床尾座体与套筒,高精度分度盘与孔,光学仪器中变焦距系统的孔轴配合
H7/h7 H8/h7	H7/h7 H8/h7				机床变速器的滑移齿轮和轴,离合器与轴,滚动轴承座与箱体,风动工具活塞与缸体,往复运动的精导向的压缩机连杆和十字头,定心的凸缘与孔的配合,橡胶滚筒密封轴上滚动轴承与筒体的配合

续表

配合方式		装配方法	配合特性及使用条件	应用举例
基孔制	基轴制			
<u>H8/h8</u> H9/h9	<u>H8/h8</u> H9/h9		间隙定位配合,适用于同轴度要求较低、工作时一般无相对运动的配合及负载不大、无振动、拆卸方便、加键可传递转矩的情况	安全接手销钉和套,一般齿轮和轴,带轮和轴,螺旋搅拌器叶轮与轴,离合器与轴,操纵件与轴,拨叉与导向轴,滑块和导向轴,减速器油尺与箱体孔,剖分式滑动轴承和轴瓦,电动机座上口与端盖,连杆螺栓同连接头
H10/h10 H11/h11	H10/h10 H11/h11			起重机链轮与轴,对开轴瓦与轴承座两侧的配合,连接端盖的定心凸缘,一般的铰链,粗糙机构中拉杆、杠杆的配合
H6/g5	G6/h5	手旋紧	具有很小间隙,适用于有一定相对运动、运动速度不高并且精密定位的配合,以及运动可能有冲击但又能保证零件同轴度的或紧密性的配合	光学分度头主轴与轴承,刨床滑块与滑槽
<u>H7/g6</u>	<u>G7/h6</u>			精密机床主轴与轴承,机床传动齿轮与轴,中等精度分度头与轴套,矩形花键定心直径,可换钻套与钻模板,柱塞油泵的轴承壳体与销轴,拖拉机连杆衬套与曲轴,钻套与衬套的配合
H8/g7				柴油机气缸体与挺杆,手电钻中的配合
H6/f5	F6/h5	手推滑进	具有中等间隙,广泛适用于普通机械中转速不大、用普通润滑油或润滑脂润滑的滑动轴承以及要求在轴上自由转动或移动的配合场所	精密机床中变速器、进给箱的传动件的配合,或其他重要滑动轴承、高精度齿轮轴套与轴承衬套及柴油机的凸轮轴与衬套孔的配合
<u>H7/f6</u>	F7/h6			爪形离合器与轴,机床中一般轴与互动轴承,机床夹具钻模、镗模得到套孔,柴油机套孔与气缸套,柱塞与缸体的配合
H8/f7	<u>F7/h8</u>			中等速度、中等载荷的滑动轴承,机床滑移齿轮与轴,蜗杆减速机的轴承端盖与孔,离合器的活动爪与轴,齿轮轴套与套
H8/f8	F8/h8		配合间隙较大,能保证良好润滑,允许在工作中发热,故可用于高转速或大跨度或多支点的轴和轴承以及精度低、同轴度要求不高的在轴上转动的零件与轴的配合	滑块与导向槽,控制机构中的一般轴和孔,支持跨距较大或多支撑的传动轴和轴承的配合
H9/f9	F9/h9			安全联轴器轮毂与套,低精度含油轴承与轴,球形滑动轴承与轴承座及轴,链条张紧轮与皮带导轮与轴,柴油机活塞环与环槽宽等的配合
H8/e7	<u>E8/h7</u>	手轻推进	配合间隙较大,适用于高转速载荷不大、方向不变的轴与轴承的配合,或虽是中等转速,但轴距跨度长或三个以上支点轴与轴承的配合	汽轮发电机、大电机的高速轴与滑动轴承,风扇电机的销轴与衬套
<u>H8/e8</u>	E8/h8			外圆磨床的主轴与轴承,汽轮发电机轴与轴承,柴油机的凸轮轴与轴承,船用链轮轴及中、小型电机轴与轴承,手表中的分轮、时轮轮片与轴套的配合
H9/e9	E9/h9		用于精度不高且有较松间隙的传动配合	粗糙机构中衬套与轴承圈,含油轴承与座的配合
H8/d8	D8/h8		配合间隙比较大,用于精度不高、高速及负载不高的配合或高温条件下的传动配合,以及由于装配精度不高引起的偏斜连接	机车车辆轴承,缝纫机梭摆与梭床,空压机活塞环与环槽宽度的配合
H9/d9	D9/h9			通用机械中的平键连接,柴油机活塞环与环槽宽,空压机活塞与压杆
H11/c11	C11/h11		间隙非常大,用于转动很慢、很松的配合;用于大公差与大间隙的外露组件;要求装配方便的很松的配合	起重机吊钩,带榫槽法兰与槽径的配合,农业机械中粗加工或不加工的轴与轴承的配合

(4)选择配合的时候,还应该考虑以下方面。

① 受载荷情况:载荷过大时,需要过盈配合的过盈量要大;对间隙配合要求减小间隙;对于过渡配合要选用过盈概率大的过渡配合。

② 拆装情况:经常拆卸的配合比不常拆卸的配合要松,有时虽不常拆,但受到结构限制和装配困难的配合,也要选择较松的配合。

③ 配合件的结合长度和几何误差:如果结合面较长,由于受到几何误差的影响,实际形成的配合比结合面短的配合要紧,所以在选择时应减小过盈或增大间隙。

④ 配合件的材料：当配合件中有较软的材料，如铜、铝或塑料凳，考虑到它们容易产生变形，选择配合时可适当增大过盈量或减小间隙。

⑤ 温度的影响：主要考虑到装配温度与工作温度的差异。

⑥ 装配变形的影响。

⑦ 生产类型。

3.3.4　选用实例

1. 选用实例题

例 3-4　有一孔、轴配合，公称尺寸为 ϕ100mm，要求配合的过盈或间隙在-0.048～+0.041mm。试用计算法确定此配合的孔、轴公差带和配合代号。

解：

(1)选择基准制：由于没有特殊的要求，所以应优先选用基孔制。孔的偏差为 H。

(2)选择公差等级：由给定条件可知，此孔、轴结合为过渡配合，其允许的配合公差为

$$T_f = X_{max} - Y_{max} = 0.041 - (-0.048) = 0.089\,(mm)$$

$$T_f = T_h + T_s = 0.089mm$$

假设孔与轴同级配合，则

$$T_h = T_s = T_f/2 = 0.089/2 = 0.0445\,(mm)$$

查表 3-1 可知：0.0445mm 介于 IT7 和 IT8 之间，而在这个公差等级范围内，要求孔的公差要比轴的公差低一级，所以孔取 IT8，轴取 IT7，则

$$T_s = IT7 = 0.035mm,\ T_h = IT8 = 0.054mm$$

$$IT7 + IT8 = 0.089mm = T_f$$

(3)确定轴的公差带代号：由于采用的是基孔制配合，所以孔的公差带代号为 H8，孔的基本偏差为 EI=0，则孔的另一个极限偏差 ES=EI+IT8=0.054mm。

根据 X_{max}=ES-ei=0.041mm，所以轴的下极限偏差 ei=0.054-0.041=0.013mm，查表 3-4 得 ei=0.013mm 对应的轴的基本偏差代号为 m，即轴的公差带代号为 m7。轴的上极限偏差 es=ei+T_s=0.013+0.035=0.048mm。

(4)选择配合种类：ϕ100H8/m7。

(5)验算：

$$X_{max} = ES - ei = 0.054 - 0.013 = 0.041\,(mm)$$

$$Y_{max} = EI - es = 0 - 0.048 = -0.048\,(mm)$$

经验算知，满足要求。

2. 典型的配合实例

下面举例说明某些配合在实际中的应用，以供选择参考。

1)间隙配合的选用

基准孔 H 与相应公差等级的轴 a-h 形成间隙配合，其中 H/a 组成的配合间隙最大，H/h 的配合间隙最小，其最小间隙为零。

(1)H/a、H/b、H/c 配合，间隙较大，不常使用，其一般使用在工作条件差、相对转动灵活动作的机械上，或用于受力变形大、轴在高温下工作需保证有较大间隙的场合。如起重机铰链(图 3-21)、带榫槽的法兰盘(图 3-22)、内燃机的排气阀和导管(图 3-23)。

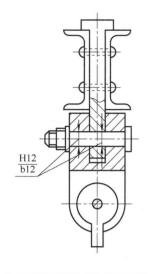

图 3-21　起重机吊钩的铰链

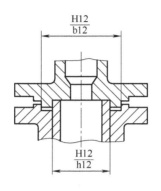

图 3-22　带榫槽的法兰盘

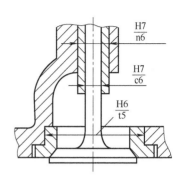

图 3-23　内燃机的排气阀和导管

（2）H/d、H/e 配合，间隙较大，用于要求不高，容易转动的支承。其中，H/d 适用于较松的转动配合，如密封盖、滑轮和空转带轮等与轴的配合。也适用于大直径滑动轴承的配合，如球磨机、轧钢机等重型机械的滑动轴承，适用于 IT7～IT11 级。例如，滑轮与轴的配合，如图 3-24 所示。H/e 主要用于有明显间隙、易于转动的支承配合，如大跨度支承、多点支承配合等。高等级的适用于大的、高速、重载支承，如蜗轮发电机、大的电动机的支承及凸轮轴支承等，如图 3-25 所示为内燃机主轴承的配合。

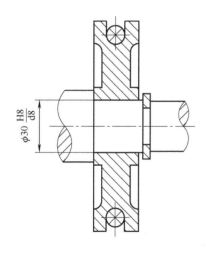
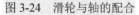

图 3-24　滑轮与轴的配合

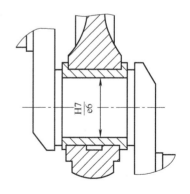

图 3-25　内燃机主轴承的配合

（3）H/f 配合，间隙适中，多用于 IT7～IT9 的一般转动配合，如齿轮箱、小电动机、泵等的转轴及滑动支承的配合，如图 3-26 所示为齿轮轴套与衬套的配合。

（4）H/g 配合，间隙较小，除了较轻负荷的精密机构，一般不用作转动配合，多用于 IT5～IT7 级，适合于做往复摆动和滑动的精密配合，如图 3-27 所示钻套和衬套的配合。有时也用于插销等定位配合，如精密连杆轴承、活塞及滑阀等。

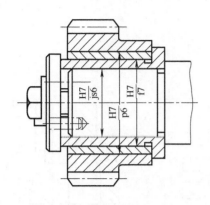

图 3-26 齿轮轴套与衬套的配合

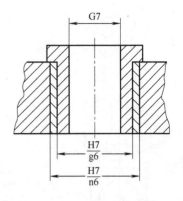

图 3-27 钻套与衬套的配合

(5)H/h 配合，最小间隙为零，用于 IT4～IT11 级，适用于无相对转动而有定心和导向要求的定位配合。若无温度和变形的影响，该类配合也可用于滑动配合。图 3-28 为车床尾座顶尖套筒与尾座的配合。

2)过渡配合的选用

(1)H/j、H/js 配合，获得间隙的机会较多，多用于 IT4～IT7 级，适用于要求间隙比 h 小并允许略有过盈的定位配合，如联轴器、齿圈与钢制轮毂以及滚动轴承与箱体的配合等。图 3-29 为带轮与轴的配合。

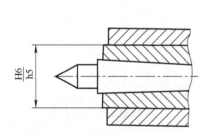

图 3-28 车床尾座顶尖套筒与尾座的配合

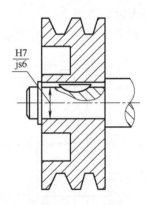

图 3-29 带轮与轴的配合

(2)H/k 配合，获得的平均间隙接近于零，定心较好，装配后零件受到的接触应力较小，能够拆解，适用于 IT4～IT7 级，如刚性联轴节的配合(图 3-30)。

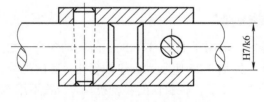

图 3-30 刚性联轴节的配合

(3)H/m、H/n 配合，获得过盈的机会多，定心好，装配较紧密，适用于 IT4～IT7 级，如蜗轮青铜轮缘与铸铁轮辐的配合(图 3-31)。

3)过盈配合的选用

基准孔 H 与相应公差等级的轴 p-zc 形成过盈配合(p、r 与较低精度的 H 孔形成过渡配合)。

(1)H/p、H/r 配合,在较高公差等级时为过盈配合,可用锤打或压力机压装装配,只宜在大修时拆卸。该配合主要适用于定心精度很高、零件有足够的刚性、受冲击载荷的定位配合,多用于 IT6~IT8 级,如图 3-26 所示的齿轮轴套与衬套的配合和图 3-32 所示的连杆小头孔与衬套的配合。

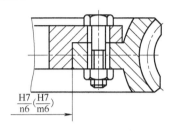

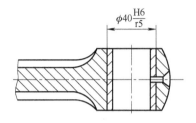

图 3-31 蜗轮青铜轮缘与铸铁轮辐的配合   图 3-32 连杆小头孔与衬套的配合

(2)H/s、H/t 配合,中等过盈配合,多采用 IT6~IT7 级。它用于钢铁件的永久或半永久结合。不用辅助件,依靠过盈产生的结合力,可以直接传递中等负荷。一般用压力法装配,也可用冷轴或热套法装配。如图 3-33 所示联轴节和轴的配合。

(3)H/u、H/v、H/x、H/y、H/z 配合,属于大过盈配合,过盈量依次增大,过盈与直径比在 0.001 以上,适用于传递大的转矩或承受大的冲击载荷,完全依靠过盈产生的结合力保证牢固的连接,通常采用热套或冷轴法装配。例如,火车的铸钢车轮与高锰钢轮箍要用 H7/u6 甚至 H6/u5 配合,如图 3-34 所示。由于材料的过盈量大,要求零件材质好、强度高,否则会将零件挤裂。

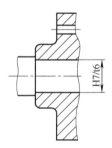

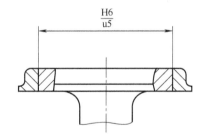

图 3-33 联轴节和轴的配合   图 3-34 火车车轮与钢箍的配合

总之,配合的选择应先根据使用要求确定配合的类别(间隙配合、过盈配合或过渡配合),然后按工作条件选出具体的公差带代号。

具体的配合可参看图 3-17 和图 3-18 公差的选择。

3.4 大尺寸段、小尺寸段的公差与配合

3.4.1 大尺寸段的公差与配合

1. 公差特点

大尺寸是指公称尺寸大于 500mm 的零件(甚至有超过 10000mm 的零件)。重型零件制造

中常遇到大尺寸公差与配合的问题，如船舶制造、飞机制造、大型发电机组及石油钻井平台等。根据国内外有关单位的调查研究，影响大尺寸加工误差的主要原因是测量误差。

(1)测量大尺寸孔和轴时，其测得值往往小于实际值，原因在于在测量时不容易找到真正的直径。而且测量困难，花费时间长，致使量具温升高而造成误差。

(2)对于大直径的内孔，一般采用结构简单、轻便、刚性较好的内径千分尺或者经过仪器对准的量杆进行测量，而外径测量用的是自重大、易变形、操作找正不方便的卡尺测量。因此大尺寸外径比内径测量更难掌握，测量误差更大。

(3)在大尺寸测量中，测量基准的准确性和测量时量具轴线与被测工件的中心线的对准问题都对测量精度有影响。

被测工件与量具之间的温度差对测量误差也有较大的影响，因此大尺寸公差与配合要考虑以下几点。

(1)计算公差公式中，应充分反映测量误差影响，并注意测量误差对配合性质的影响。

(2)由于制造和测量困难，一般选用 IT6～IT12。

(3)由于大轴比大孔更难测量，所以推荐孔、轴采用同级配合。

(4)除采用国标规定的互换性配合，根据其制造特点和装配特征，可采用配制配合。

注： 配制公差是以一个零件的实际要素为基数，来配制另一个零件的一种工艺措施。适用于尺寸较大、公差等级较高、单件小批生产的配合零件，也可用于中、小批零件生产中，公差等级较高的场合，代号为 MF。

2. 标准公差

1)标准公差因子

由于大尺寸加工误差有其特殊性，因此对于加工尺寸大于 500mm 的大尺寸段，标准公差因子的计算公式为

$$i=0.004D+2.1 \tag{3-27}$$

从式(3-27)看出，标准公差因子与零件的公称尺寸呈线性关系。这是因为随着直径的增加，与直径成正比的误差因素在公差中所占比重增加很快，特别是受到温度变化的影响较大，它随直径的加大而呈线性增大，所以大尺寸标准公差因子才用了与直径呈线性关系的公式。

2)公差等级

国标规定，公称尺寸大于 500mm 的有 20 个公差等级(即 IT01～IT18)，但公差只采用 IT6～IT12，其计算公式如表 3-14 所示。

表 3-14 公称尺寸大于 500mm 标准公差的计算公式

公差等级	公式	公差等级	公式	公差等级	公式
IT1	$2i$	IT7	$16i$	IT13	$250i$
IT2	$2.7i$	IT8	$25i$	IT14	$400i$
IT3	$3.7i$	IT9	$40i$	IT15	$640i$
IT4	$5i$	IT10	$64i$	IT16	$1000i$
IT5	$7i$	IT11	$100i$	IT17	$1600i$
IT6	$10i$	IT12	$160i$	IT18	$2500i$

注：i 为标准公差因子，从 IT6 开始规律为：每增加 5 个等级，标准公差增加至 10 倍。

标准公差数值如表 3-15 所示。

表 3-15 公称尺寸大于 500mm 标准公差值　　　（单位：μm）

公称尺寸/mm	公差等级								
	IT1	IT2	IT3	IT4	IT5	IT6	IT7	IT8	IT9
>500~630	9	11	16	22	32	44	70	110	175
>630~800	10	13	18	25	36	50	80	125	200
>800~1000	11	15	21	28	40	56	90	140	230
>1000~1250	13	18	24	33	47	66	105	165	260
>1250~1600	15	21	29	39	55	78	125	195	310
>1600~2000	18	25	35	46	65	92	150	230	370
>2000~2500	22	30	41	55	78	110	175	280	440
>2500~3150	26	36	50	68	96	135	210	330	540
公称尺寸/mm	公差等级								
	IT10	IT11	IT12	IT13	IT14	IT15	IT16	IT17	IT18
>500~630	280	440	700	1.10	1.75	2.8	4.4	7.0	11.0
>630~800	320	500	800	1.25	2.0	3.2	5.0	8.0	12.5
>800~1000	360	560	900	1.40	2.3	3.6	5.6	9.0	14.0
>1000~1250	420	660	1050	1.65	2.6	4.2	6.6	10.5	16.5
>1250~1600	500	780	1250	1.95	3.1	5.0	7.8	12.5	19.5
>1600~2000	600	920	1500	2.30	3.7	6.0	9.2	15.0	23.0
>2000~2500	700	1100	1750	2.80	4.4	7.0	11.0	17.5	28.0
>2500~3150	860	1350	2100	3.30	5.4	8.6	13.5	21.0	33.0

注：公称尺寸大于 500mm 的 IT1 至 IT5 的标准公差值为试行。

公称尺寸分段如表 3-16 所示。

表 3-16 公称尺寸分段

主段落		中间段落	
大于	至	大于	至
500	630	500 560	560 630
630	800	630 710	710 800
800	1000	800 900	900 1000
1000	1250	1000 1120	1120 1250
1250	1600	1250 1400	1400 1600
1600	2000	1600 1800	1800 2000
2000	2500	2000 2240	2240 2500
2500	3150	2500 2800	2800 3150

3. 基本偏差

公称尺寸大于 500mm 的轴、孔基本偏差的确定可参考常用尺寸段(公称尺寸≤500mm)孔、轴基本偏差确定的有关规定。其基本偏差数值见表 3-17。

表 3-17　公称尺寸大于 500mm 轴、孔基本偏差数值

		基本偏差代号	d	e	f	(g)	h	js	k	m	n	p	r	s	t	u
轴	代号	公差等级	6~18													
	偏差	表中偏差为	es						ei							
		另一偏差计算式	ei=es-IT						es=ei+IT							
		表中偏差正负号	−	−	−	−				+	+	+	+	+	+	+

直径分段 /mm	偏差数值/μm d	e	f	(g)	h	js	k	m	n	p	r	s	t	u
>500~560	260	145	76	22	0	偏差等于±IT/2	0	26	44	78	150	280	400	600
>560~630	260	145	76	22	0		0	26	44	78	155	310	450	660
>630~710	290	160	80	24	0		0	30	50	88	175	340	500	840
>710~800	290	160	80	24	0		0	30	50	88	185	380	560	840
>800~900	320	170	86	26	0		0	34	56	100	210	430	620	940
>900~1000	320	170	86	26	0		0	34	56	100	220	470	680	1050
>1000~1120	350	195	98	28	0		0	40	66	120	250	520	780	1150
>1120~1250	350	195	98	28	0		0	40	66	120	260	580	840	1300
>1250~1400	390	220	110	30	0		0	48	78	140	300	640	960	1450
>1400~1600	390	220	110	30	0		0	48	78	140	330	720	1050	1600
>1600~1800	430	240	120	32	0		0	58	92	170	370	820	1200	1850
>1800~2000	430	240	120	32	0		0	58	92	170	400	920	1350	2000
>2000~2240	480	260	130	34	0		0	63	110	195	440	1000	1500	2300
>2240~2500	480	260	130	34	0		0	63	110	195	460	1100	1650	2500
>2500~2800	520	290	145	38	0		0	76	135	240	550	1250	1900	2900
>2800~3150	520	290	145	38	0		0	76	135	240	580	1400	2100	3200

			D	E	F	G	H	JS	K	M	N	P	R	S	T	U
孔	偏差	表中偏差正负号	+	+	+	+				−		−		−	−	−	−
		另一偏差计算式	ES=EI+IT						EI=ES-IT							
		表中偏差为	EI						ES							
	代号	公差等级	6~18													
		基本偏差代号	D	E	F	G	H	JS	K	M	N	P	R	S	T	U

4. 常用孔、轴公差带

国标中规定公称尺寸大于 500mm 的大尺寸段的常用孔、轴公差带分别见表 3-18 和表 3-19。

表 3-18　公称尺寸大于 500mm 的大尺寸段孔常用公差带

			G6	H6	JS6	K6	M6	N6
		F7	G7	H7	JS7	K7	M7	N7
D8	E8	F8		H8	JS8			
D9	E9	F9		H9	JS9			
D10				H10	JS10			
D11				H11	JS11			
				H12	JS12			

表 3-19　公称尺寸大于 500mm 的大尺寸段轴常用公差带

			g	h	js	k	m	n	p	r	s	t	u
			g6	h6	js6	k6	m6	n6	p6	r6	s6	t6	u6
		f7	g7	h7	js7	k7	m7	n7	p7	r7	s7	t7	u7
d8	e8	f8		h8	js8								
d9	e9	f9		h9	js9								
d10				h10	js10								
d11				h11	js11								
				h12	js12								

3.4.2　小尺寸段的公差与配合

1. 特点

尺寸 0～18mm 的零件，特别是尺寸小于 3mm 的零件，在加工、测量、装配和使用等方面都与常用尺寸段和大尺寸段有所不同。

(1)加工误差。从理论上讲，零件的加工误差随公称尺寸的增大而增加，因此小零件尺寸的加工误差应很小。但实际上，由于小尺寸零件刚性差，受切削力影响变形很大，同时加工时定位、装夹都比较困难，因而有时零件尺寸越小反而加工误差越大，而且小尺寸轴比孔加工困难。

(2)测量误差。通过对小尺寸零件的测量误差进行一系列调查分析，发现尺寸至少在 10mm 范围内，测量误差与零件尺寸不成正比。这主要是由于量具误差、温度变化及测量力等因素的影响。

2. 孔、轴公差带与配合

GB/T 1803—2003《极限与配合　尺寸至 18mm 孔、轴公差带》，规定了公称尺寸至 18mm 的孔、轴公差带，主要适用于仪器仪表和钟表工业。本标准除了规定一般用途的孔、轴公差带，还根据仪器仪表工业的特点增加了孔、轴公差带。国标规定了轴公差带 162 种，见表 3-20，孔公差带 145 种，见表 3-21。标准对这些公差带未指明优先、常用和一般的选用次序，也未推荐配合。各行业、工厂可根据实际情况，自行选用公差带并组成配合。

表 3-20　尺寸至 18mm 轴公差带

a	b	c	cd	d	e	ef	f	fg	g	h	j	js	k	m	n	p	r	s	u	v	x	z	za	zb	zc
										h1		js1													
										h2		js2													
						ef3	f3	fg3	g3	h3		js3	k3	m3	n3	p3	r3								
						ef4	f4	fg4	g4	h4		js4	k4	m4	n4	p4	r4	s4							
		c5	cd5	d5	e5	ef5	f5	fg5	g5	h5	j5	js5	k5	m5	n5	p5	r5	s5	u5	v5	x5	z5			
		c6	cd6	d6	e6	ef6	f6	fg6	g6	h6	j6	js6	k6	m6	n6	p6	r6	s6	u6	v6	x6	z6	za6		
		c7	cd7	d7	e7	ef7	f7	fg7	g7	h7	j7	js7	k7	m7	n7	p7	r7	s7	u7	v7	x7	z7	za7	zb7	zc7
	b8	c8	cd8	d8	e8	ef8	f8	fg8	g8	h8		js8	k8	m8	n8	p8	r8	s8	u8	v8	x8	z8	za8	zb8	zc8
a9	b9	c9	cd9	d9	e9	ef9	f9			h9		js9	k9			p9	r9	s9	u9		x9	z9	za9	zb9	zc9
a10	b10	c10	cd10	d10	e10					h10		js10	k10												
a11	b11	c11		d11						h11		js11													
a12	b12	c12								h12		js12													
a13	b13	c13								h13		js13													

表 3-21　尺寸至 18mm 孔公差带

											H1	JS1												
											H2	JS2												
					EF3	F3	FG3	G3			H3	JS3	K3	M3	N3	P3	R3							
											H4	JS4	K4	M4										
				E5	EF5	F5	FG5	G5	H5		JS5	K5	M5	N5	P5	R5	S5							
		CD6	D6	E6	EF6	F6	FG6	G6	H6	J6	JS6	K6	M6	N6	P6	R6	S6	U6	V6	X6	Z6			
		CD7	D7	E7	EF7	F7	FG7	G7	H7	J7	JS7	K7	M7	N7	P7	R7	S7	U7	V7	X7	Z7	ZA7	ZB7	ZC7
	B8	C8	CD8	D8	E8	EF8	F8	FG8	G8	H8	J8	JS8	K8	M8	N8	P8	R8	S8	U8	V8	X8	Z8	ZA8	ZB8	ZC8
A9	B9	C9	CD9	D9	E9	EF9	F9			H9		JS9	K9		N9	P9	R9	S9	U9		X9	Z9	ZA9	ZB9	ZC9
A10	B10	C10	CD10	D10	E10		F10			H10		JS10	K10		N10									
A11	B11	C11		D11						H11		JS11												
A12	B12	C12								H12		JS12												
										H13		JS13												

小尺寸零件的主要特点是：在实际生产中，在加工、测量、装配、使用等方面所产生的误差，并不随尺寸的减小而减小。由于其尺寸范围在常用尺寸段以内，故不另规定标准公差因子，只是推荐了较多的孔、轴公差带，在实用中可根据实际情况加以选择。

在小尺寸段，由于轴比孔难加工，所以基轴制用得较多。在配合中，孔和轴公差等级关系更为复杂。除孔、轴采用同级配合外，也有相差 1～3 级的配合，而且往往是孔的公差等级高于轴的公差等级。

习题 3

3-1　在极限与配合的标准中孔与轴有何特定的含义？

3-2　什么是尺寸公差？它与极限尺寸、极限偏差有何关系？

3-3　公差与偏差概念有何根本区别？

3-4　设公称尺寸为 30mm 的 N7 孔和 m6 的轴相配合，试计算极限间隙或过盈及配合公差。

3-5　设某配合的孔径为 $\phi15^{+0.027}_{0}$ mm，轴径为 $\phi15^{0}_{-0.039}$ mm，试分别计算其极限尺寸、尺寸公差、极限间隙(或过盈)、平均间隙(或过盈)、配合公差。

3-6　某孔、轴配合，公称尺寸为 $\phi50$mm，孔公差为 IT8，轴公差为 IT7，已知孔的上极限偏差为 +0.039mm，要求配合的最小间隙为 +0.009mm，试确定孔、轴的尺寸。

3-7　某孔为 $\phi20^{+0.013}_{0}$ mm 与某轴配合，要求 $X_{\max}$=+0.011mm，T_{f}=0.022mm，试求出轴的上、下极限偏差。

3-8　某孔、轴配合，已知轴的尺寸为 $\phi10$h8，$X_{\max}$=+0.07mm，$Y_{\max}$=-0.037mm，试计算孔的尺寸并说明该配合的基准制和配合类别。

3-9　计算表 3-22 空格处的数值，并按规定填写在表中(单位 mm)。

表 3-22

0.5	孔			轴			X_{max} 或 Y_{min}	X_{min} 或 Y_{max}	T_f
	ES	EI	T_D	es	ei	T_d			
$\phi25$		0					+0.074		0.104

3-10　填写表 3-23 中三对配合的异同点(单位 mm)。

表 3-23

组别	孔公差带	轴公差带	相同点	不同点
①	$\phi20^{+0.021}_{0}$	$\phi20^{-0.020}_{-0.033}$		
②	$\phi20^{+0.021}_{0}$	$\phi20\pm0.0065$		
③	$\phi20^{+0.021}_{0}$	$\phi20^{0}_{-0.013}$		

3-11　某与滚动轴承外圈配合的外壳孔尺寸为 $\phi52J7$，今设计与该外壳孔相配合的端盖尺寸，使端盖与外壳孔的配合间隙在 15~125μm，试确定端盖的公差等级和选用配合，说明该配合的基准制。

3-12　选用公差等级要考虑哪些因素？是否公差等级越高越好？

3-13　图 3-35 所示为车床溜板箱手动机构的部分结构，转动手轮 2 通过键带动轴 3，轴 3 上的小齿轮、轴 4 右端的齿轮 1、轴 4 以及与床身齿条(未画出)啮合的轴 4 左端的齿轮，使溜板箱沿导轨做纵向移动。各配合面的公称尺寸为：①$\phi40mm$；②$\phi28mm$；③$\phi28mm$；④$\phi46mm$；⑤$\phi32mm$；⑥$\phi32mm$；⑦$\phi18mm$。试选择它们的基准制、公差等级和配合种类。

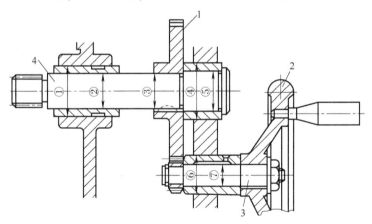

图 3-35　习题 3-13 图

第4章 几何公差与检测

4.1 几何公差概述

零件在加工过程中，由于加工零件的设备存在一定的几何误差，以及受到在加工过程中出现的受力变形、热变形、刀具磨损等多种因素的影响，实际加工所得到的零件的几何要素不可避免地会产生形状误差和位置误差(简称几何误差)。零件的几何误差不仅影响机械产品的互换性，还会影响机械产品的质量，缩短使用寿命。零件的几何误差是不可避免的，为了保证机械产品的质量和互换性，必须给定零件的形状公差和位置公差(几何公差)，以便把几何误差控制在一定的范围内。

为了使所设计零件的几何公差有统一的标准，我国颁布了如下标准：GB/T 1182—2018《产品几何技术规范(GPS) 几何公差 形状、方向、位置和跳动公差标注》、GB/T 1184—1996《形状和位置公差 未注公差值》、GB/T 4249—2018《产品几何技术规范(GPS) 基础概念、原则和规则》、GB/T 16671—2018《产品几何技术规范(GPS) 几何公差 最大实体要求(MMR)、最小实体要求(LMR)和可逆要求(RPR)》等。

4.1.1 几何公差的研究对象

几何公差的研究对象是构成零件几何特征的点、线、面。这些点、线、面统称几何要素。一般在研究形状公差时，涉及的对象有线和面两类要素；在研究位置公差时，涉及的对象有点、线和面三类要素。几何公差就是研究这些要素在形状及其相互间方向或位置方面的精度问题。

几何要素可从不同角度来分类。

1. 按结构特征分类

(1)组成要素(即轮廓要素)。组成要素是指构成零件外形,为人们直接感觉到的点、线、面。

(2)导出要素(即中心要素)。导出要素是组成要素对称中心所表示的点、线、面,是不能为人们直接感觉到的,如中心面、中心线、中心点等,如图 4-1 所示。

此外,几何要素还可以分为提取组成要素与提取导出要素。

提取组成要素:按规定方法,由实际(组成)要素提取有限数目的点所形成的实际(组成)要素的近似替代,如图 4-2 所示。

提取导出要素:由一个或几个提取组成要素得到的中心点、中心线或中心面,如图 4-2 所示。

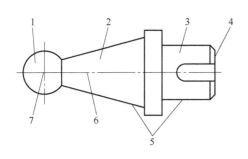

图 4-1　轮廓要素及中心要素

1-球面;2-圆锥面;3-圆柱面;4-平面;5-素线;6-轴线;7-球心

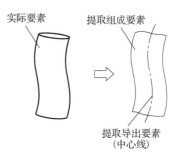

图 4-2　提取要素

2. 按存在状态分类

(1)理想要素:具有几何意义的要素,是按设计要求,由图样给定的点、线、面的理想形态;不存在任何误差,是绝对正确的几何要素。理想要素是作为评定实际要素的依据,在实际生产中是不可能得到的。

(2)实际要素:零件实际上存在的要素,是由加工形成的,可以通过测量出来的要素代替,由于有测量误差,测量得到的要素并非实际要素的真实情况,实际要素可分为实际轮廓要素和实际中心要素。

3. 按检测时所处的地位分类

(1)被测要素:图样上给出几何公差要求的要素,是检测的对象。

(2)基准要素:零件上用来确定被测要素的方向或位置的要素。基准要素在图样上都标有基准符号或基准代号。

4. 按功能关系分类

(1)单一要素:对要素本身提出功能要求而给出形状公差的被测要素。

(2)关联要素:相对基准要素有功能要求而给出方向、位置和跳动公差的被测要素。

4.1.2　几何公差的特征及符号

几何公差的特征项目分为形状公差、方向公差、位置公差和跳动公差,相应的几何特征符号如表 4-1 所示。

表 4-1　几何公差特征符号

公差类型	几何特征	符号	有无基准
形状公差	直线度	—	无
	平面度	▱	无
	圆度	○	无
	圆柱度	⌀	无
形状公差、方向公差或位置公差	线轮廓度	⌒	有或无
	面轮廓度	◠	有或无
方向公差	平行度	//	有
	垂直度	⊥	有
	倾斜度	∠	有
位置公差	位置度	⊕	有或无
	同心度（用于中心点）	◎	有
	同轴度（用于轴线）	◎	有
	对称度	=	有
跳动公差	圆跳动	↗	有
	全跳动	↗↗	有

几何公差是指被测提取要素的允许变动全量。所以，形状公差是指单一提取要素的形状所允许的变动量，位置公差是指关联提取要素的位置对基准所允许的变动量。

几何公差的公差带是空间线或面之间的区域，比尺寸公差带即数轴上两点之间的区域要复杂。

4.1.3　几何公差带的概念

几何公差带是限制工件上被测要素变动的区域，有形状、大小、方向和位置四个要素。

(1)公差带的形状由被测要素特征及设计要求确定，常用的有九种，包括一个圆内的区域、两同心圆之间的区域、两等距线或两平行直线之间的区域、一个圆柱面内的区域、两同轴圆柱面之间的区域、两等距面或两平行平面之间的区域、一个圆球面内的区域，如图 4-3 所示。

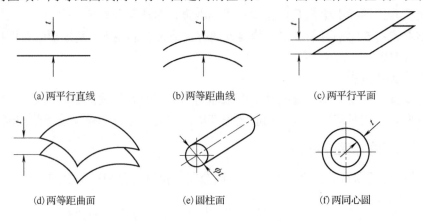

(a)两平行直线　　　　　(b)两等距曲线　　　　　(c)两平行平面

(d)两等距曲面　　　　　(e)圆柱面　　　　　(f)两同心圆

(g)一个圆　　　　　　(h)一个球　　　　　　(i)两同心圆柱面

图 4-3　常用几何公差带的形状

(2)公差带的大小是指公差带区域的间距、宽度 t 或直径 ϕt，由所给定的几何公差值 t 确定。

(3)公差带的方向是指公差带相对基准在方向上的要求。

(4)公差带的位置是指公差带相对基准在位置上的要求，它不仅有方向上的要求，而且有公差带的对称中心相对基准或理想位置的距离要求。

公差要求适用于整个被测要素，被测要素在公差带内可以具有任何形状、方向或位置。相对于基准的几何公差并不限定基准要素本身的几何误差。工件上基准的公差可另行规定。

4.2　几何公差的标注

1．几何公差代号

按几何公差国家标准的规定，在图样上标注几何公差时，一般采用代号标注。无法采用代号标注时，允许在技术条件中用文字加以说明。几何公差的代号由几何公差项目的符号、框格、指引线、公差数值、基准符号以及其他有关符号构成，如图 4-4 所示。

几何公差框格由 2～5 格组成。形状公差框格一般为 2 格，方向、位置、跳动公差框格为 2～5 格，示例如图 4-5 所示。第 1 格填写几何公差项目符号；第 2 格填写公差值和有关符号；第 3、4、5 格填写代表基准的字母和有关符号。

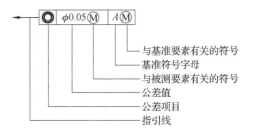

与基准要素有关的符号
基准符号字母
与被测要素有关的符号
公差值
公差项目
指引线

图 4-4　几何公差的代号

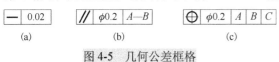

(a)　　　　　　(b)　　　　　　(c)

图 4-5　几何公差框格

公差框格中填写的公差值必须以 mm 为单位，当公差带形状为圆形或球形时，应分别在公差值前面加注"ϕ"和"$S\phi$"。

标注时，指引线可由公差框格的一端引出，并与框格端线垂直，为了制图方便，也允许自框格的侧边引出，如图 4-6 所示。指引线箭头指向被测要素，箭头的方向是公差带的宽度方向或直径方向，如图 4-7 所示。指引线可以曲折，但一般不超过两次。

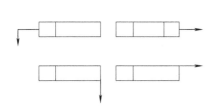

图 4-6　指引线与公差框格

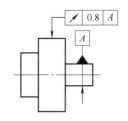

图 4-7　指引线箭头方向

2．被测要素的标注方法

当被测要素为组成要素(轮廓要素)时，公差框格指引线箭头应指在轮廓线或其延长线上，并应与尺寸线明显地错开；当被测要素为导出要素(中心要素)时，指引线箭头应与该要素的尺寸线对齐或直接标注在轴线上，如图4-8所示。

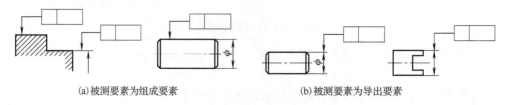

(a)被测要素为组成要素　　　　　　(b)被测要素为导出要素

图4-8　指引线箭头指向被测要素位置

3．基准要素的标注方法

基准要素标注在基准方格内，与一个涂黑的或空白的三角形用细实线相连，如图4-9所示。

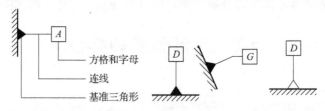

图4-9　基准符号结构

基准代号用大写拉丁字母表示，为避免混淆，标准规定不采用 E、I、J、M、O、P、L、R、F 等字母。基准的顺序在公差框格中是固定的，第三格填写第一基准代号，之后依次填写第二、第三基准代号，当两个要素组成公共基准时，用横线隔开两个大写字母，并将其标在第三格内。应该注意的是，无论基准符号在图样上的方向如何，方框内的字母均要水平书写。

当基准要素为组成要素时，基准符号应在轮廓线或其延长线上，并应与尺寸线明显地错开，如图4-10所示；当基准要素为导出要素(轴线、中心平面等)时，基准符号一定要与该要素的尺寸线对齐，如图4-11所示。

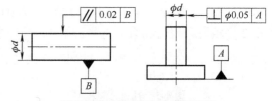

图4-10　基准要素为组成要素

当基准要素或被测要素为视图上的局部表面时，可将基准符号(公差框格)标注在带圆点的参考线上，圆点标于基准面(被测面)上，如图4-12所示。

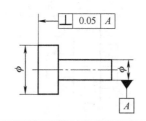

图4-11　基准要素为导出要素

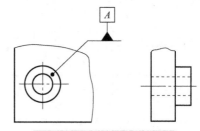

图4-12　局部表面基准标注

4.3　几何公差与公差带

4.3.1　形状公差及公差带

　　形状公差是指单一要素的形状所允许的变动量。形状公差用形状公差带表达。形状公差带是限制单一实际要素变动的区域，零件实际要素在该区域内为合格。

　　形状公差有直线度、平面度、圆度、圆柱度四项，被测要素为直线、平面、圆和圆柱面。形状公差带的特点不涉及基准，它的方向和位置均是浮动的，只能控制被测要素形状误差的大小。

　　直线度用以控制直线、轴线的形状误差。根据零件功能要求，直线度可分为在给定平面内、在给定方向上和任意方向上三种情况。圆度公差是用以限制圆柱形、圆锥形等回转体的正截面的形状误差。圆柱度公差则控制了横剖面和轴剖面内的各项形状误差(圆度、素线直线度、轴线直线度等)，是圆柱体各项形状误差的综合指标，也是国标上推广的一项评定圆柱面误差的先进指标。典型形状公差带的定义、标注示例和解释如表 4-2 所示。

表 4-2　典型形状公差带的定义、标注示例和解释(摘自 GB/T 1182—2018)

特征	公差带定义	标注和解释
直线度	公差带为在给定平面内和给定方向上，间距等于公差值 t 的两平行直线所限定的区域 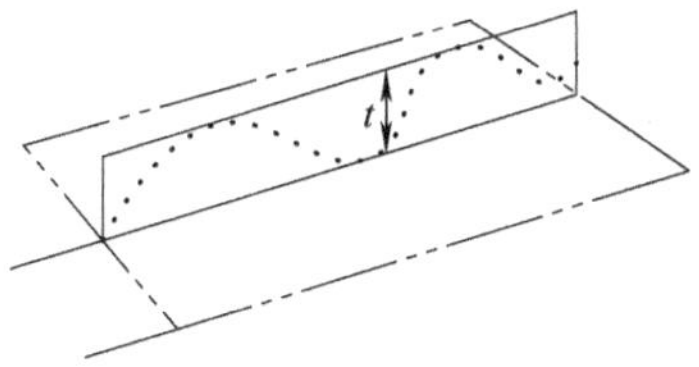	在任一平行于图示投影面的平面内，上平面的提取(实际)线应限定在间距等于 0.1 的两平行直线之间 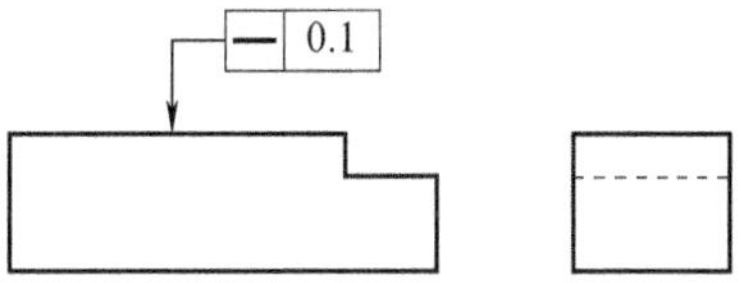
	在给定方向上，公差带为间距等于公差值 t 的两平行平面所限定的区域 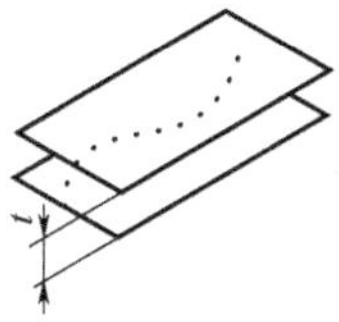	提取(实际)的棱边应限定在间距等于 0.1 的两平行平面之间 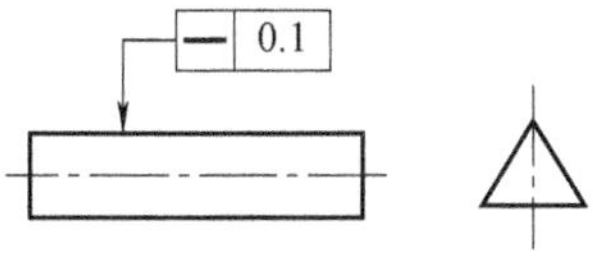
	在任意方向上，由于公差值前加注了符号 ϕ，公差带为直径等于公差值 ϕt 的圆柱面所限定的区域 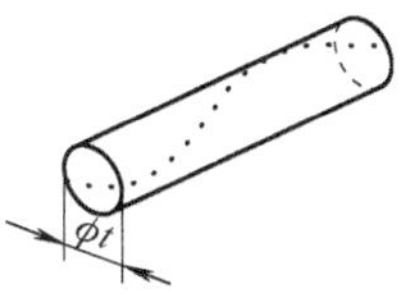	外圆柱面的提取(实际)中心线应限定在直径等于 $\phi 0.08$ 的圆柱面内 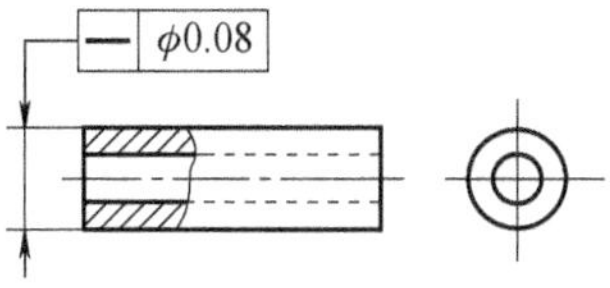
平面度	公差带为间距等于公差值 t 的两平行平面所限定的区域 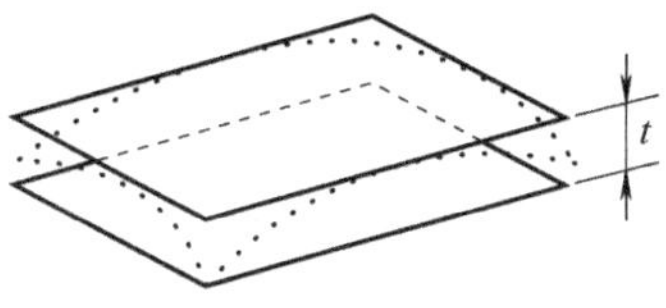	提取(实际)表面应限定在间距等于 0.08 的两平行平面之间 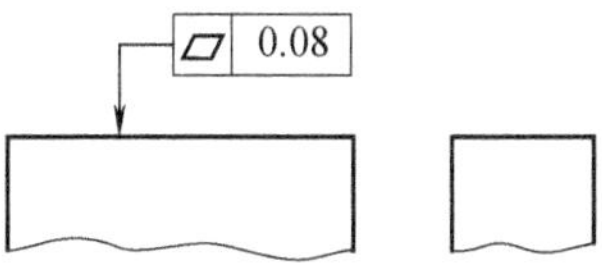

续表

特征	公差带定义	标注和解释
圆度	公差带为在给定横截面内、半径差等于公差值 t 的两同心圆所限定的区域 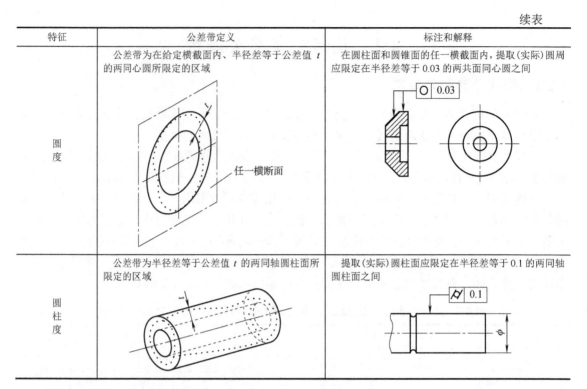	在圆柱面和圆锥面的任一横截面内,提取(实际)圆周应限定在半径差等于 0.03 的两共面同心圆之间
圆柱度	公差带为半径差等于公差值 t 的两同轴圆柱面所限定的区域	提取(实际)圆柱面应限定在半径差等于 0.1 的两同轴圆柱面之间

线轮廓度和面轮廓度统称为轮廓度公差。

线轮廓度是限制实际曲线对其理想曲线变动量的一项指标。其公差带是包络一系列直径为公差值 t 的圆的两包络线之间的区域,诸圆圆心应位于理想轮廓线上。线轮廓度用于控制平面曲线或曲面的截面轮廓线的形状或位置误差。线轮廓度无基准要求,属于形状公差;有基准要求则属于方向、位置公差。

面轮廓度是限制实际曲面对其理想曲面变动量的一项指标。其公差带是包络一系列直径为公差值 t 的球的两包络面之间的区域。诸球球心位于理想轮廓面上。面轮廓度用于控制空间曲面的形状或位置误差。面轮廓度无基准要求,属于形状公差;有基准要求则属于方向、位置公差。

轮廓度公差带定义、标注和解释见表 4-3。

表 4-3　轮廓度公差带定义、标注和解释

特征		公差带定义	标注和解释
线轮廓度	无基准的线轮廓度公差	公差带为直径等于公差值 t、圆心位于具有理论正确几何形状上的一系列圆的两包络线所限定的区域 任一距离	在任一平行于图示投影面的截面内,提取(实际)轮廓线应限定在直径等于 0.04、圆心位于被测要素理论正确几何形状上的一系列圆的两包络线之间

特征		公差带定义	标注和解释
线轮廓度	相对于基准体系的线轮廓度公差	公差带为直径等于公差值 t、圆心位于由基准平面 A 和基准平面 B 确定的被测要素理论正确几何形状上的一系列圆的两包络线所限定的区域 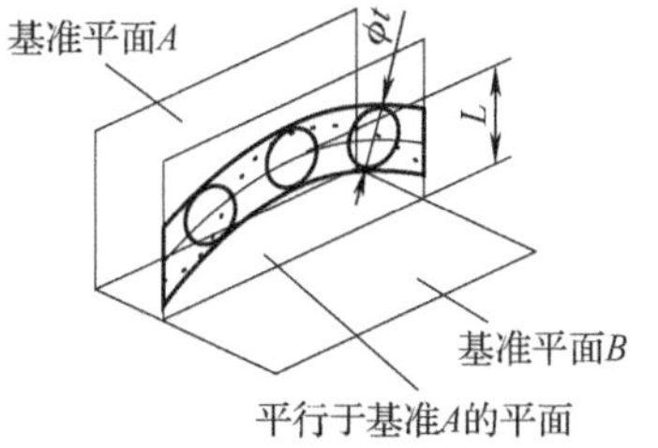	在任一平行于图示投影平面的截面内，提取（实际）轮廓线应限定在直径等于 0.04、圆心位于由基准平面 A 和基准平面 B 确定的被测要素理论正确几何形状上的一系列圆的两等距包络线之间 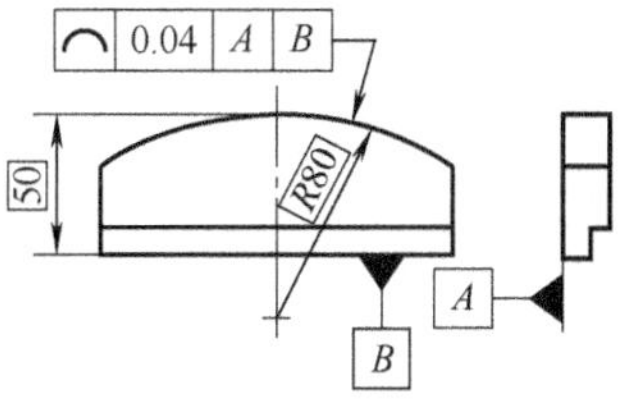
面轮廓度	无基准的面轮廓度公差	公差带为直径等于公差值 t、球心位于被测要素理论正确形状上的一系列圆球的两包络面所限定的区域 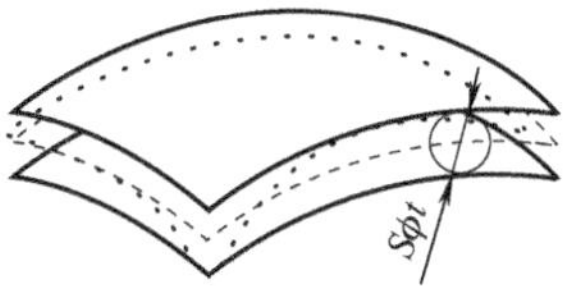	提取（实际）轮廓面应限定在直径等于 0.02、球心位于被测要素理论正确几何形状上的一系列圆球的两等距包络面之间 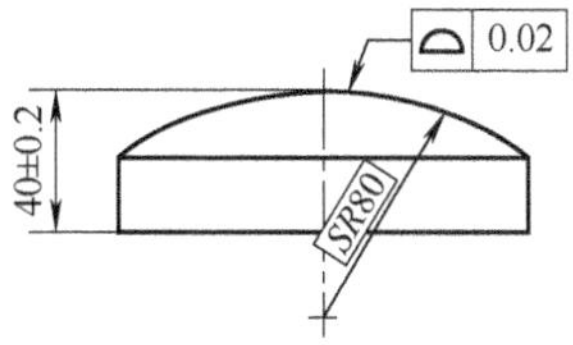
	相对于基准的面轮廓度公差	公差带为直径等于公差值 t、球心位于由基准平面 A 确定的被测要素理论正确几何形状上的一系列圆球的两包络面所限定的区域 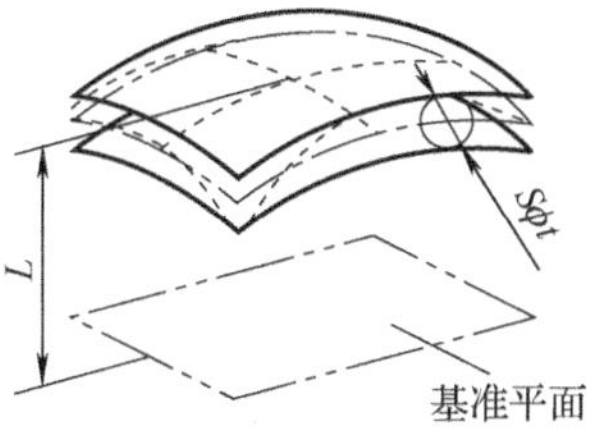	提取（实际）轮廓面应限定在直径等于 0.1、球心位于由基准平面 A 确定的被测要素理论正确几何形状上的、一系列圆球的两等距包络面之间 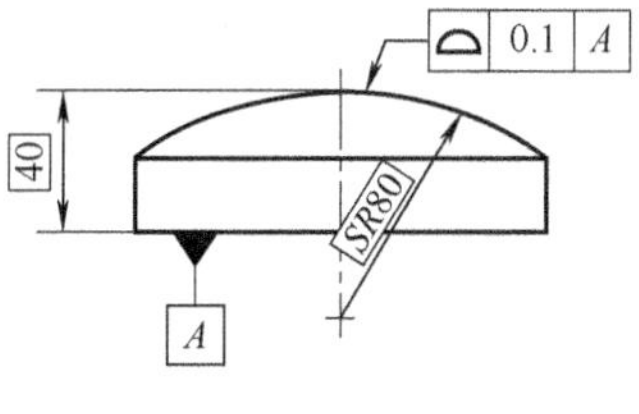

　　形状公差带（轮廓度除外）的特点是不涉及基准，无确定的方向和固定的位置。它的方向和位置随相应实际要素的不同而浮动。轮廓度的公差带具有如下特点。

　　(1)无基准要求的轮廓度，其公差带的形状只由理论正确尺寸决定。

　　(2)有基准要求的轮廓度，其公差带的方向、位置需由理论正确尺寸和基准来决定。

4.3.2　方向公差及公差带

　　方向公差是关联实际要素对基准在方向上允许的变动全量。方向公差有平行度、垂直度、倾斜度、线轮廓度和面轮廓度五项，前三项都有面对面、线对面、面对线和线对线几种情况。典型的方向公差带定义、标注和解释如表 4-4 所示。

表 4-4　方向公差带定义、标注和解释

特征		公差带定义	标注和解释
平行度	面对面	公差带是间距等于公差值 t、平行于基准平面的两平行平面之间的区域 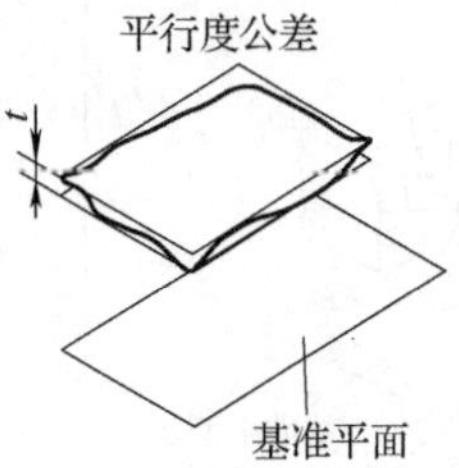	被测表面必须位于距离为公差值 0.05mm，且平行于基准表面 A(基准平面)的两平行平面之间 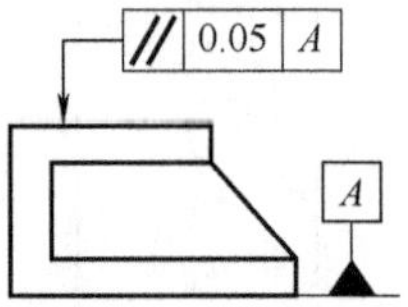
	线对面	公差带为平行于基准平面、间距等于公差值 t 的两平行平面所限定的区域 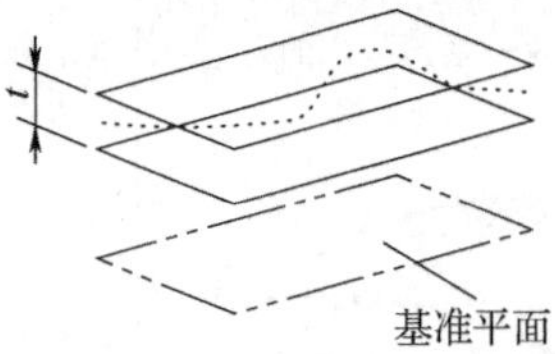	提取(实际)中心线应限定在平行于基准平面 B、间距等于 0.01mm 的两平行平面之间 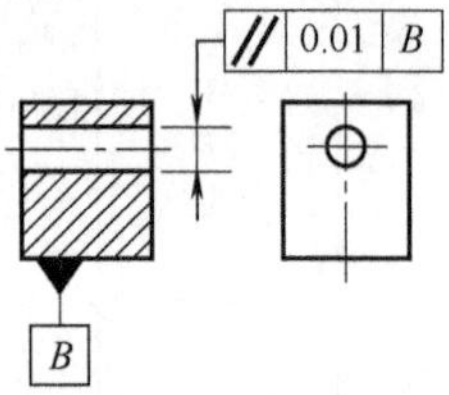
	面对线	公差带为间距等于公差值 t、平行于基准轴线的两平行平面所限定的区域 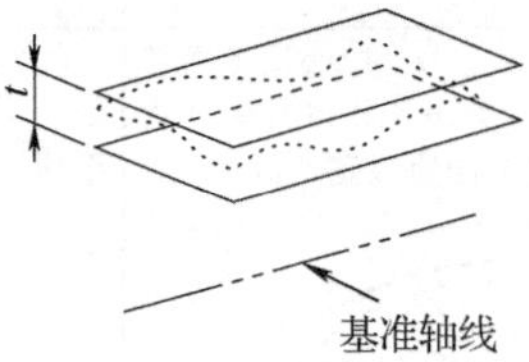	提取(实际)表面应限定在间距等于 0.1mm、平行于基准轴线 C 的两平行平面之间 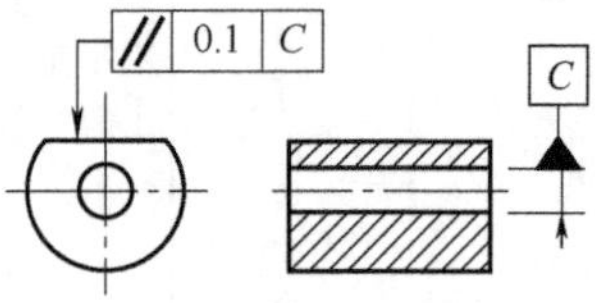
平行度	线对线	公差带是间距等于公差值 t、平行于基准轴线，并位于给定方向上的两平行平面之间的区域 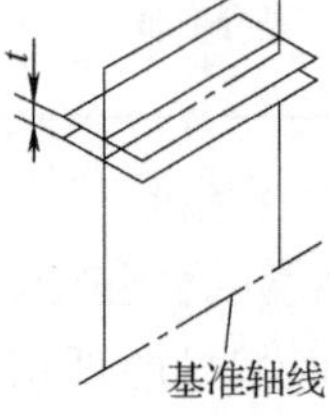	被测轴线必须位于距离为公差值 0.1mm，且在给定方向上平行于基准轴线的两平行平面之间 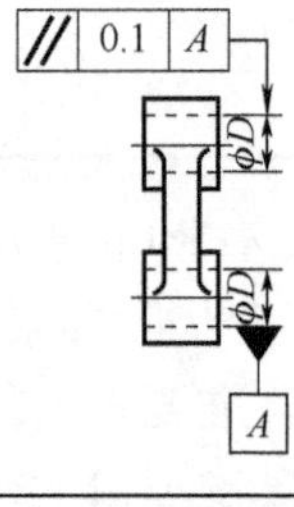
		若公差值前加注了符号 ϕ，公差带为平行于基准轴线、直径等于公差值 ϕt 的圆柱面所限定的区域 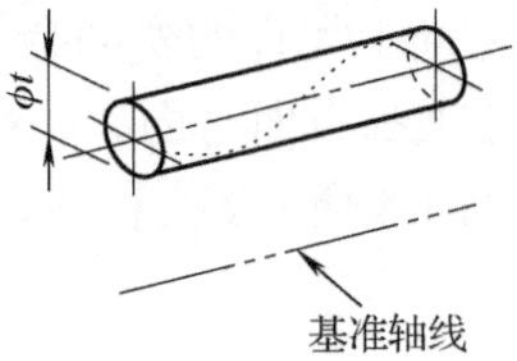	提取(实际)中心线应限定在平行于基准轴线 A、直径等于 $\phi0.03$mm 的圆柱面内 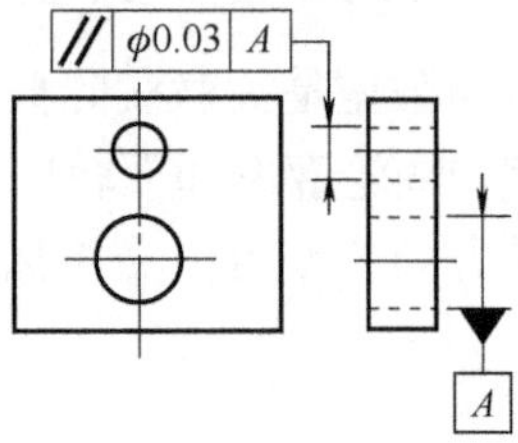

续表

特征		公差带定义	标注和解释
垂直度	面对面	公差带为间距等于公差值 t、垂直于基准平面的两平行平面所限定的区域	提取(实际)表面应限定在间距等于 0.08mm、垂直于基准平面 A 的两平行平面之间
倾斜度	面对线	公差带是间距等于公差值 t，且与基准线呈一给定角度 α 的两平行平面之间的区域	提取(实际)表面必须位于距离为公差值 0.1mm，且与基准线 D(基准轴线)成理论正确角度 75° 的两平行平面之间

方向公差带的特点如下。

(1)方向公差带相对于基准有确定的方向，而其位置往往是浮动的。

(2)方向公差带具有综合控制被测要素的方向和形状的功能。例如，平面的平行度公差可以限制该平面的平面度和直线度误差；轴线的垂直度公差可以控制该轴线的直线度误差。因此，在保证功能要求的前提下，规定了方向公差的要素，一般不再规定形状公差，只有需要对该要素的形状有进一步要求时，才可同时给出形状公差，但其公差数值应小于方向公差值。

4.3.3　位置公差及公差带

位置公差是关联实际要素对基准在位置上允许的变动全量，它包括同轴度、对称度、位置度、线轮廓度和面轮廓度五项。

同轴度用于限制轴类零件的被测轴线偏离基准轴线的一项指标。被测要素为点时，称为同心度。

对称度用于限制被测要素中心平面(或轴线)偏离基准直线、平面的一项指标。被测要素相对基准要素有线对线、线对面、面对线和面对面等四种情况。

位置度用于限制被测要素(点、线、面)实际位置对其理想位置变动量的一项指标。根据零件的功能要求，位置度公差可分为给定一个方向、给定相互垂直的两个方向和任意方向三种，后者用得最多。典型的位置公差的公差带定义、标注示例和解释如表 4-5 所示。

表 4-5 位置公差带定义、标注和解释

特征		公差带定义	标注和解释
同轴度	轴线的同轴度	公差值前标注符号 ϕ，公差带为直径等于公差值 ϕt 的圆柱面所限定的区域。该圆柱面的轴线与基准轴线重合	大圆柱面的提取（实际）中心线应限定在直径等于 $\phi 0.08$mm、以公共基准轴线 A—B 为轴线的圆柱面内
对称度	中心平面的对称度	公差带为间距等于公差值 t，对称于基准中心平面的两平行平面所限定的区域	提取（实际）中心面应限定在间距等于 0.08mm、对称于基准中心平面 A 的两平行平面之间
位置度	点的位置度	公差值前加注 $S\phi$，公差带为直径等于公差值 $S\phi t$ 的圆球面所限定的区域。该圆球面中心的理论正确位置由基准 A、B、C 和理论正确尺寸确定	提取（实际）球心应限定在直径等于 $S\phi 0.3$mm 的圆球面内。该圆球面的中心由基准平面 A、基准平面 B、基准中心平面 C 和理论正确尺寸 30mm、25mm 确定
	线的位置度	公差值前加注符号 ϕ，公差带为直径等于公差值 ϕt 的圆柱面所限定的区域。该圆柱面的轴线的位置由基准平面 C、A、B 和理论正确尺寸确定	提取（实际）中心线应限定在直径等于 $\phi 0.08$mm 的圆柱面内。该圆柱面的轴线的位置应处于由基准平面 C、A、B 和理论正确尺寸 100mm、68mm 确定的理论正确位置上
	面的位置度	公差带为间距等于公差值 t，且对称于被测面理论正确位置的两平行平面所限定的区域。面的理论正确位置由基准平面、基准轴线和理论正确尺寸确定	提取（实际）表面应限定在间距等于 0.05mm 且对称于被测面的理论正确位置的两平行平面之间。该两平行平面对称于由基准平面 A、基准轴线 B 和理论正确尺寸 15mm、$105°$ 确定的被测面的理论正确位置

位置公差带具有如下特点。

（1）位置公差带具有确定的位置，其中，位置公差带的位置由理论正确尺寸确定，同轴度和对称度的理论正确尺寸为零，图上可省略不注。

（2）位置公差带具有综合控制被测要素位置、方向和形状的能力。例如，平面的位置度公差，可以控制该平面的平面度误差和相对于基准的方向误差；同轴度公差可以控制被测轴线的直线度误差和相对于基准轴线的平行度误差。在满足需要的前提下，对被测要素给出定位公差后，通常对该要素不再给出方向公差和形状公差。如果需要对方向和形状有进一步要求，则可另行给出方向公差和形状公差，但其数值应小于位置公差值。

4.3.4　跳动公差及公差带

跳动公差是关联实际要素绕基准轴线回转一周或连续回转时所允许的最大跳动量。跳动公差是按特定的测量方法定义的位置公差项目，测量方法简便。它的被测要素为圆柱面、端平面和圆锥面等轮廓要素，基准要素为轴线。

跳动是指实际被测要素在无轴向移动的条件下绕基准轴线回转的过程中（回转一周或连续回转），由指示计在给定的测量方向上对其测得的最大与最小示值之差。跳动可分为圆跳动和全跳动。

圆跳动是指实际被测要素在某个测量截面内相对于基准轴线的变动量。测量时被测要素回转一周，而指示计的位置固定。根据测量方向的不同，圆跳动分为径向圆跳动、端面圆跳动和斜向圆跳动。

全跳动是指整个被测要素相对于基准轴线的变动量。测量时被测要素连续回转且指示计作直线移动。全跳动分为径向全跳动、端面全跳动。典型的跳动公差带的定义、标注示例和解释如表 4-6 所示。

表 4-6　跳动公差带定义、标注和解释

特征		公差带定义	标注和解释
圆跳动	径向圆跳动	公差带为在任一垂直于基准轴线的横截面内、半径差等于公差值 t、圆心在基准轴线上的两同心圆所限定的区域 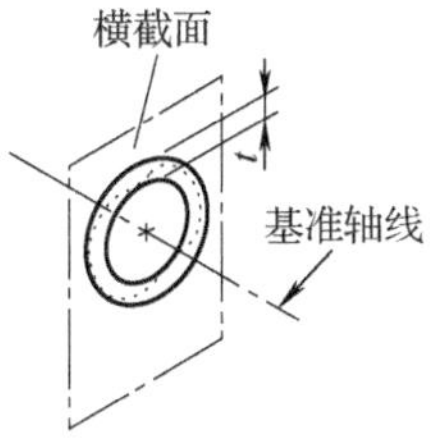	在任一垂直于基准 A 的横截面内，提取(实际)圆应限定在半径差等于 0.1mm，圆心在基准轴线 A 上的两同心圆之间 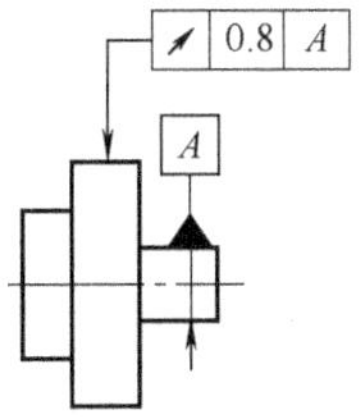
	端面圆跳动	公差带为与基准轴线同轴的任意直径的圆柱截面上，间距等于公差值 t 的两圆所限定的圆柱面区域 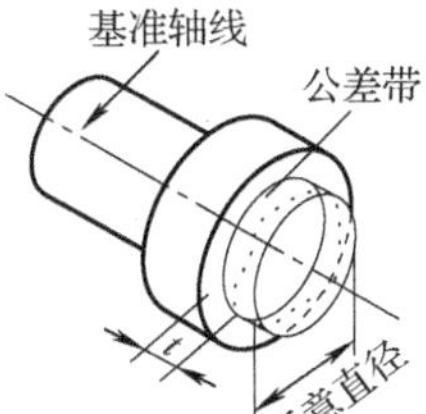	在与基准轴线 D 同轴的任意圆柱形截面上，提取(实际)圆应限定在轴向距离等于 0.1mm 的两个等径圆之间 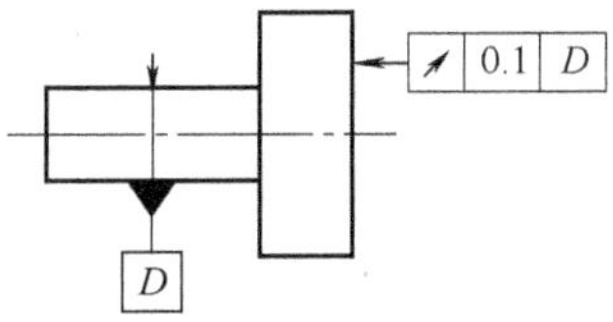

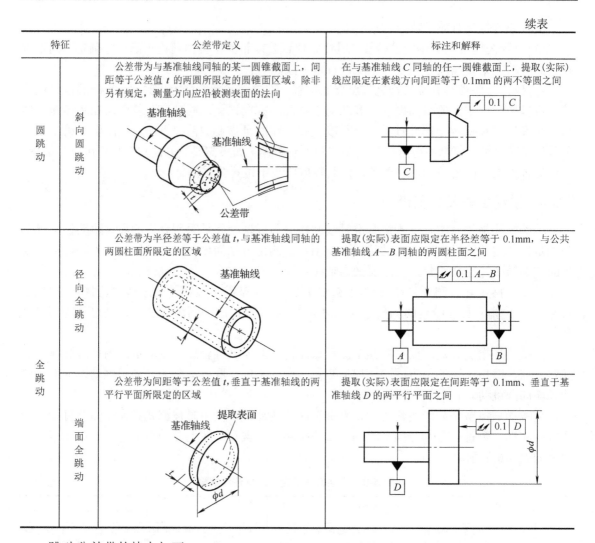

特征		公差带定义	标注和解释
圆跳动	斜向圆跳动	公差带为与基准轴线同轴的某一圆锥截面上，间距等于公差值 t 的两圆所限定的圆锥面区域。除非另有规定，测量方向应沿被测表面的法向	在与基准轴线 C 同轴的任一圆锥截面上，提取(实际)线应限定在素线方向间距等于 0.1mm 的两不等圆之间
全跳动	径向全跳动	公差带为半径差等于公差值 t，与基准轴线同轴的两圆柱面所限定的区域	提取(实际)表面应限定在半径差等于 0.1mm，与公共基准轴线 $A—B$ 同轴的两圆柱面之间
	端面全跳动	公差带为间距等于公差值 t，垂直于基准轴线的两平行平面所限定的区域	提取(实际)表面应限定在间距等于 0.1mm、垂直于基准轴线 D 的两平行平面之间

跳动公差带的特点如下。

(1)跳动公差带相对于基准轴线有确定的方向。

(2)跳动公差带在控制被测要素相对于基准位置误差的同时，能够自然地控制被测要素相对于基准的方向误差和被测要素的形状误差。

采用跳动公差时，如果所控制被测要素不能满足功能要求，可进一步给出相关项目的几何公差，此时，该公差值必须小于跳动公差值。

4.4　公差原则与应用

4.4.1　公差原则的基本术语及定义

1. 提取组成要素的局部实际尺寸

提取组成要素的局部尺寸是指一切提取组成要素上两对应点之间的距离，用 D_a、d_a 表示。提取组成要素的实际尺寸是指在实际要素的任意正截面上，测得的两对应点之间的距离，如图 4-13 所示。

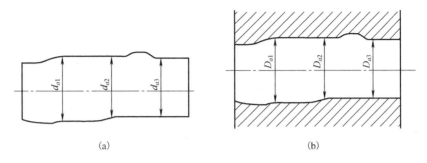

图 4-13　提取组成要素的实际尺寸

2. 作用尺寸

1) 体外作用尺寸

体外作用尺寸是指在被测提取要素的给定长度上，与实际内表面体外相接的最大拟合面或与实际外表面体外相接的最小拟合面的直径或宽度，如图 4-14 所示，其内表面和外表面的体外作用尺寸分别用 D_{fe} 和 d_{fe} 表示。

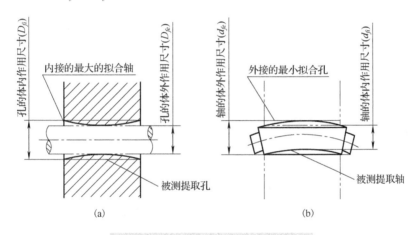

图 4-14　体外作用尺寸和体内作用尺寸

2) 体内作用尺寸

体内作用尺寸是指在被测量提取要素的给定长度上，与实际内表面体内相接的最小拟合面或与实际外表面体内相接的最大拟合面的直径或宽度。其内表面和外表面的体内作用尺寸分别用 D_{fi} 和 d_{fi} 表示。

应当注意：作用尺寸不仅与实际要素的局部实际尺寸有关，还与其几何误差有关。因此，作用尺寸是实际尺寸和几何误差的综合尺寸。对一批零件而言，每个零件都不一定相同，但每个零件的体外或体内作用尺寸只有一个；对于被测实际轴，$d_{fe} \geqslant d_{fi}$；而对于被测实际孔，$D_{fe} \leqslant D_{fi}$。

3. 最大实体状态与最大实体尺寸

最大实体状态（Maximum Material Condition，MMC）是实际要素在给定长度上处处位于尺寸极限之内，并具有允许的材料量为最多时的状态。最大实体尺寸（Maximum Material Size，MMS）是实际要素在最大实体状态下的极限尺寸。对于外表面为最大极限尺寸，对于内表面为最小极限尺寸。

4. 最小实体状态与最小实体尺寸

最小实体状态(Least Material Condition，LMC)是实际要素在给定长度上处处位于尺寸极限之内，并具有允许的材料量为最少时的状态。最小实体尺寸(Least Material Size，LMS)是实际要素在最小实体状态下的极限尺寸。对于外表面为最小极限尺寸，对于内表面为最大极限尺寸。

5. 最大实体实效状态与最大实体实效尺寸

最大实体实效状态(Maximum Material Virtual Condition，MMVC)是在给定长度上，实际要素处于最大实体状态且其中心要素的形状或位置误差等于给出公差值时的综合极限状态。最大实体实效尺寸(Maximum Material Virtual Size，MMVS)是最大实体实效状态下的体外作用尺寸。对于内表面来说，最大实体实效尺寸等于最大实体尺寸减去几何公差值(加注符号MV)，对于外表面，最大实体实效尺寸等于最大实体尺寸加几何公差值(加注符号MV)。即

$$D_{MV} = D_M - t = D_{min} - t$$
$$d_{MV} = d_M + t = d_{max} + t$$

式中，D_{MV}、d_{MV} 为孔、轴的最大实体实效尺寸；D_M、d_M 为孔、轴的最大实体尺寸；t 为中心要素的形状公差或定向、定位公差值。

6. 最小实体实效状态与最小实体实效尺寸

最小实体实效状态(Least Material Virtual Condition，LMVC)是在给定长度上，实际要素处于最小实体状态，且其中心要素的形状或位置误差等于给出公差值时的综合极限状态。最小实体实效尺寸(Least Material Virtual Size，LMVS)是最小实体实效状态下的体内作用尺寸。对于内表面为最小实体尺寸加几何公差值(加注符号LV)，对于外表面为最小实体尺寸减几何公差值(加注符号LV)。即

$$D_{LV} = D_L + t = D_{max} + t$$
$$d_{LV} = d_L - t = d_{min} - t$$

式中，D_{LV}、d_{LV} 为孔、轴的最小实体实效尺寸；D_L、d_L 为孔、轴的最小实体尺寸；t 为中心要素的形状公差或方向、位置公差值。

7. 边界

边界指由设计给定的具有理想形状的极限包容面。边界的尺寸为极限包容面的直径或距离。当极限包容面为圆柱面时，其直径为边界尺寸；当极限包容面为两平行平面时，其距离为边界尺寸。

(1)最大实体边界(Maximum Material Boundary，MMB)：尺寸为最大实体尺寸的边界。

(2)最小实体边界(Least Material Boundary，LMB)：尺寸为最小实体尺寸的边界。

(3)最大实体实效边界(Maximum Material Virtual Boundary，MMVB)：尺寸为最大实体实效尺寸的边界。

(4)最小实体实效边界(Least Material Virtual Boundary，LMVB)：尺寸为最小实体实效尺寸的边界。

4.4.2　独立原则

独立原则是指图样上给定的尺寸公差和几何公差(形状、方向或位置)要求均是独立的，

应分别满足。如果对尺寸公差和几何公差(形状、方向或位置)要求之间的相互关系有特定要求，应在图样上规定。

1. 图样标注

当被测要素的尺寸公差和几何公差采用独立原则时，图样上不做任何附加标记。尺寸公差和几何公差分别独立标注，如图 4-15(a)所示单一要素采用独立原则，图 4-15(b)所示关联要素采用独立原则。

2. 被测要素的合格条件

1)独立原则应用单一要素的合格条件

当被测要素应用独立原则时，被测要素的合格条件是：被测提取要素的尺寸应在上下极限尺寸之间；被测要素的几何误差应小于或等于几何公差。即

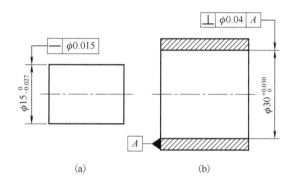

图 4-15　独立原则的图样标注

(1)尺寸公差要求：

$$\text{轴：}\ d_{\max} \geqslant d_a \geqslant d_{\min}\ ,\ \text{孔：}\ D_{\max} \geqslant D_a \geqslant D_{\min}$$

(2)几何公差要求：

$$f \leqslant t$$

如图 4-15(a)所示的零件，轴径的提取尺寸在 $\phi14.973 \sim \phi15\text{mm}$ 为尺寸合格；轴线的直线度误差不允许超过 $\phi0.015\text{mm}$ 为轴线的直线度合格。

2)独立原则应用关联要素的合格条件

如图 4-15(b)所示的零件，被测孔的合格条件是：孔的提取尺寸应在 $\phi30.00 \sim \phi30.03\text{mm}$；该孔的轴线应垂直于左端面，其垂直度误差值在任意方向不大于 $\phi0.04\text{mm}$。

3. 被测要素的检测方法和计量器具

采用通用计量器具测量被测提取要素的实际尺寸和几何误差。

4. 应用场合

独立原则主要应用于零件的几何公差要求较高的场合，且几何公差与尺寸公差彼此不发生联系，根据不同的功能要求分别满足各自的公差要求。例如，印刷机滚筒的圆柱度公差与尺寸公差；连杆两个孔的平行度公差与两个孔的尺寸公差；导向滑块两工作面之间的平行度公差与两工作面之间的尺寸公差。

4.4.3　相关要求

相关要求是指图样上给定的尺寸公差与几何公差相互有关。它分为包容要求、最大实体

要求、最小实体要求和可逆要求。可逆要求不能单独采用，只能与最大实体要求或最小实体要求一起应用。

1. 包容要求

1）含义

包容要求表示实际要素应遵守其最大实体边界，其局部实际尺寸不得超出最小实体尺寸。包容要求适用于单一要素，如圆柱表面或两平行表面。要素的局部实际尺寸不得超出最大和最小极限尺寸，保证配合规定的最小间隙或最大过盈要求，以满足零件的配合性质。当轴孔精度较高或配合要求严格时，采用包容要求是最佳选择。

2）标注

采用包容要求的尺寸要素，应在其尺寸极限偏差或公差代号后加注符号Ⓔ，如图 4-16 所示。

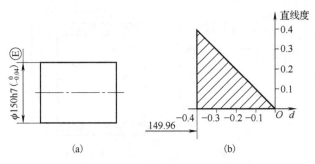

图 4-16　包容要求标注与动态公差图

3）公差解释

采用包容要求时，被测提取要素应遵守最大实体边界。

对于外表面：

$$d_{fe} \leqslant d_M(d_{\max})$$
$$d_a \geqslant d_L(d_{\min})$$

对于内表面：

$$D_{fe} \geqslant D_M(D_{\min})$$
$$D_a \leqslant D_L(D_{\max})$$

图 4-16 标注说明：提取圆柱面应在其最大实体边界之内，其边界的尺寸为最大实体尺寸 $\phi 150$mm，其局部尺寸不得小于 $\phi 149.96$mm。

按包容要求，图样上只给出尺寸公差，但这种公差具有双重控制尺寸误差和形状误差的职能。

当实际要素处处皆为最大实体状态时，其几何公差值为零，即不允许有任何几何误差产生。

当实际要素偏离最大实体状态时，几何误差可获得补偿，补偿量等于实际要素偏离最大实体状态的量。例如，实际尺寸为 $\phi 149.98$mm，偏离最大实体状态的量为 0.02mm，这时允许素线的直线度误差为 0.02mm，或圆柱度误差为 0.02mm，或轴线的直线度误差为 0.02mm。

当提取实际要素处处为最小实体状态时，几何误差获得补偿量最多，$t=T_h(T_s)$，图 4-16 中轴线直线度误差最大为 0.04mm。

4）包容要求的计量器具和检测方法

包容要求的计量器具采用光滑极限量规检验被测提取组成要素。

光滑极限量规是一种无刻度的定值量具。塞规检验孔，环（卡）规检验轴。光滑极限量规用于检验的工作量规有通规和止规。通规设计体现被测要素的最大实体边界，而止规设计体现被测要素的最小实体尺寸。

当孔遵守包容要求时，用塞规的通规检验被测孔的实际组成要素。塞规的通规能通过被测孔，则说明被测孔的实际组成要素未超越最大实体边界。用塞规的止规检验被测孔的局部尺寸。任意位置塞规的止规不能通过被测孔，则说明被测孔的局部尺寸未超过最小实体尺寸。因此，可以确定被检验的孔合格。

当轴遵守包容要求时，按理论要求用环规的通规检验被测轴的实际组成要素。环规的通规能通过被测轴，则说明被测轴的实际组成要素未超越最大实体边界。用卡规的止规检验被测轴的局部尺寸。任意位置卡规的止规不能通过被测轴，则说明被测轴的局部尺寸未超过最小实体尺寸。因此，可以确定被检验的轴合格。

5）应用场合

包容要求适用于保证配合性质要求的场合。即当相互配合的轴、孔应用包容要求时，轴与孔配合产生的实际间隙或实际过盈在极限间隙或极限过盈之间。

例如，为了保证液体摩擦状态，滑动轴承与轴的配合、车床尾座孔与尾座套筒的配合及配合性质要求较高的配合，可采用包容要求。

2. 最大实体要求

1）含义与标注

被测要素的实际轮廓应遵守其最大实体实效边界，当其实际尺寸偏离最大实体尺寸时，允许其几何误差值超出在最大实体状态下给出的公差值，称为最大实体要求（MMR），其符号为Ⓜ。当给出的几何公差值为零时，称为最大实体要求的零几何公差，并以 0Ⓜ表示。应用于被测要素，在被测要素几何公差框格公差值后标注；应用于基准要素，在框格基准字母后标注。

2）公差解释

最大实体要求用于提取组成要素时，提取组成要素应遵守最大实体实效边界（MMVB），即要素的体外作用尺寸不得超越最大实体实效尺寸，且提取组成要素的局部尺寸在最大与最小实体尺寸之间。

对于外表面：

$$d_{fe} \leqslant d_{MV} = d_{max} + t, \quad d_{max} \geqslant d_a \geqslant d_{min}$$

对于内表面：

$$D_{fe} \geqslant D_{MV} = D_{min} - t, \quad D_{max} \geqslant D_a \geqslant D_{min}$$

当其提取组成要素的实际轮廓偏离最大实体尺寸时，允许其几何误差超出在最大实体状态下给出的公差值。几何公差值 t_1 是被测要素在最大实体状态下给定的，当提取实际要素为最小实体状态时，几何公差达到最大值，即

$$t_2 = T_h(T_s) + t_1$$

当提取实际要素处于最大实体状态与最小实体状态之间时，其几何公差在 t_1 和 t_2 之间变化。

图 4-17 表示轴 $\phi35^0_{-0.1}$ 的轴线的直线度公差采用最大实体要求，该轴应满足下列要求。

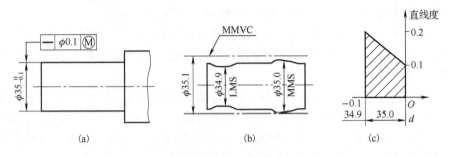

图 4-17　最大实体要求示例

轴的提取要素不得违反其最大实体实效状态，其直径为 MMVS=ϕ35.1mm；轴的提取要素各处的局部直径应大于最小实体尺寸 LMS=34.9mm，且小于最大实体尺寸 MMS=35.0mm。

轴的直线度（ϕ0.1mm）是在轴为最大实体状态下时给定的，当轴为最小实体状态时，其轴线的直线度误差允许达到最大值，即直线度公差（ϕ0.1mm）与尺寸公差（ϕ0.1mm）之和 ϕ0.2mm。若轴处于最大实体状态与最小实体状态之间，则其轴线的直线度公差在 ϕ0.1～ϕ0.2mm 变化。

3）计量器具和检测方法

（1）当最大实体要求按规定应用于被测要素和（或）基准要素时，用功能量规（或称位置量规）来确定它们的实际轮廓是否超出相应的最大实体实效边界。

（2）用通用计量器具测量被测实际尺寸要素，判断是否满足合格要求。

（3）用光滑极限量规的止规检验基准要素的实际尺寸是否超过其最小实体尺寸。

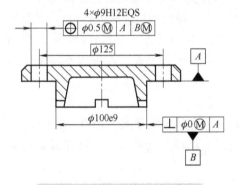

图 4-18　最大实体要求应用实例

4）应用场合

最大实体要求通常用于保证零件可装配性的场合，对机械零件配合性质要求不高，但要求满足装配互换性。

最大实体要求只适用于被测要素为导出要素，不能应用于被测要素为组合要素的场合。当直线度、平行度、垂直度、倾斜度、同轴度、对称度和位置度的被测要素为导出要素时，可以应用最大实体要求；而平面度、圆度、圆柱度、圆跳动和全跳动则不能应用最大实体要求。

3. 最小实体要求

1）含义与标注

被测要素的实际轮廓应遵守其最小实体实效边界，当其实际尺寸偏离最小实体尺寸时，允许其几何误差值超出在最小实体状态下给出的公差值，称为最小实体要求。最小实体要求的符号为"Ⓛ"。当应用于被测要素时，如图 4-19 所示，应在被测要素几何公差框格中的公差值后标注符号"Ⓛ"；最小实体要求应用于基准中心要素时，应在被测要素的几何公差框格内相应的基准字母代号后标注符号"Ⓛ"。当给出的几何公差值为零时，称为最小实体要求的零几何公差，并以"0Ⓛ"表示。

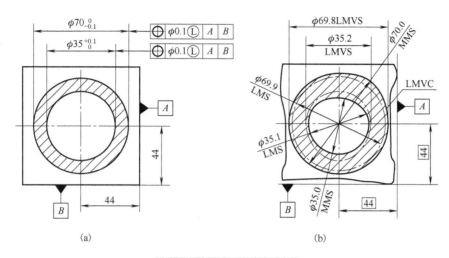

图 4-19　最小实体要求示例

2）解释

最小实体要求用于提取组成要素时，提取组成要素应遵守最小实体实效边界（LMVB），即要素的体外作用尺寸不得超越最小实体实效尺寸，且提取组成要素的局部尺寸在最大与最小实体尺寸之间。

对于外表面：

$$d_{fi} \geqslant d_{LV} = d_{min} - t, \quad d_{max} \geqslant d_a \geqslant d_{min}$$

对于内表面：

$$D_{fi} \leqslant D_{LV} = D_{max} + t, \quad D_{max} \geqslant D_a \geqslant D_{min}$$

当其提取组成要素的实际轮廓偏离最小实体尺寸时，允许其几何误差超出在最小实体状态下给出的公差值。几何公差值 t_1 是被测要素在最小实体状态下给定的，当提取实际要素为最大实体状态时，几何公差达到最大值，即

$$t_{max} = t_{2max} + t_1 = T_h(T_s) + t_1$$

当提取实际要素处于最大实体状态与最小实体状态之间时，其几何公差在 t_1 和 t_2 之间变化。

3）计量器具和检测方法

按照最小实体要求，控制被测提取组成要素的理想边界是最小实体实效边界。而最小实体实效边界是在零件体内与被测提取组成要素相切。故无法用功能量规模拟最小实体实效边界，来进行检验。

测量中可采用三坐标测量机获得零件被测提取要素，通过计算得到被测拟合要素，与理论的最小实体实效边界进行比较，以判断零件的被测要素是否满足最小实体要求。

采用通用计量器具测量被测实际尺寸要素和基准要素的实际尺寸，判断是否满足处于 MMS 和 LMS 之间的合格要求。

4) 应用场合

最小实体要求常用于控制零件的最小壁厚，防止承受内压而崩裂，以及保证机械零件必要强度的场合。

与最大实体要求相同，最小实体要求也只适用于被测要素为导出要素，不能应用于被测要素为组合要素的场合。如同轴度、对称度和位置度的被测要素为导出要素时，可以应用最小实体要求。

4. 可逆要求

可逆要求是最大实体要求和最小实体要求的附加要求，表示尺寸公差可以在实际几何误差小于几何公差的范围内增大，即当被测要素的几何误差值小于给出的几何公差值时，允许在满足功能要求的前提下扩大尺寸公差。

可逆要求通常与最大实体要求和最小实体要求连用，不能独立使用。

1) 可逆要求用于最大实体要求

被测要素的提取组成要素不得违反最大实体实效状态（MMVC）或最大实体实效边界（MMVB）。当被测要素的几何误差值小于给出的几何公差值时，在不影响零件功能的前提下，允许相应的尺寸公差增大。

可逆要求用于最大实体要求时，应在被测要素几何公差框格中的公差值后面标注双重符号ⓂⓇ，如图 4-20 所示。

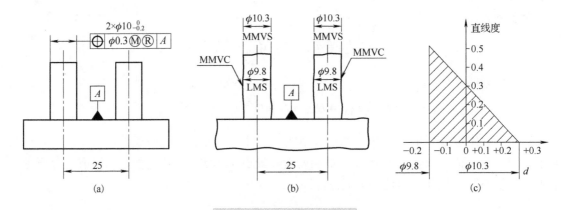

图 4-20　可逆要求示例（一）

如图 4-20 所示，若这两个柱销均为最小实体状态，则其轴线位置度公差允许达到的最大值为轴线位置度公差（$\phi0.3$mm）与柱销的尺寸公差（0.2mm）之和 0.5mm；当两柱销各自处于最大实体状态与最小实体状态之间时，其轴线位置度公差在 $\phi0.3 \sim \phi0.5$mm 变化。

由于本例中还附加了可逆要求，因此如果两柱销的轴线位置度误差小于给定的公差（$\phi0.3$mm），则两柱销的尺寸公差允许大于 0.2mm，即其提取要素各处的局部直径均可大于它们的最大实体尺寸（$\phi10$mm）；如果两柱销的轴线位置度误差为零，则两柱销的尺寸公差允许增大至 $\phi10.3$mm，即最大实体尺寸（MMS=10mm）与位置度公差（$\phi0.3$mm）之和。

2) 可逆要求用于最小实体要求

被测要素的提取组成要素不得违反最小实体实效状态（LMVC）或最小实体实效边界（LMVB）。当被测要素的几何误差值小于给出的几何公差值时，在不影响零件功能的前提下，允许相应的尺寸公差增大。

可逆要求用于最小实体要求时，应在被测要素几何公差框格中的公差值后面标注双重符号Ⓛ Ⓡ。

如图 4-21 所示，内尺寸要素的提取要素不得违反其最小实体实效状态(LMVC)，其直径为 LMVS=35.2mm；各处的局部直径应大于 MMS=35.0mm，可逆要求允许其局部直径从 LMS=35.1mm 增大至 LMVS=35.2mm。

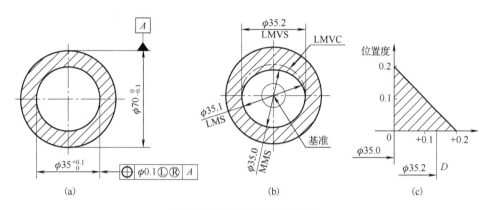

图 4-21　可逆要求示例(二)

尺寸公差　$T_s=T_h$=0.1mm。轴线的位置度公差是在该要素为最小实体实效状态时给定的。当内孔为最大实体状态时，其轴线的位置度误差允许达到的最大值可为轴线位置度公差与内尺寸要素尺寸公差之和ϕ0.2mm；当外尺寸要素处于最小实体状态与最大实体状态之间时，其轴线位置度公差在ϕ0.1～ϕ0.2mm 变化。

轴线位置度误差小于公差值(ϕ0.1mm)时，内孔的尺寸公差允许大于 0.1mm，即提取要素各处的局部直径均可大于它的最小实体尺寸(ϕ35.1mm)；如果其轴线位置度误差为零，则其局部直径允许增大至ϕ35.2mm。

4.5　几何公差的选择

1. 几何公差值的标准

实际零件上所有的要素都存在几何误差，根据国家标准规定，凡是一般机床加工能保证的几何精度，其几何公差值按 GB/T 1184—2018《形状和位置公差　未注公差值》执行，不必在图样上具体注出。当几何公差值大于或小于未注公差值时，应按规定在图样上明确标注出几何公差。

按国家标准的规定，对 14 项几何公差，除线、面轮廓度及位置度未规定公差等级外，其余项目均有规定。其中，直线度、平面度、平行度、垂直度、倾斜度、同轴度、对称度、圆跳动、全跳动各划分为 12 级，即 1～12 级，1 级精度最高，12 级精度最低；圆度、圆柱度各划分为 13 级，最高级为 0 级。各项目的各级公差值如表 4-7～表 4-10 所示。对于位置度，国家标准规定了位置度系数，如表 4-11 所示。

表 4-7　直线度和平面度公差值

主参数	公差等级											
$L(D)$/mm	1	2	3	4	5	6	7	8	9	10	11	12
	公差值/μm											
≤10	0.2	0.4	0.8	1.2	2	3	5	8	12	20	30	60
>10~16	0.25	0.5	1	1.5	2.5	4	6	10	15	25	40	80
>16~25	0.3	0.6	1.2	2	3	5	8	12	20	30	50	100
>25~40	0.4	0.8	1.5	2.5	4	6	10	15	25	40	60	120
>40~63	0.5	1	2	3	5	8	12	20	30	50	80	150
>63~100	0.6	1.2	2.5	4	6	10	15	25	40	60	100	200
>100~160	0.8	1.5	3	5	8	12	20	30	50	80	120	250
>160~250	1	2	4	6	10	15	25	40	60	100	150	300
>250~400	1.2	2.5	5	8	12	20	30	50	80	120	200	400
>400~630	1.5	3	6	10	16	25	40	60	100	150	250	500

主参数 L 图例

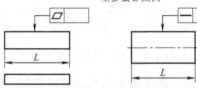

表 4-8　圆度和圆柱度公差值

主参数	公差等级												
$d(D)$/mm	0	1	2	3	4	5	6	7	8	9	10	11	12
	公差值/μm												
≤3	0.1	0.2	0.3	0.5	0.8	1.2	2	3	4	6	10	14	25
>3~6	0.1	0.2	0.4	0.6	1	1.5	2.5	4	5	8	12	18	30
>6~10	0.12	0.25	0.4	0.6	1	1.5	2.5	4	6	9	15	22	36
>10~18	0.15	0.25	0.5	0.8	1.2	2	3	5	8	11	18	27	43
>18~30	0.2	0.3	0.6	1	1.5	2.5	4	6	9	13	21	33	52
>30~50	0.25	0.4	0.6	1	1.5	2.5	4	7	11	16	25	39	62
>50~80	0.3	0.5	0.8	1.2	2	3	5	8	13	19	30	46	74
>80~120	0.4	0.6	1	1.5	2.5	4	6	10	16	22	35	54	87
>120~180	0.6	1	1.2	2	3.5	5	8	12	18	25	40	63	100
>180~250	0.8	1.2	2	3	4.5	7	10	14	20	29	46	72	115
>250~315	1	1.6	2.5	4	6	8	12	16	23	32	52	81	130
>315~400	1.2	2	3	5	7	9	13	18	25	36	57	89	140
>400~500	1.5	2.5	4	6	8	10	15	20	27	40	63	97	155

主参数 $d(D)$ 图例

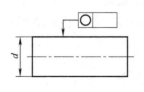 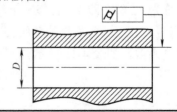

表 4-9　平行度、垂直度和倾斜度公差值

主参数 $L,d(D)$/mm	公差等级											
	1	2	3	4	5	6	7	8	9	10	11	12
	公差值/μm											
≤10	0.4	0.8	1.5	3	5	8	12	20	30	50	80	120
>10~16	0.5	1	2	4	6	10	15	25	40	60	100	150
>16~25	0.6	1.2	2.5	5	8	12	20	30	50	80	120	200
>25~40	0.8	1.5	3	6	10	15	25	40	60	100	150	250
>40~63	1	2	4	8	12	20	30	50	80	120	200	300
>63~100	1.2	2.5	5	10	15	25	40	60	100	150	250	400
>100~160	1.5	3	6	12	20	30	50	80	120	200	300	500
>160~250	2	4	8	15	25	40	60	100	150	250	400	600
>250~400	2.5	5	10	20	30	50	80	120	200	300	500	800
>400~630	3	6	12	25	40	60	100	150	250	400	600	1000

主参数 $L,d(D)$ 图例

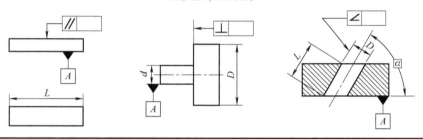

表 4-10　同轴度、对称度、圆跳动和全跳动公差值

主参数 $L,B,d(D)$/mm	公差等级											
	1	2	3	4	5	6	7	8	9	10	11	12
	公差值/μm											
≤1	0.4	0.6	1	1.5	2.5	4	6	10	15	25	40	60
>1~3	0.4	0.6	1	1.5	2.5	4	6	10	20	40	60	120
>3~6	0.5	0.8	1.2	2	3	5	8	12	25	50	80	150
>6~10	0.6	1	1.5	2.5	4	6	10	15	30	60	100	200
>10~18	0.8	1.2	2	3	5	8	12	20	40	80	120	250
>18~30	1	1.5	2.5	4	6	10	15	25	50	100	150	300
>30~50	1.2	2	3	5	8	12	20	30	60	120	200	400
>50~120	1.5	2.5	4	6	10	15	25	40	80	150	250	500
>120~250	2	3	5	8	12	20	30	50	100	200	300	600
>250~500	2.5	4	6	10	15	25	40	60	120	250	400	800

主参数 $L,B,d(D)$ 图例

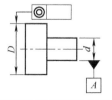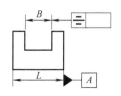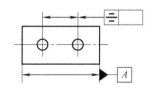

表 4-11　位置度系数

1	1.2	1.5	2	2.5	3	4	5	6	8
1×10^n	1.2×10^n	1.5×10^n	2×10^n	2.5×10^n	3×10^n	4×10^n	5×10^n	6×10^n	8×10^n

2．未注几何公差的规定

图样上没有具体注明几何公差值的要素，根据国家标准规定，其几何精度由未注几何公差来控制，按以下规定执行。

（1）GB/T 1184—1996 对未注直线度、平面度、垂直度、对称度和圆跳动各规定了 H、K、L 三个公差等级，其公差值如表 4-12～表 4-15 所示。

表 4-12　直线度和平面度未注公差值　　　　　　（单位：mm）

公差等级	基本长度范围					
	≤10	>10～13	>30～100	>100～300	>300～1000	>1000～3000
H	0.02	0.05	0.1	0.2	0.3	0.4
K	0.05	0.1	0.2	0.4	0.6	0.8
L	0.1	0.2	0.4	0.8	1.2	1.6

表 4-13　垂直度未注公差值　　　　　　（单位：mm）

公差等级	基本长度范围			
	≤100	>100～300	>300～1000	>1000～3000
H	0.2	0.3	0.4	0.5
K	0.4	0.6	0.8	1
L	0.6	1	1.5	2

表 4-14　对称度未注公差值　　　　　　（单位：mm）

公差等级	基本长度范围			
	≤100	>100～300	>300～1000	>1000～3000
H	0.5	0.5	0.5	0.5
K	0.6	0.6	0.8	1
L	0.6	1	1.5	2

表 4-15　圆跳动未注公差值　　　　　　（单位：mm）

公差等级	H	K	L
公差值	0.1	0.2	0.5

（2）圆度的未注公差值等于直径公差值，但不能大于表 4-15 中的径向圆跳动值。

（3）圆柱度的未注公差值不做规定，但圆柱度误差由圆度误差、直线度误差和素线平行度误差三部分组成，而其中每一项误差均由它们的注出公差或未注公差控制。

（4）平行度的未注公差值等于尺寸公差值或直线度和平面度未注公差值中的较大者。

（5）同轴度的未注公差值可以和表 4-15 中的圆跳动的未注公差值相等。

(6)线轮廓度、面轮廓度、倾斜度、位置度和全跳动的未注公差值均由各要素的注出或未注线性尺寸公差或角度公差控制。

3．几何公差的选用原则

零部件的几何误差对机器的正常使用有很大的影响，合理、正确地选择几何公差项目和确定几何公差值，对实现零件的互换性，保证机器的功能要求，降低成本，提高经济效益是十分重要的。

几何公差的选用主要包括几何公差项目的选择、公差值的选择、公差原则的选择和基准要素的选择。

1)几何公差项目的选择

几何公差特征项目的选择可从以下几个方面考虑。

零件的几何特征不同，产生的几何误差会不同，所选的项目也不同。例如，圆柱形零件的形状公差项目主要为圆柱面的圆度、圆柱度和素线直线度；位置公差项目主要是阶梯轴或孔的同轴度；轴类件安装传动齿轮、滚动轴承的轴颈和定位端面相对于轴线的径向或轴向圆跳动；箱体类零件主要形状公差项目为基准面或支承面的平面度；孔与安装基面、相关孔轴线之间的平行度和垂直度；零件上的孔、槽会有位置度或对称度误差等。

根据零件不同的功能要求，给出不同的几何公差项目。要分析影响零件功能要求的主要误差项目。例如，影响车床主轴旋转精度的主要误差是前、后轴颈的同轴度误差和圆跳动；为保证机床工作台或刀架运动轨迹的精度，需要对导轨提出直线度要求；为使箱体、端盖等零件上各螺栓孔能顺利装配，应规定孔组的位置度公差等。

确定几何公差特征项目时，要考虑到检测的条件和方便性。检测条件应包括有无相应的测量设备、测量的难易程度、测量效率是否与生产批量相适应等，应选用简便易行的检测项目代替测量难度较大的项目。例如，对轴类零件，可用径向全跳动综合控制圆柱度、同轴度；用端面全跳动代替端面对轴线的垂直度，因为跳动误差检测方便，又能较好地控制相应的几何误差。在满足功能要求的前提下，应充分发挥综合控制公差项目的功能，这样可以减少图样上给出的几何公差项目，从而减少需检测的项目，以获得较好的经济效益。

2)公差值的选择

公差值的选择原则是：在满足零件功能要求的前提下，考虑工艺经济性和检测条件，选择最经济的公差值。

根据零件功能要求、结构、刚性和加工经济性等条件，采用类比法，按公差数值表确定要素的公差值时，还应考虑以下几点。

(1)在同一要素上给出的形状公差值应小于位置公差值，即 $t_{形状} < t_{位置}$。如同一平面上，平面度公差值应小于该平面对基准平面的平行度公差值。

(2)圆柱形零件的形状公差，除轴线直线度，一般情况下应小于其尺寸公差。如最大实体状态下，形状公差在尺寸公差之内，形状公差包含在位置公差带内。

(3)选用形状公差等级时，应考虑结构特点和加工的难易程度，在满足零件功能要求的前提下，对于下列情况应适当降低 1～2 级精度：①细长的轴或孔；②距离较大的轴或孔；③宽度大于 1/2 长度的零件表面；④线对线和线对面相对于面对面的平行度；⑤线对线和线对面相对于面对面的垂直度。

(4)选用形状公差等级时，还应注意协调形状公差与表面粗糙度之间的关系。通常情况下，表面粗糙度的数值为形状误差值的 20%～25%。

(5)在通常情况下，零件被测要素的形状误差比位置误差小得多，因此给定平行度或垂直度公差的两个平面，其平面度的公差等级应不低于平行度或垂直度的公差等级；同一圆柱面的圆度公差等级应不低于其径向圆跳动公差等级。

表 4-16～表 4-19 列出了各种几何公差等级的应用举例，供选择时参考。

表 4-16　直线度、平面度公差等级应用举例

公差等级	应用举例
1,2	精密量具、测量仪器以及精度要求很高的精密机械零件，如 0 级样板平尺、0 级宽平尺、工具显微镜等精密测量仪器的导轨面
3	1 级宽平尺工作面、1 级样板平尺的工作面，测量仪器圆弧导轨，测量仪器的测杆外圆柱面
4	0 级平板，测量仪器的 V 形导轨，高精度平面磨床的 V 形导轨和滚动导轨，轴承磨床及平面磨床的床身导轨
5	1 级平板，2 级宽平尺，平面磨床的纵导轨、垂直导轨、工作台，液压龙门刨床导轨
6	普通机床导轨面，卧式镗床、铣床的工作台，机床主轴箱的导轨，柴油机机体结合面
7	2 级平板，机床的床头箱体，滚齿机床身导轨，摇臂钻底座工作台，液压泵盖结合面，减速器壳体结合面，0.02 游标卡尺尺身的直线度
8	自动车床底面，柴油机汽缸体，连杆分离面，缸盖结合面，汽车发动机缸盖，曲轴箱结合面，法兰连接面
9	3 级平板，自动车床床身底面，摩托车曲轴箱体，汽车变速器壳体，车床挂轮的平面

表 4-17　圆度、圆柱度公差等级应用举例

公差等级	应用举例
0,1	高精度量仪主轴，高精度机床主轴，滚动轴承的滚珠和滚柱
2	精密测量仪主轴、外套、套阀，纺锭轴承，精密机床主轴轴颈，针阀圆柱表面，喷油泵柱塞及柱塞套
3	高精度外圆磨床轴承，磨床砂轮主轴套筒，喷油嘴针、阀体，高精度轴承内外圈等
4	较精密机床主轴、主轴箱孔，高压阀门、活塞、活塞销、阀体孔，高压油泵柱塞，较高精度滚动轴承配合轴，铣削动力头箱体孔
5	一般计量仪器主轴，测杆外圆柱面，一般机床主轴轴颈及轴承孔，柴油机、汽油机的活塞、活塞销，与 P6 级滚动轴承配合的轴颈
6	一般机床主轴及前轴承孔，泵、压缩机的活塞、汽缸，汽油发动机凸轮轴，纺机锭子，减速传动轴轴颈，拖拉机曲轴主轴颈，与 P6 级滚动轴承配合的外壳孔
7	大功率低速柴油机曲轴轴颈、活塞、活塞销、连杆、汽缸，高速柴油机箱体轴承孔，千斤顶或压力油缸活塞，机车传动轴，水泵及通用减速器转轴轴颈
8	低速发动机、大功率曲柄轴轴颈，内燃机曲轴轴颈，柴油机凸轮轴承孔
9	空气压缩机缸体，通用机械杠杆与拉杆用套筒销子，拖拉机活塞环、套筒孔

表 4-18　平行度、垂直度、倾斜度、轴向圆跳动公差等级应用举例

公差等级	应用举例
1	高精度机床、测量仪器、量具等主要工作面和基准面
2,3	精密机床、测量仪器、量具、夹具的工作面和基准面，精密机床的导轨，精密机床主轴轴向定位面，滚动轴承座圈端面，普通机床的主要导轨，精密刀具、量具的工作面和基准面，光学分度头心轴端面
4,5	普通机床导轨，重要支承面，机床主轴孔对基准的平行度，精密机床重要零件，计量仪器、量具、模具的工作面和基准面，床头箱体重要孔，通用减速器壳体孔，齿轮泵的油孔端面，发动机轴和离合器的凸缘，汽缸支承端面，装精密滚动轴承壳体孔的凸肩
6,7,8	一般机床的工作面和基准面，压力机和锻锤的工作面，中等精度钻模的工作面，机床一般轴承孔对基准的平行度，变速器箱体孔，主轴花键对定心直径部位表面轴线的平行度，一般导轨、主轴箱体孔、刀架、砂轮架、汽缸配合面对基准轴线，活塞销孔对活塞中心线的垂直度，滚动轴承内、外圈端面对轴线的垂直度
9,10	低精度零件，垂型机械滚动轴承端盖，柴油机、曲轴颈、花键轴和轴肩端面，带式运输机法兰盘等端面对轴线的垂直度，减速壳体平面

表 4-19　同轴度、对称度、径向圆跳动公差等级应用举例

公差等级	应用举例
1,2	旋转精度要求很高、尺寸公差高于 1 级的零件,如精密测量仪器的主轴和顶尖,柴油机喷油嘴针阀
3,4	机床主轴轴颈,砂轮机轴轴颈,汽轮机主轴,测量仪器的小齿轮轴,安装高精度齿轮的轴颈
5	机床主轴轴颈,机床主轴箱孔,计量仪器的测杆,涡轮机主轴,柱塞油泵转子,高精度滚动轴承外圈,一般精度轴承内圈
6,7	内燃机曲轴,凸轮轴轴颈,柴油机机体主轴承孔,水泵轴,油泵柱塞,汽车后桥输出轴,安装一般精度齿轮的轴颈,蜗轮盘,普通滚动轴承内圈,印刷机传墨辊的轴颈,键槽
8,9	内燃机凸轮轴孔,水泵叶轮,离心泵体,汽缸套外径配合面对工作面,运输机机械滚筒表面,棉花精梳机前、后滚子,自行车中轴

3) 公差原则的选择

选择公差原则时,应根据被测要素的功能要求,充分发挥公差的职能和选择该种公差原则的可行性、经济性。表 4-20 列出了常用公差原则的应用场合,可供选择时参考。

表 4-20　公差原则选择参照表

公差原则	应用场合	示例
独立原则	尺寸精度与几何精度需要分别满足	齿轮箱体孔的尺寸精度和两孔轴线的平行度滚动轴承内、外圈滚道的尺寸精度与形状精度
	尺寸精度与几何精度相差较大	冲模架的下模座尺寸精度要求不高,平行度要求较高;滚筒类零件尺寸精度要求很低,形状精度要求较高
	尺寸精度与几何精度无联系	齿轮箱体孔的尺寸精度与孔轴线间的位置精度;发动机连杆上的尺寸精度与孔轴线间的位置精度
	保证运动精度	导轨的形状精度要求严格,尺寸精度要求次要
	保证密封性	汽缸套的形状精度要求严格,尺寸精度要求次要
	未注公差	凡未注尺寸公差与未注几何公差的都采用独立原则,如退刀槽、倒角等
包容要求	保证配合性质	配合的孔与轴采用包容要求时,可以保证配合的最小间隙或最大过盈。常作为基准使用的孔、轴类零件
	尺寸公差与几何公差间无严格比例关系要求	一般的孔与轴配合,只要求作用尺寸不超过最大实体尺寸、局部实际尺寸不超过最小实体尺寸
	保证关联作用尺寸不超过最大实体尺寸	关联要素的孔与轴的性质要求,标注 0 Ⓜ
最大实体要求	被测中心要素	保证自由装配,如轴承盖上用于穿过螺钉的通孔、法兰盘上用于穿过螺栓的通孔,使制造更经济
	基准中心要素	基准轴线或中心平面相对于理想边界的中心允许偏离时,如同轴度的基准轴线
最小实体要求	中心要素	用于满足临界值的设计,以控制最小壁厚,保证最低强度

4) 基准要素的选择

选择基准时,一般应考虑以下几方面。

(1) 根据要素的功能及被测要素间的几何关系来选择基准。如轴类零件,从功能要求和控制其他要素的位置精度来看,应选择两个轴颈的公共轴线为基准。

(2) 零件的结构。基准要素应有足够的刚度和大小,以保证定位稳定和可靠。例如,选用两条或两条以上距离较远的轴线组合成公共基准轴。对形状比较复杂的零件,选用三个基准,以确定要素在空间的方向和位置。

(3) 装配关系。应选择零件相互配合、相互接触的表面作为各自的基准,以保证装配要求。例如,箱体的底平面和侧面、盘类零件的轴线等。

(4)加工和检验。选用加工较精确的表面作为基准。从加工、检验角度考虑，应选择在夹具、检具中定位的相应要素为基准，以消除由于基准不重合引起的误差。

习题 4

4-1　填空题

1. 与尺寸公差带相比，几何公差带的内涵更丰富，有四个特征，分别是＿＿＿＿＿、＿＿＿＿＿＿、＿＿＿＿＿＿＿和＿＿＿＿＿。

2. 国家标准中规定，几何公差共有＿＿＿＿＿＿项，其中形状公差有＿＿＿＿＿＿项，方向公差有＿＿＿＿＿＿项，位置公差有＿＿＿＿＿＿项，跳动公差有＿＿＿＿＿项。

3. 对于一实际要素，一定有形状误差值＿＿＿＿＿＿于方向误差值＿＿＿＿＿＿于位置误差值。

4. 轴向跳动误差中包含＿＿＿＿＿＿误差和＿＿＿＿＿＿误差。

5. 包容要求适用于＿＿＿＿＿要素。

6. 圆柱度公差属于综合项目，其中含有＿＿＿＿＿＿公差项目、＿＿＿＿＿公差项目。

4-2　选择题

1. 最大实体边界是指＿＿＿＿＿。

    A. 轮廓尺寸为最大极限尺寸，导出要素误差为给定公差

    B. 轮廓尺寸为最大极限尺寸，导出要素误差等于零

    C. 轮廓尺寸为最大实体尺寸，导出要素误差为给定公差

    D. 轮廓尺寸为最大实体尺寸，导出要素误差等于零

2. 径向全跳动公差项目包含＿＿＿＿＿。

    A. 圆度和直线度　　　　　　　　B. 圆柱度和同轴度

    C. 圆度和同轴度　　　　　　　　D. 同轴度和平行度

3. 可以控制被测要素方向误差的几何公差项目有＿＿＿＿＿。

    A. 形状公差　　　　　　　　　　B. 形状、方向公差

    C. 方向、位置公差　　　　　　　D. 形状、位置公差

4. 在选择几何公差值时应注意＿＿＿＿＿。

    A. 形状公差值应大于方向、位置公差值

    B. 形状公差值小于方向公差值，方向公差值小于位置公差值

    C. 形状公差值等于方向、位置公差值

    D. 形状公差值与方向、位置公差值无关

5. 公差带形状是两平行平面的几何公差项目有＿＿＿＿＿。

    A. 直线度、平面度、平行度、垂直度

    B. 平面度、平行度、垂直度

    C. 垂直度、跳动

    D. 直线度、平面度、平行度、垂直度、对称度、倾斜度、轴向跳动

6. 为测量方面，端面相对轴线的垂直度误差可以用＿＿＿＿＿项目来控制。

    A. 垂直度　　　　B. 轴向跳动　　　　C. 径向跳动　　　　D. 同轴度

7. 为最大限度地保证零件的可装配性，通常需对其导出要素提出_____。

A. 可逆要求 　　　　　　　　B. 包容要求

C. 最大实体要求 　　　　　　D. 最小实体要求

4-3 判断题

1. 只有对要素有较高的几何精度要求时才需要在图样上进行标注。　　　　　（　　）

2. 最大实体要求和最小实体要求只适用于导出要素。　　　　　　　　　　（　　）

3. 位置公差同时控制了方向误差和形状误差。　　　　　　　　　　　　　（　　）

4. 轴向跳动公差项目与平面对轴线的垂直度公差项目可以互相替代。　　　（　　）

5. 位置公差中的基准由理论正确尺寸确定。　　　　　　　　　　　　　　（　　）

4-4 简答与标注题

1. 几何公差的公差带形状有哪几种？

2. 形状公差、方向公差及位置公差之间的关系是什么？

3. 当被测要素遵守独立原则、包容要求、最大实体要求、最小实体要求时，其合格性条件各是什么？

4. 几何公差的选用原则是什么？选择时应考虑哪些因素？

5. 说明图 4-22 中形状公差代号标注的含义（按形状公差读法及公差带含义分别说明）。

6. 修改图 4-23 中的标注错误。

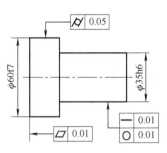

图 4-22 形状公差代号标注

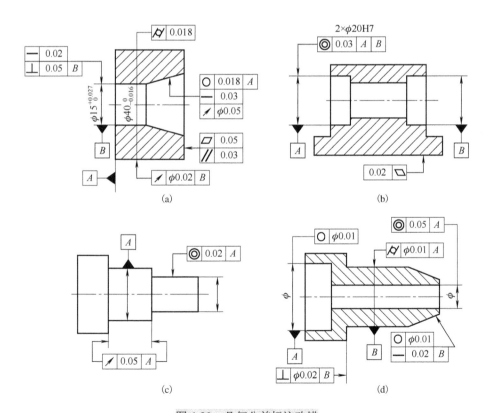

图 4-23 几何公差标注改错

7. 将(1)-(4)的要求标注在图 4-24(a)中，(5)-(8)的要求标注在图 4-24(b)中。

(1) ϕ100h8 圆柱面对 ϕ40H7 孔轴线的径向圆跳动公差为 0.025mm。

(2) ϕ40H7 孔圆柱度公差为 0.007mm。

(3) 左、右两凸台端面对 ϕ40H7 孔轴线的圆跳动公差为 0.012mm。

(4) 轮毂键槽(中心面)对 ϕ40H7 孔轴线的对称度公差为 0.02mm。

(5) 左端面的平面度公差为 0.012mm。

(6) 右端面对左端面的平行度公差为 0.03mm。

(7) ϕ70 孔按 H7 遵守包容要求。

(8) 4×ϕ20H8 孔中心线对左端面及 ϕ70mm 孔轴线的位置度公差为 ϕ0.15mm(要求均匀分布)，被测中心线的位置度公差与 ϕ20H8 尺寸公差的关系应用最大实体要求。

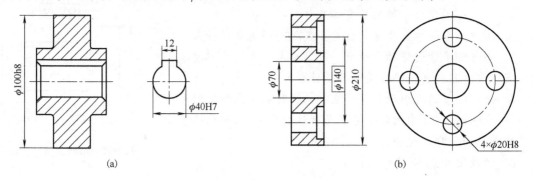

(a)   (b)

图 4-24　几何公差标注

第5章 表面粗糙度与检测

教学提示

表面粗糙度参数值的大小，对机械零件的使用性能和寿命有着直接的影响。因此，表面粗糙度是评定产品质量的重要指标，在保证零件尺寸、形状和位置精度的同时，也要对表面粗糙度提出相应的要求。

教学要求

通过表面粗糙度的学习，能了解表面粗糙度的实质及对零件使用性能的影响；掌握表面粗糙度的评定参数的含义及应用场合；初步掌握表面粗糙度的正确选用，并能正确标注在图样上；了解表面粗糙度的检测方法的原理。

5.1 概　　述

表面粗糙度在零件的几何精度设计中是必不可少的内容，是评定机械零件及产品质量的重要指标之一。

零件的表面结构包括表面粗糙度、表面波纹度、表面缺陷、表面几何形状等表面特征。本章只介绍表面粗糙度。

本章所涉及的国家标准有：GB/T 3505—2009《产品几何技术规范（GPS）表面结构轮 廓法 术语、定义及表面结构参数》、GB/T 1031—2009《产品几何技术规范（GPS）表面结构 轮廓法 表面粗糙度参数及其数值》和 GB/T 131—2006《产品几何技术规范（GPS）技术产品文件中表面结构的表示法》等。

1. 表面粗糙度

零件加工表面的实际形状是由一系列不同高度和间距的峰谷组成的，包括宏观的形状误差、表面波度和表面粗糙度。通常可按相邻两波峰或波谷之间的距离（即波距）加以区分，波距大于 10mm 的属于宏观几何形状误差；波距小于 1mm 的为表面粗糙度；波距为 1～10mm 的属于表面波度，如图 5-1 所示。

表面粗糙度是指加工表面所具有的较小间距和微小峰谷所组成的微观几何形状特征。由于波距很小，用肉眼是难以区分的，因此它属于微观几何形状误差。表面粗糙度值越低，则表面越光滑平整。表面粗糙度产生的原因主要是切削加工过程中刀具和工件表面之间的摩擦、切屑分离时表面金属层的塑性变形以及工艺系统的高频振动等。

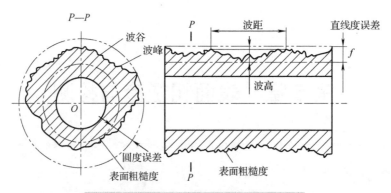

图 5-1　形状误差、表面波度和表面粗糙度

2. 表面粗糙度对零件工作性能的影响

表面粗糙度与机械零件的配合性质、工作精度、耐磨损性、抗腐蚀性等有着十分密切的关系，它直接影响机器或仪器的可靠性和使用寿命。主要表现在以下几个方面。

(1)表面粗糙度影响零件的耐磨性。表面越粗糙，配合表面间的有效接触面积减小，压强增大，磨损就越快。

(2)表面粗糙度影响配合性质的稳定性。对于间隙配合，表面越粗糙，有相对运动的表面就越容易磨损，致使配合间隙快速增大；对于过盈配合，由于装配时将微观凸峰不平，减小了实际有效过盈，降低了连接强度。

(3)表面粗糙度影响零件的疲劳强度。粗糙的零件表面，存在较大的波谷，它们像尖角缺口和裂纹一样，对应力集中非常敏感，从而影响零件的疲劳强度。

(4)表面粗糙度影响零件的抗腐蚀性。粗糙的表面，易使腐蚀性气体或液体通过表面的微观凹谷渗入金属内层，造成表面锈蚀。

(5)表面粗糙度影响零件的密封性。粗糙的表面之间无法严密地贴合，气体或液体通过接触面间的缝隙渗漏。

此外，表面粗糙度对零件的外观、测量精度也有一定的影响。如上所述，是否表面粗糙度值越小越好呢？为了获得粗糙度小的表面，零件需经过复杂的工艺过程，这样加工成本可能随之急剧增高。表面粗糙度值过小，也会不利于配合表面润滑油的储存，形成干摩擦或边界摩擦，同样会影响机械效率。因此表面粗糙度参数值要合理。

5.2　表面粗糙度的评定

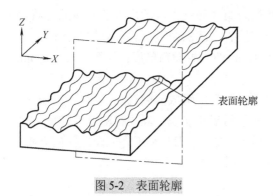

图 5-2　表面轮廓

GB/T 3505—2009 规定了用轮廓法确定表面结构(粗糙度、波纹度和原始轮廓)的术语定义及表面轮廓参数的定义。在测量与评定表面粗糙度时，首先要确定评定对象，即表面轮廓。

表面轮廓是指平面与实际表面相交所得的轮廓，如图 5-2 所示。根据相截方向的不同可分为横向表面轮廓和纵向表面轮廓。在测量和评定表面粗糙度时，除非特别指明，通常均指横向表面轮廓，即与加工纹理方向垂直的轮廓。

在测量和评定表面粗糙度时，还需要确定取样长度、评定长度、基准线和评定参数。

5.2.1　主要术语和定义

1. 取样长度 l_r

取样长度是指用于判别被评定轮廓的不规则特征的 X 轴方向上的长度，也是评定表面粗糙度时所规定的一段基准线长度。规定和选择这段长度是为限制和削弱表面波纹度对表面粗糙度测量结果的影响。取样长度过长，表面粗糙度的测量值结果可能包含有表面波纹度的成分；取样长度过短，则不能客观地反映表面粗糙度的实际情况，使测得结果有很大的随机性。因此取样长度应与表面粗糙度的大小相适应，如表 5-1 所示。在所选取的取样长度内，一般应包含至少五个轮廓峰和轮廓谷，如图 5-2 所示。

表 5-1　l_r 和 l_n 的数值(摘自 GB/T 1031—2009)

$Ra/\mu m$	$Rz/\mu m$	l_r/mm	$l_n(l_n=5l_r)/mm$
≥0.008～0.02	≥0.025～0.1	0.08	0.4
>0.02～0.1	>0.1～0.5	0.25	1.25
>0.1～2.0	>0.5～10.0	0.8	4.0
>2.0～10.0	>10.0～50.0	2.5	12.5
>10.0～80.0	>50.0～320.0	8.0	40.0

2. 评定长度 l_n

评定长度是指用于判别被评定轮廓的 X 轴方向上的长度。由于加工表面有着不同程度的不均匀性，为了充分合理地反映某一表面的粗糙度特性，规定评定时评定长度包括一个或几个取样长度。在评定长度内，根据取样长度进行测量，此时可得到一个或几个测量值，取其平均值作为表面粗糙度数值的可靠值。评定长度一般按 5 个取样长度来确定，即 $l_n=5l_r$，如图 5-3 所示。

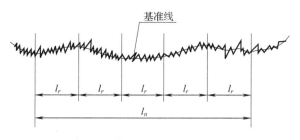

图 5-3　取样长度和评定长度

若被测表面加工均匀性较好，如车、铣、刨加工表面，可取 $l_n<5l_r$；当被测表面均匀性较差时，如磨、研磨的表面，可取 $l_n>l_r$。

3. 中线

中线是具有几何轮廓形状并划分轮廓的基准线。中线包括轮廓最小二乘中线、轮廓算术平均中线。

1)轮廓的最小二乘中线

根据实际轮廓用最小二乘法来确定，即在取样长度内，使轮廓上各点至一条假想线的纵坐标值 $Z(x)$ 的平方和为最小，这条假想线就是最小二乘中线，如图 5-4 所示。

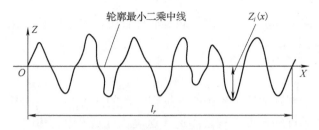

图 5-4　轮廓最小二乘中线

2) 轮廓的算术平均中线

在取样长度内，用一条假想线将实际轮廓分成上下两部分，且使上部分面积之和等于下部分面积之和，即

$$\sum_{i=1}^{n} F_i = \sum_{i=1}^{n} F_i'$$

这条假想的线即轮廓算术平均中线，如图 5-5 所示。

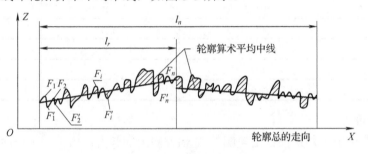

图 5-5　轮廓算术平均中线

在轮廓图形上确定最小二乘中线的位置比较困难，因此通常用目测估计来确定轮廓算术平均中线，并以此作为评定表面粗糙度数值的基准线。

5.2.2　几何参数的术语

(1) 轮廓峰和轮廓谷。轮廓峰是指连接 (轮廓和 X 轴) 两相邻交点向外 (从材料到周围介质) 的轮廓部分；轮廓谷是指连接两相邻交点向内 (从周围介质到材料) 的轮廓部分。

(2) 轮廓单元。轮廓单元是指轮廓峰和轮廓谷的组合，如图 5-6 所示。

注意：将在取样长度始端或末端的评定轮廓的向外部分和向内部分看作一个轮廓峰或一个轮廓谷。当在若干个连续的取样长度上确定若干个轮廓单元时，在每一个取样长度的始端或末端评定的峰和谷仅在每个取样长度的始端计入一次。

(3) 轮廓峰高 Z_p 和轮廓谷深 Z_v。轮廓峰高 Z_p 是轮廓最高点距 X 轴线的距离；轮廓谷深 Z_v 是 X 轴线与轮廓谷最低点之间的距离，如图 5-6 所示。

(4) 轮廓单元的高度 Z_t。轮廓单元的高度是指一个轮廓单元的峰高和谷深之和，如图 5-6 所示。

(5) 轮廓单元的宽度 X_s。轮廓单元的宽度是指 X 轴线与轮廓单元相交线段的长度，如图 5-6 所示。

(6) 在水平位置上轮廓的实体材料长度 $Ml(c)$。在一个给定水平位置 c 上用一条平行于 X 轴的线与轮廓单元相截所获得的各段截线长度之和，如图 5-7 所示。用公式表示为

$$Ml(c) = Ml_1 + Ml_2 + \cdots + Ml_3 \tag{5-1}$$

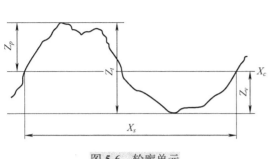

图 5-6　轮廓单元

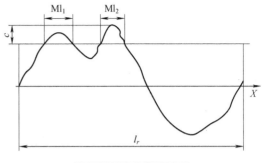

图 5-7　实体材料长度

5.2.3　评定参数

国家标准 GB/T 3505—2009 规定的评定表面粗糙度的参数有高度参数、间距参数、混合参数以及曲线和相关参数等。下面介绍其中常用的评定参数。

1. 高度参数

1）轮廓的算术平均偏差 Ra

Ra 是表示在一个取样长度内纵坐标值 $Z(x)$ 绝对值的算术平均值，如图 5-8 所示。用公式表示为

$$Ra = \frac{1}{l_r} \int_0^{l_r} |Z(x)| \, \mathrm{d}x \tag{5-2}$$

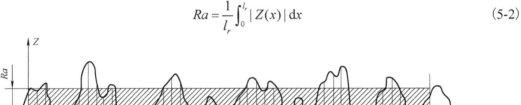

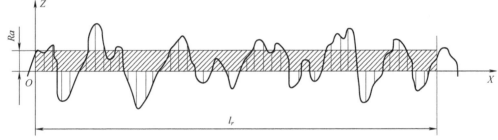

图 5-8　轮廓的算术平均偏差

测得 Ra 值越大，则表面越粗糙。Ra 能客观地反映表面微观几何形状的特性，但因受到计量器具功能的限制，不宜用作过于粗糙或太光滑的表面的评定参数，仅适用于 Ra 值为 0.025～6.3μm 的表面。

轮廓的算术平均偏差 Ra 的参数值如表 5-2 所示。

表 5-2　轮廓的算术平均偏差 Ra 的数值（摘自 GB/T 1031—2009）　　　　（单位：μm）

0.012	0.025	0.05	0.1	0.2	0.4	0.8
1.6	3.2	6.3	12.5	25	50	100

2）轮廓的最大高度 Rz

Rz 表示在一个取样长度内，最大轮廓峰高 R_p 和最大轮廓谷深 R_v 之和的高度，如图 5-9 所示。用公式表示为

$$Rz = R_p + R_v \tag{5-3}$$

最大轮廓峰高 R_p 是指在一个取样长度内最大的轮廓峰高 Z_p；而最大轮廓谷深 R_v 是指在一个取样长度内最大的轮廓谷深 Z_v，如图 5-9 所示。

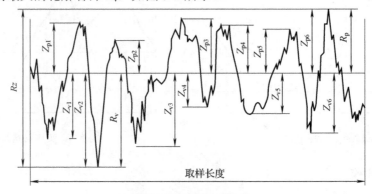

图 5-9 轮廓的最大高度

Rz 的值越大，也说明表面越粗糙。但它不如 Ra 对表面粗糙程度反映得客观、全面。轮廓的最大高度 Rz 的参数值如表 5-3 所示。

表 5-3 轮廓的最大高度 Rz 的数值（摘自 GB/T 1031—2009）   （单位：μm）

0.025	0.05	0.1	0.2	0.4	0.8	1.6	3.2	6.3	12.5
25	50	100	200	400	800	1600			

根据表面功能和生产的经济合理性，当选用表 5-2、表 5-3 系列值不能满足要求时，应选取 GB/T 1031—2009 中的附录 A 补充系列值。

2. 间距参数

轮廓单元的平均宽度 Rsm 是指在一个取样长度内轮廓单元宽度 X_{si} 的平均值，如图 5-10 所示。用公式表示为

$$Rsm = \frac{1}{m}\sum_{i=1}^{m} X_{si} \tag{5-4}$$

对参数 Rsm 需要辨别高度和间距。若未另外规定，省略标注的高度分辨力为 Rz 的 10%，省略标注间距分辨力为取样长度的 1%，上述两个条件都应满足。

高度和间距分辨力是指应评入被评定轮廓的轮廓峰和轮廓谷的最小高度与最小间距。轮廓峰和轮廓谷的最小高度通常用 Rz 或任一振幅参数的百分率来表示，最小间距则以取样长度的百分率给出。

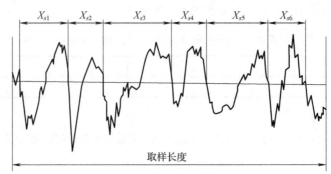

图 5-10 轮廓单元的宽度

轮廓单元的平均宽度反映了轮廓表面峰谷的疏密程度。Rsm 越小，峰谷越密，密封性越好。零件表面的可漆性与 Rsm 值有一定的关系，合适的 Rsm 值能改善零件表面的可漆性。轮廓单元的平均宽度 Rsm 的参数值如表 5-4 所示。

表 5-4　轮廓单元的平均宽度 Rsm 的数值(摘自 GB/T 1031—2009)　　　(单位：μm)

0.006	0.0125	0.025	0.05	0.1	0.2	0.4	0.8	1.6	3.2	6.3	12.5

3. 曲线和相关参数

曲线和相关参数均依据评定长度而不是在取样长度上来定义，因为这样可提供更稳定的曲线和相关参数。

1)轮廓的支承长度率 $Rmr(c)$

轮廓的支承长度率 $Rmr(c)$ 是指在给定水平位置上轮廓的实体材料长度与评定长度的比率，如图 5-11 所示。用公式表示为

$$Rmr(c) = \mathrm{Ml}(c)/l_n \tag{5-5}$$

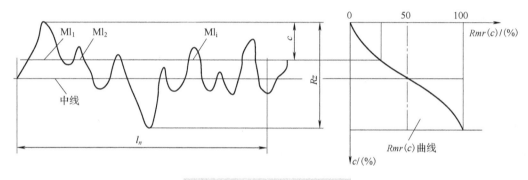

图 5-11　轮廓的支承长度率曲线

由图 5-11 可知，轮廓的实体材料长度 $\mathrm{Ml}(c)$ 与轮廓的水平截距 c 值有关。轮廓的支承长度率 $Rmr(c)$ 的参数值如表 5-5 所示。

表 5-5　轮廓的支承长度率 $Rmr(c)$ 的数值(摘自 GB/T 1031—2009)　　　(单位：μm)

10	15	20	25	30	40	50	60	70	80	90

注：选用 $Rmr(c)$ 时，必须同时给出轮廓水平截距 c 值。它可用微米 (μm) 或轮廓的最大高度 Rz 的百分比来表示。百分数系列如下：Rz 的 5%、10%、15%、20%、25%、30%、40%、50%、60%、70%、80%、90%。

2)轮廓的支承长度率曲线

轮廓的支承长度率曲线是表示轮廓支承长度率随水平位置而变的关系曲线，如图 5-11 所示。这个曲线可理解为在一个评定长度内，各个坐标值 $Z(Rz)$ 采样累积的分布概率函数。

当 c 一定时，轮廓的支承长度率 $Rmr(c)$ 值越大，表明支承能力和耐磨性能越好。在轮廓的支承长度率曲线中可以明显看出支承长度的变化趋势，且比较直观。

5.3　表面粗糙度的选用

正确选择表面粗糙度参数，对保证机械产品质量及经济性具有重要意义。参数的选择既要满足零件的功能要求，又要考虑经济性，一般采用类比法。

表面粗糙度参数的选择包括参数及参数值的选择。

5.3.1 表面粗糙度评定参数的选择

在国家标准中给出了 Ra、Rz、Rsm、$Rmr(c)$ 等参数，正确地选用这些参数对保证零件表面质量及使用功能十分重要。

在表面粗糙度的评定参数中，Ra、Rz 两个高度参数为基本参数，Rsm、$Rmr(c)$ 为附加参数；这些参数分别从不同角度反映了零件的表面形貌特征。在具体选用时要根据零件的功能要求、材料性能、结构特点以及测量的条件等情况适当用一个或几个作为评定参数。

(1)如果没有特殊要求，一般仅选用高度参数。在高度参数常用的参数值范围内 Ra 为 $0.025\sim6.3\mu m$、Rz 为 $0.1\sim25\mu m$，推荐优先选用 Ra 值，因为 Ra 能较充分地反映零件表面轮廓的特征。但以下情况不宜选用 Ra。

① 当表面过于粗糙($Ra>6.3\mu m$)或太光滑($Ra<0.025\mu m$)时，可选用 Rz，因为此范围便于选择用于测量 Rz 的仪器进行测量。

② 当零件材料较软时，不能选用 Ra，因为 Ra 值一般采用触针测量，如果用于软材料的测量，不仅会划伤零件表面，而且测得的结果也不准确。

③ 当测量面积很小，如顶尖、刀具的刃部以及仪表小元件的表面，在取样长度内，轮廓的峰或谷少于 5 个时，Ra 也难以进行测量，这时可以选用 Rz 值。

(2)当表面有特殊功能要求时，为了保证功能要求，提高产品质量，可以同时选用几个参数综合控制表面质量。

① 当表面要求耐磨时，可以选用 Ra、Rz 和 $Rmr(c)$。

② 当表面要求承受交变应力时. 可以选用 Rz 和 $Rmr(c)$。

③ 当表面着重要求外观质量和可漆性时，可选用 Ra 和 Rsm。

5.3.2 表面粗糙度评定参数允许值的选择

表面粗糙度参数值选择的合理与否，不仅对产品的使用性能有很大的影响，而且直接关系到产品的质量和制造成本。选择的原则是在满足功能要求的前提下，应尽可能选用较大的粗糙度数值。在选择参数值时，通常可参照一些经过验证的实例，用类比法来确定。

选择表面粗糙度参数值时应考虑以下一些因素。

(1)同一零件上，工作表面的粗糙度参数值小于非工作表面的粗糙度参数值。

(2)摩擦表面比非摩擦表面的粗糙度参数值要小；滚动摩擦表面比滑动摩擦表面的粗糙度参数值要小；运动速度高、单位压力大的摩擦表面应比运动速度低、单位压力小的摩擦表面的粗糙度参数值要小。

(3)受循环载荷作用的表面及易引起应力集中的部分(如圆角、沟槽)表面粗糙度参数值要小。

(4)配合性质要求高的结合表面和配合间隙小的配合表面以及要求连接可靠、承受重载的过盈配合表面等，都应取较小的粗糙度参数值。

(5)配合性质相同，零件尺寸越小则表面粗糙度参数值应越小；同一精度等级，小尺寸比大尺寸、轴比孔的表面粗糙度参数值要小。

(6)在机械加工中，零件同一表面的尺寸公差、表面形状公差要求较高时(精度高)，表面粗糙度的要求也高。它们之间有一定的对应关系。假设表面形状公差值为 Ra，尺寸公差值为 IT，则表面粗糙度 Ra 值可参照以下对应关系。

① 若只考虑尺寸公差，取 $Ra \leqslant 0.025$IT，过盈配合的零件表面可取 0.001IT。

② 若同时考虑尺寸公差及形状公差 T，则

普通精度：$T \approx 0.6$IT，则 $Ra \leqslant 0.05$IT；$Rz \leqslant 0.2$IT。

较高精度：$T \approx 0.4$IT，则 $Ra \leqslant 0.025$IT；$Rz \leqslant 0.1$IT。

中高精度：$T \approx 0.25$IT，则 $Ra \leqslant 0.012$IT；$Rz \leqslant 0.05$IT。

高精度：$T < 0.25$IT，则 $Ra \leqslant 0.15T$；$Rz \leqslant 0.6T$。

然而，在实际生产中也有例外的情况，零件同一表面的尺寸公差、表面形状公差要求较低(精度低)，但表面粗糙度却要求很高，如机床的手轮或手柄的表面等。此时，它们之间并不存在确定的函数关系，也不遵守上述关系。

表 5-6 列出了不同应用场合的轴和孔的表面粗糙度参数 Ra 推荐值，使用者可根据应用实例进行选择。

表 5-6　不同应用场合轴和孔的表面粗糙度参数推荐值

经常装拆的配合表面			过盈配合的配合表面						定心精度高的配合表面			滑动轴承表面			
公差等级	表面	公称尺寸/mm		公差等级	表面	公称尺寸/mm			径向跳动/μm	轴	孔	公差等级	表面	Ra/μm	
		～50	>50～500			～50	>50～120	>120～500		Ra/μm					
		Ra/μm				Ra/μm									
IT5	轴	0.2	0.4	IT5	轴	0.1～0.2	0.4	0.4	2.5	0.05	0.1	IT6～IT9	轴	0.4～1.8	
	孔	0.4	0.8		孔	0.2～0.4	0.8	0.8	4	0.1	0.2		孔	0.8～1.6	
IT6	轴	0.4	0.8	装配按机械压入法 IT6～IT7	轴	0.4	0.8	1.6	6	0.1	0.2	IT10～IT12	轴	0.8～3.2	
	孔	0.4～0.8	0.8～1.6		孔	0.8	1.6	1.6	10	0.2	0.4		孔	1.6～3.2	
IT7	轴	0.4～0.8	0.8～1.6	IT8	轴	0.8	0.8～1.6	1.6～3.2	16	0.4	0.8	流体润滑	轴	0.1～0.4	
	孔	0.8	1.6		孔	1.6	1.6～3.2	1.6～3.2	20	0.8	1.6		孔	0.2～0.8	
IT8	轴	0.8	1.6	热装法	轴	1.6									
	孔	0.8～1.6	1.6～3.2		孔	1.6～3.2									

表 5-7 列出了表面粗糙度参数值与所适用的零件表面，供类比时参考。

表 5-7　表面粗糙度参数值与所适用的零件表面

Ra/μm	适用的零件表面
12.5	粗加工非配合表面，如轴端面、倒角、钻孔、键槽非工作表面、垫圈接触面、不重要的安装支承面、螺钉、铆钉孔表面等
6.3	半精加工表面。用于不重要零件的非配合表面，如支柱、轴、支架、外壳、衬套、盖等的端面；螺钉、螺栓和螺母的自由表面；不要求定心和配合特性的表面，如螺栓孔、螺钉通孔、铆钉孔等；飞轮、带轮、离合器、联轴器、凸轮、偏心轮的侧面；平键及键槽上下面、花键非定心表面、齿顶圆表面；所有轴和孔的退刀槽等
3.2	半精加工表面。外壳、箱体、盖、套筒、支架等和其他零件连接面而不形成配合的表面；不重要的紧固螺纹表面，非传动用梯形螺纹、锯齿形螺纹表面；燕尾槽表面；键和键槽的工作面；需要发蓝的表面；需要滚花的预加工表面；低速滑动轴承和轴的摩擦面；张紧链轮、导向滚轮与轴的配合表面；滑块及导向面(速度 20～50m/min)，收割机械切割器的摩擦动刀片、压力片的摩擦面；脱粒机格板工作表面等

$Ra/\mu m$	适用的零件表面
1.6	要求有定心及配合特性的固定支承、衬套、轴承和定位销的压入孔表面；不要求定心及配合特性的活动支承面，活动关节及花键结合面；8 级齿轮的齿面，齿条齿面；传动螺纹工作面；低速传动的轴颈；楔形键及键槽上、下面；轴承盖凸肩(对中心用)，V 带轮槽表面，电镀前金属表面等
0.8	要求保证定心及配合特性的表面。锥销和圆柱销表面；与 G 和 E 级滚动轴承相配合的孔和轴颈表面；中速转动的轴颈，过盈配合的孔 IT7，间隙配合的孔 IT8，花键轴定心表面，滑动导轨面
0.4	不要求保证定心及配合特性的活动支承面；高精度的活动球状接头表面，支承垫圈、榨油机螺旋榨辊表面等
0.2	要求能长期保持配合特性的孔(IT6、IT5)，6 级精度齿轮齿面，蜗杆齿面(6~7 级)，与 D 级滚动轴承配合的孔和轴颈表面；要求保证定心及配合特性的表面；滚动轴承轴瓦工作表面；分度盘表面；工作时受交变应力的重要零件表面；受力螺栓的圆柱表面，曲轴和凸轮轴工作表面，发动机气门圆锥面，与橡胶油封相配的轴表面等
0.1	工作时受较大交变应力的重要零部件表面，保证疲劳强度、防腐蚀性及在活动接头工作中耐久性的一些表面；精密机床主轴箱与套筒配合的孔；活塞销的表面；液压传动用孔的表面、阀的工作表面，气缸内表面，保证精确定心的锥体表面；仪器中承受摩擦的表面，如导轨、槽面等
0.05	滚动轴承套圈滚道、滚珠及滚柱表面，摩擦离合器的摩擦表面，工作量规的测量表面，精密刻度盘表面，精密机床主轴套筒外圆面等
0.025	特别精密的滚动轴承套圈滚道、滚珠及滚柱表面；量仪中较高精度间隙配合零件的工作表面；柴油机高压泵柱塞副的配合表面；保证高度气密的接合表面等
0.012	仪器的测量面；量仪中高精度间隙配合零件的工作表面；尺寸超过 100mm 量块的工作表面等

另外，表面粗糙度值也反映了对该表面的加工要求。不同的加工方法和切削用量会得到不同的表面粗糙度值。所以正确选择表面粗糙度的参数值，会简化加工程序，降低后续的加工成本。

5.4　表面粗糙度的符号、代号及其注法

5.4.1　表面粗糙度的符号和代号

国家标准 GB/T 131—2006 规定了零件表面粗糙度符号、代号及其在图样上的标注。

1. 表面粗糙度的符号

按 GB/T 131—2006，在图样上表示表面粗糙度的图形符号有 5 种，如表 5-8 所示。

表 5-8　表面粗糙度符号(摘自 GB/T 131—2006)

符号	意义及说明
	基本符号，表示表面可用任何方法获得。当不加注粗糙度参数值或有关说明时，仅适用于简化代号标注
	基本符号加一短横，表示表面是用去除材料的方法获得，如车、铣、钻、磨、电加工等获得的表面。若单独使用仅表示所标注表面"被加工并去除材料"
	基本符号加一小圆，表示表面是用不去除材料的方法获得，如铸、锻、冲压变形、热轧、粉末冶金等或用于保持原供应状况的表面(包括保持上道工序的状况)
	在上述三个符号的长边上均可加一横线，用于标注有关参数和说明
	在上述三个符号上均可加一小圆，表示所有表面具有相同的表面粗糙度要求

2．表面粗糙度完整符号的组成

为了明确表面粗糙度要求，除了标注表面粗糙度参数和数值外，必要时应标注补充要求，补充要求包括传输带、取样长度、加工工艺、表面纹理及方向、加工余量等。为了保证表面的功能特征，应对表面结构参数规定不同要求。

在完整符号中，对表面粗糙度的单一要求和补充要求应注写在图 5-12 所示的指定位置。表面粗糙度补充要求包括：表面粗糙度参数代号、数值、传输带或取样长度。图 5-12 中各符号位置表示见表 5-9。

表 5-9　表面粗糙度代码注法解释

表面粗糙度的代号	表面粗糙度的参数代号及数值和各种有关规定注写位置的解释
图 5-12　补充要求的注写位置 $(a \sim e)$	a—表面粗糙度高度参数代号及其数值（单位为μm），Ra 可省略
	b—加工方法、镀覆、表面处理或其他说明等
	c—取样长度（单位为 mm）或波纹度（单位为μm）
	d—加工纹理方向符号
	e—加工余量（单位为 mm）
	f—表面粗糙度间距参数代号（单位为μm）或轮廓支承长度率

注写所要求的加工余量，以 mm 为单位给出数值。高度参数选 Ra 或 Rz，其参数代号不可省略，如表 5-9 所示。

若评定长度内的取样长度等于 $5l_r$（默认值），则可省略标注，不等于 $5l_r$ 时应在相应参数代号后标注其个数。如 $Ra3$、$Rz3$，表示要求评定长度内包含 3 个取样长度。当参数代号中没有标注传输带时，表面粗糙度要求采用默认的传输带，如表 5-9 所示。

表面粗糙度要求中给定极限值的判断规则有两种：16%规则和最大规则。16%规则是表面粗糙度要求标注的默认规则，若采用最大规则，则参数代号中应加上"max"。

16%规则和最大规则的意义是：当允许在表面粗糙度要求的所有实测值中，超过规定值的个数少于总数的 16%时，应在同样上标注参数的上限值或下限值；当要求在表面粗糙度要求的所有实测值中不得超过规定值时，应在图样上标注参数的最大值或最小值。

表面粗糙度代号的具体标注示例如表 5-10 所示。

表 5-10　表面粗糙度代号标注示例

符号	含义解释
$Rz\ 0.4$	表示不允许去除材料，单向上限值，默认传输带，R 轮廓，粗糙度的最大高度 0.4μm，评定长度为 5 个取样长度（默认），16%规则（默认）
$Rz\ max\ 0.2$	表示去除材料，单向上限值，默认传输带，R 轮廓，粗糙度的最大高度的最大值 0.2μm，评定长度为 5 个取样长度（默认），最大规则
$0.0008 \sim 0.8 / Ra\ 3.2$	表示去除材料，单向上限值，传输带 0.008～0.8mm，R 轮廓，算术平均偏差 3.2μm，评定长度为 5 个取样长度（默认），16%规则（默认）
$-0.8 / Ra\ 3.2$	表示去除材料，单向上限值，传输带 0.8mm（λ_s 默认 0.0025mm），R 轮廓，算术平均偏差 3.2μm，评定长度包括 3 个取样长度，16%规则（默认）
U $Ra\ max\ 3.2$ L $Ra\ 0.8$	表示不允许去除材料，双向极限值，两极限值均使用默认传输带，R 轮廓。上限值：算术平均偏差 3.2μm，评定长度为 5 个取样长度（默认），最大规则；下限值：算术平均偏差 0.8μm，评定长度为 5 个取样长度（默认），16%规则（默认）

在完整符号中表示双向极限时应标注极限代号，上限值在上方用 U 表示，下极限在下方用 L 表示，上下极限值为 16%规则或最大规则的极限值。如果唯一参数具有双向极限要求，在不引起歧义的情况下，可以不加 U、L。当只标注参数代号、参数值和传输带时，它们应默认为参数的上限值(16%规则或最大规则的极限值)；当参数代号、参数值和传输带作为参数的单向下限值(16%规则或最大规则的极限值)标注时，参数代号前应加 I。对其他补充要求，如加工方法、表面纹理及方向、加工余量等，可根据需要确定是否标注。

表面加工纹理是指表面微观结构的主要方向，由所采用的加工方法或其他因素形成。必要时才规定加工纹理。常见的加工纹理方向符号如表 5-11 所示，示例如图 5-13 所示。

表 5-11　加工纹理方向符号

符号	说明	示意图	符号	说明	示意图
=	纹理平行于视图所在的投影面	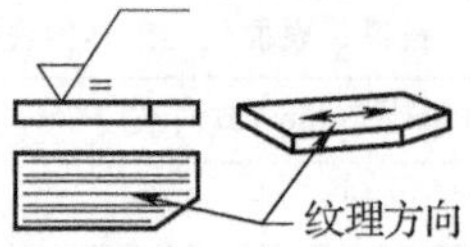	C	纹理近似同心圆且圆心与表面中心相关	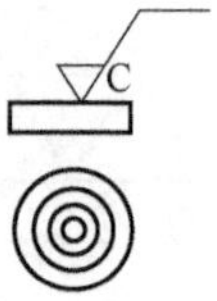
⊥	纹理垂直于视图所在的投影面	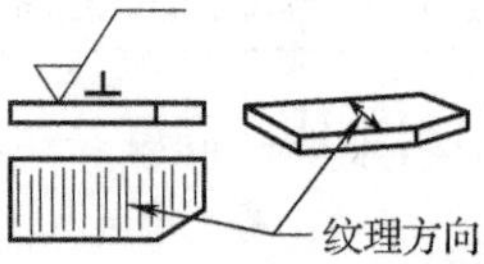	R	纹理呈近似放射状且与表面中心相关	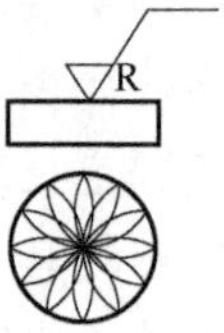
×	纹理呈两斜向交叉且与视图所在的投影面相交	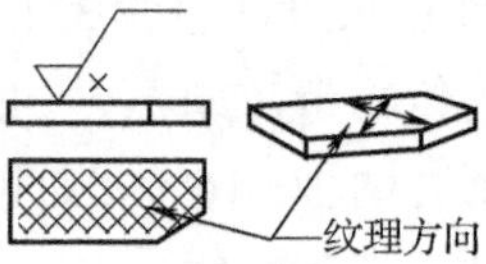	P	纹理呈微粒、凸起、无方向	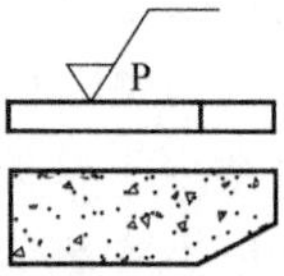
M	纹理呈多方向	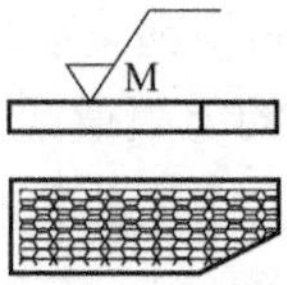			

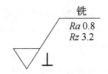

图 5-13　表面加工纹理的标注

5.4.2　表面粗糙度要求在图样中的注法

表面粗糙度要求对每一表面一般只标注一次，并尽可能注在相应的尺寸及其公差的同一视图上。除非另有说明，所标注的表面粗糙度要求是对完工零件表面的要求。

1. 表面粗糙度符号、代号的标注位置与方向

总的原则是使表面粗糙度的注写和读取方向与尺寸的注写和读取方向一致，如图 5-14 所示。

1)标注在轮廓线上或指引线上

表面粗糙度要求应标注在轮廓线上，其符号应从材料外指向并接触表面。必要时，表面粗糙度符号也可用带箭头或黑点的指引线引出标注，如图 5-15 和图 5-16 所示。

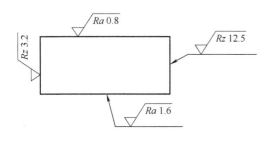

图 5-14　表面粗糙度要求的注写和读取方向

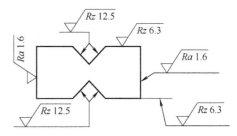

图 5-15　表面粗糙度要求在轮廓线上的标注

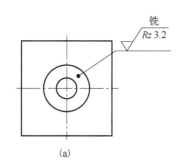

(a)

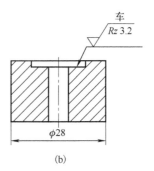

(b)

图 5-16　用指引线引出标注表面粗糙度要求

2)标注在特征尺寸的尺寸线上

在不致引起误解时，表面粗糙度要求可以标注在给定的尺寸线上，如图 5-17 所示。

3)标注在几何公差的框格上

表面粗糙度要求可标注在几何公差框格的上方，如图 5-18 所示。

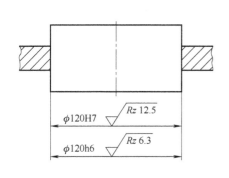

图 5-17　表面粗糙度要求标注在尺寸线

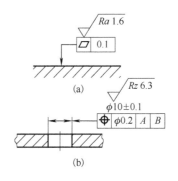

图 5-18　表面粗糙度要求标注在几何公差框格上方

4)标注在延长线上

表面粗糙度要求可以直接标注在延长线上，或用带箭头的指引线引出标注，如图 5-15 和图 5-19 所示。

5)标注在圆柱和棱柱表面上

圆柱和棱柱表面的表面粗糙度要求只标注一次,如图 5-19 所示。如果每个棱柱表面有不同的表面粗糙度要求,则应分别单独标注,如图 5-20 所示。

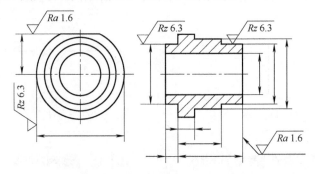

图 5-19　表面粗糙度要求标注在圆柱特征的延长线上

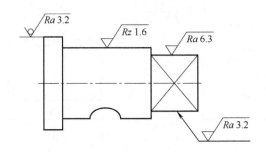

图 5-20　圆柱和棱柱的表面粗糙度要求的注法

2. 表面粗糙度要求的简化注法

1)有相同表面粗糙度要求的简化注法

如果在工件的多数(包括全部)表面有相同的表面粗糙度要求,则其表面粗糙度要求可统一标注在图样的标题栏附近。此时(除全部表面有相同要求的情况外)表面粗糙度要求的符号后面应有:在圆括号内给出无任何其他标注的基本符号(图 5-21)或在圆括号内给出不同的表面粗糙度要求(图 5-22)。此时,不同的表面粗糙度要求应直接标注在图形中,如图 5-21 和图 5-22 所示。

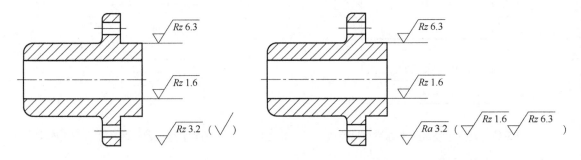

图 5-21　多数表面有相同要求的简化注法(一)　　　　图 5-22　多数表面有相同要求的简化注法(二)

以上两图的标注意义是除两个表面以外,所有表面的粗糙度为:单向上限值,Ra=3.2;16%规则(默认);默认传输带;默认评定长度;表面纹理没有要求;去除材料的工艺。

不同要求的两个表面的表面粗糙度为：内孔 $Rz=1.6\mu m$；右端外圆 $Rz=6.3\mu m$，其他要求同前。

2）多个表面有共同要求的注法

当多个表面具有相同的表面粗糙度要求或图纸空间有限时，可以采用简化注法。

(1)用带字母的完整符号的简化注法。可用带字母的完整符号，以等式的形式，在图形或标题栏附近，对有相同表面粗糙度要求的表面进行简化标注，如图 5-23 所示。

图 5-23　未指定工艺方法的多个表面要求的简化注法

(2)只用表面粗糙度符号的简化注法。可用基本符号和扩展符号，以等式的形式给出对多个表面共同的表面粗糙度要求，如图 5-24～图 5-26 所示。

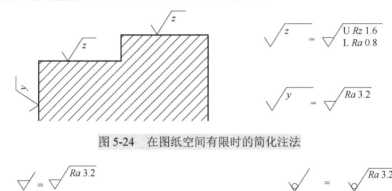

图 5-24　在图纸空间有限时的简化注法

图 5-25　要求去除材料的多个表面要求的简化注法　　　**图 5-26　不去除材料的多个表面要求的简化注法**

5.5　表面粗糙度的检测

表面粗糙度的评定，有定性及定量两种方法。定性主要借助表面粗糙度样块或放大镜、显微镜，根据检验者的目测或感触，通过比较的方法来判断被测零件的表面粗糙度；定量是借助各种检验仪器，准确地测量出被测表面粗糙度的具体参数值。

常用表面粗糙度测量的方法有比较法、光切法、针描法、干涉法和印模法。

1. 比较法

比较法是将被测表面与已知高度参数的表面粗糙度样板相比较，从而估计被测表面粗糙度的一种方法。比较时，两者的材料、形状和加工方法应尽可能相同，否则将产生较大误差。可用肉眼或借助放大镜、显微镜比较，也可用手摸、指甲划动的感觉来判断被测表面的粗糙度。比较法只能检测算术平均偏差 Ra。

比较法较为简单，多用于车间。评定的准确性在很大程度上取决于检验人员的经验，仅适用于评定表面粗糙度要求不高的零件表面。

2. 光切法

光切法是应用光切原理来测量表面粗糙度的一种测量方法。光切法常用的仪器是光切显微镜(图 5-27)，也称双管显微镜，适宜于测量用车、铣、刨等加工方法所加工的金属零件的平面或外网表面。光切法主要用于测量轮廓的最大高度 Rz 值，测量范围为 $0.5～80\mu m$。

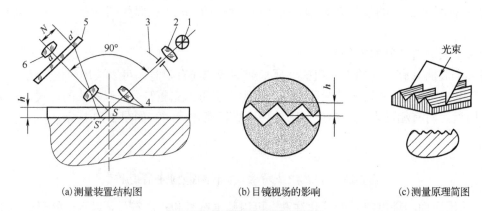

(a)测量装置结构图　　　　　(b)目镜视场的影响　　　　　(c)测量原理简图

图 5-27　光切显微镜工作原理

1-光源；2-聚光镜；3-狭缝；4-物镜；5-分划板；6-目镜

　　光切显微镜工作原理如图 5-27 所示。根据光切原理设计的光切显微镜由两个镜管组成，一个是投影照明镜管，另一个是观察镜管，两光管轴线互成 90°。在照明镜管中，光源发出的光线经聚光镜 2、狭缝 3 及物镜 4 后，以 45° 的倾斜角照射在具有微小峰谷的被测件表面，形成一束平行的光带，表面轮廓的波峰在 S 点处产生反射，波谷在 S' 点处产生反射。通过观察镜管的物镜，分别成像在分划板 5 上的 a 与 a' 点，从目镜中可以观察到一条与被测表面相似的齿状亮带，通过目镜分划板与测微器，可测出 aa' 之间的距离 N，则被测表面的微观不平度的峰至谷的高度 h 为

$$h = \frac{N}{V}\cos 45° = \frac{N}{\sqrt{2}V} \tag{5-6}$$

式中，V 为观察镜管的物镜放大倍数。

3. 针描法

　　针描法是一种接触式测量表面粗糙度的方法，最常用的仪器是电动轮廓仪。该仪器可直接显示 Ra 值，适宜测量 Ra 值为 0.025～6.3μm 的表面，也可用于测量 Rz 值。

　　电感式轮廓仪的原理框图如图 5-28 所示。测量时，仪器的金刚石触针针尖与被测表面相接触，当触针以一定速度沿着被测表面移动时，微观不平的痕迹使触针作垂直于轮廓方向的上下运动，该微量移动通过传感器转换成电信号，经过滤波器，将表面轮廓上属于形状误差大波度的成分滤去，留下只属于表面粗糙度的轮廓曲线信号，经放大器、运算器直接指示出 Ra 值，也可经放大器驱动记录装置，记录被测的轮廓图形。由于其测量方便，迅速可靠，故获得广泛应用。

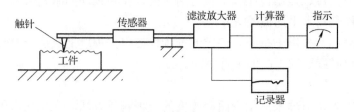

图 5-28　针描法测量原理框图

4. 干涉法

干涉法是利用光波干涉原理来测量表面粗糙度的一种测量方法。被测表面直接参与光路，与同一标准反射镜比较，以光波波长来度量干涉条纹弯曲程度，从而测得该表面的粗糙度。

干涉法通常用于测量表面粗糙度 Rz 参数值，测量范围为 $0.025 \sim 0.8\mu m$。干涉法测量表面粗糙度的仪器是干涉显微镜，其光学系统原理如图 5-29(a) 所示。由光源 1 发出的光线，经 2、3 组成的聚光滤色镜组聚光滤色，再经光栅 4 和透镜 5 至分光镜 7 分为两束光：一束经补偿镜 8、物镜 9 到平面反射镜 10，被 10 反射又回到分光镜 7，再由 7 反射经聚光镜 11 到反射镜 13，进入目镜 12；另一束光线经物镜 6 射向被测零件表面，由被测表面反射回来，通过分光镜 7，聚光镜 11 到反射镜 13，由 13 反射也进入目镜 12。

在目镜 12 的视场内可以看到这两束光线因光程差而形成的干涉条纹。若被测表面为理想平面，则干涉条纹为一组等距平直的平行光带；若被测表面粗糙不平，则干涉条纹就会弯曲，如图 5-29(b) 所示。根据光波干涉原理，光程差每增加半个波长，就形成一条干涉带，故被测表面的不平高度(即峰、谷高度差)h 为

$$h=a\lambda/(2b) \tag{5-7}$$

式中，a 为干涉条纹的弯曲量；b 为相邻干涉条纹的间距；λ 为光波波长(绿色光 $\lambda=0.53\mu m$)。

a、b 值可利用测微目镜测出。干涉法测量所得到的测量值精度较高，适用于测量 Rz 小于 $1\mu m$ 的微观不平度。

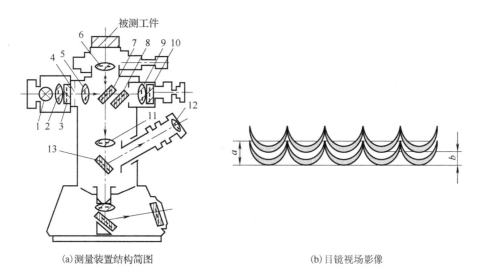

(a)测量装置结构简图　　　　　　　　　　　　(b)目镜视场影像

图 5-29　干涉法光学系统原理

1-光源；2、3-聚光滤色镜组；4-光栅；5-透镜；6、9-物镜；7-分光镜；8-补偿镜；10、13-反射镜；11-聚光镜；12-目镜

5. 印模法

利用石蜡、低熔点合金或其他印模材料，压印在被测零件表面，取得被测表面的复印模型，放在显微镜下间接地测量被检验表面的粗糙度。印模法适宜对笨重零件及内表面如长横梁等不使用仪器测量的零件表面进行测量。

习题 5

5-1　填空题

1. 国家标准规定表面粗糙度主要高度评定参数的名称为＿＿＿＿＿＿，代号为＿＿＿＿＿＿。

2. 某传动轴的轴颈尺寸为 $\phi40h6$，圆柱度公差为 0.006mm. 该轴颈的表面粗糙度值 Ra 可选为＿＿＿＿＿＿μm。

5-2　选择题

1. 规定取样长度是为了＿＿＿＿＿＿。

　　A. 减少波度的影响　　　　　　　B. 考虑加工表面的不均匀性

　　C. 使测量方便

2. 基本评定参数是依照＿＿＿＿＿＿来测定工件表面粗糙度的。

　　A. 波度　　　　　B. 波距　　　　　C. 波高

3. 电动轮廓仪是根据＿＿＿＿＿＿原理制成的，双管显微镜是根据＿＿＿＿＿＿原理制成的。

　　A. 针描　　　　　B. 印模　　　　　C. 光切　　　　　D. 干涉

4. 评定磨削加工表面的表面粗糙度一般取评定长度 l_n＿＿＿＿＿＿$5l_r$，评定车、铣、刨加工表面一般取评定长度 l_n＿＿＿＿＿＿$5l_r$。

　　A. 大于　　　　　B. 小于　　　　　C. 等于

5-3　问答题

1. 表面粗糙度的实质是什么？它对零件的使用性能有何影响？

2. 表面粗糙度各评定参数的含义是什么？应如何在图样上进行标注？

3. 选择表面粗糙度参数值时主要应考虑哪些问题？

4. 有哪几种检测表面粗糙度的方法，各种方法的应用情况如何？

5-4　应用题

将下列要求标注在图 5-30 上，零件的加工均采用去除材料的方法。

1. 直径为 $\phi50$mm 的圆柱外表面粗糙度 Ra 的上限值为 3.2μm。

2. 左端面的表面粗糙度 Ra 的上限值为 1.6μm。

3. 直径为 $\phi50$mm 的圆柱右端面的表面粗糙度 Rz 的最大值为 1.6μm。

4. 内孔表面粗糙度 Ra 的上限值为 0.4μm。

5. 螺纹工作面的表面粗糙度 Ra 的上限值为 1.6μm。

6. 其余各加工面的表面粗糙度 Ra 的上限值为 12.5μm。

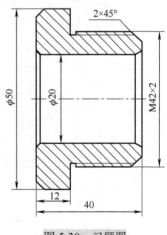

图 5-30　习题图

第 6 章　光滑工件尺寸检测与量规设计

教 学 提 示

　　了解光滑工件尺寸的检测，掌握验收极限的确定方法，明确光滑极限量规的作用、种类，熟悉工作量规公差带的分布特点，理解泰勒原则的含义，了解符合泰勒原则的量规的设计要求，能够进行简单的设计计算。掌握验收原则、安全裕度、计量器具的选择。

教 学 要 求

　　通过本章的学习，读者应了解光滑极限量规的作用、种类，掌握工作量规公差带的分布特点，理解泰勒原则的含义，了解符合泰勒原则的量规的设计要求。本章涉及的国家标准主要有以下两个：GB/T 3177—2009《产品几何技术规范(GPS) 光滑工件尺寸的检验》；GB/T 1957—2006《光滑极限量规 技术条件》。

6.1　光滑工件尺寸检验

　　检验光滑工件尺寸时，可以用通用测量器具，也可使用极限量规。通用测量器具可以有具体的指示值，能直接测量出工件的尺寸，但是其结构复杂，制造困难，且测量速度较慢。而光滑极限量规是一种没有刻线的专用量具，它不能确定工件的实际要素，只能判断工件合格与否。然而，由于量规的结构简单，制造相对容易，使用方便，并且可以保证工件在生产中的互换性，因此广泛应用于成批和大量生产中。

　　光滑工件尺寸的检测通常采用普通计量器具和极限量规。当孔、轴(被测要素)的尺寸公差与几何公差的关系采用独立原则时，它们的实际要素和几何误差分别使用普通计量器具来测量。当孔、轴采用包容要求Ⓔ时，它们的实际要素和几何误差的综合结果可以使用光滑极限量规来检验，也可以分别使用普通计量器具来测量实际要素和几何误差(如圆度、直线度等)，并把这些几何误差的测量结果与尺寸的测量结果综合起来，以判定工件表面各部位是否超出最大实体边界。

　　普通计量器具是按两点量法测量工件的，测得值为孔、轴的局部实际要素。该方法常用于单件小批量生产。光滑极限量规是一种无刻度的专用检验工具，用它来检验工件时，无法测出工件实际要素的确切数值，但能判断工件是否合格。用这种方法检验，迅速方便，并且能保证工件在生产中的互换性，因而在成批大量生产中，多用光滑极限量规来检验。

为了保证检测的产品质量，国家标准 GB/T 3177—2009《产品几何技术规范(GPS) 光滑工件尺寸的检验》规定的检验原则如下。

(1)所用检验方法应只接收位于规定的尺寸极限之内的工件。

(2)在使用游标卡尺、千分尺和生产车间使用的分度值不小于 0.0005mm(放大倍数不大于 2000 倍)的比较仪等测量器具，检验图样上注出的公称尺寸至 500mm、标注公差等级为 IT6～IT18 的有配合要求的光滑工件尺寸时，应按内缩方案确定验收极限。

(3)对非配合和一般极限公差，确定验收极限可按不内缩方式确定验收极限。

由于计量器具和计量系统都存在误差，这些误差必然会影响被测工件的测量精度，所以任何测量都不能测出其真值。考虑到车间的实际情况，通常工件的形状误差取决于加工设备及工艺装备的精度，工件合格与否只按一次测量来判断，对于温度、压陷效应以及计量器具和标准器具的系统误差均不进行修正。因此，在测量孔、轴实际要素时，常常存在误判的情况，也就是所谓的误收和误废现象。

1. 误收与误废

在测量过程中，由于测量误差对测量结果的影响，当零件的实际尺寸处于上极限尺寸和下极限尺寸附近时，有可能出现两种"误检"情况。

(1)按测得尺寸验收工件就有可能把实际要素超过极限尺寸范围的工件误认为合格而被接收(误收)，即把废品判为合格品。

(2)也可能把实际要素在极限尺寸范围内的工件误认为不合格而被废除(误废)，即把合格的零件判为废品。

例如，用测量不确定度为±0.004mm 的杠杆千分尺测量轴 $\phi 40_{-0.062}^{0}$ mm，可能出现的误检情况如图 6-1 所示。

误收会影响产品质量，而误废会造成经济损失，影响产品的成品率。国标规定的工件验收原则：所用的验收方法原则上只接收位于规定尺寸极限之内的工件，即只允许有误废，不允许有误收。所以为了保证产品的质量，需要规定合理的验收极限。

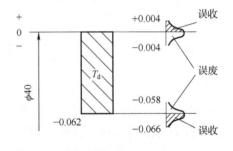

图 6-1　误收与误废

2. 验收极限

验收极限是检验工件尺寸时判断合格与否的尺寸界限，GB/T 3177—2009《产品几何技术规范(GPS) 光滑工件尺寸的检验》，对用普通计量器具检测工件尺寸规定了两种验收极限：内缩方式与不内缩方式。

1)内缩方式

验收极限从规定的最大实体极限(MMS)和最小实体极限(LML)分别向工件公差带内移动一个安全裕度 A($A=T/10$，T 为工件公差)。

孔的验收极限的计算，见图 6-2。

上验收极限=上极限尺寸-安全裕度(A)

下验收极限=下极限尺寸+安全裕度(A)

图 6-2　验收极限计算示意图

轴的验收极限的计算：

上验收极限=上极限尺寸-安全裕度(A)

下验收极限=下极限尺寸+安全裕度(A)

其中，安全裕度 A 的确定主要从经济性方面进行考虑：一个正确的测量方法除了应满足被测对象的准确度要求，还必须是低成本的、容易实现的。例如，测量应有一定的效率，计量器具结构简单可靠、操作方便、容易维护，测量和辅助工作的时间应短，测量者的人数要少而且对技术水平和熟练程度要求尽可能低些。

通常情况下，安全裕度 A 由被测对象的允许误差值的大小来确定，一般选择为工件公差的 1/10。其数值见表 6-1。

表 6-1　安全裕度(A)与计量器具的测量不确定度允许值 u_1　　　　　　　（单位：μm）

公差等级		IT6					IT7					IT8				
公称尺寸/mm		T	A	u_1			T	A	u_1			T	A	u_1		
大于	至			Ⅰ	Ⅱ	Ⅲ			Ⅰ	Ⅱ	Ⅲ			Ⅰ	Ⅱ	Ⅲ
—	3	6	0.6	0.54	0.9	1.4	10	1.0	0.9	1.5	2.3	14	1.4	1.3	2.1	3.2
3	6	8	0.8	0.72	1.2	1.8	12	1.2	1.1	1.8	2.7	18	1.8	1.6	2.7	4.1
6	10	9	0.9	0.81	1.4	2.0	15	1.5	1.4	2.3	3.4	22	2.2	2.0	3.3	5.0
10	18	11	1.1	1.0	1.7	2.5	18	1.8	1.7	2.7	4.1	27	2.7	2.4	4.1	6.1
18	30	13	1.3	1.2	2.0	2.9	21	2.1	1.9	3.2	4.7	33	3.3	3.0	5.0	7.4
30	50	16	1.6	1.4	2.4	3.6	25	2.5	2.3	3.8	5.6	39	3.9	3.5	5.9	8.8
50	80	19	1.9	1.7	2.9	4.3	30	3.0	2.7	4.5	6.8	46	4.6	4.1	6.9	10
80	120	22	2.2	2.0	3.3	5.0	35	3.5	3.2	5.3	7.9	54	5.4	4.9	8.1	12
120	180	25	2.5	2.3	3.8	5.6	40	4.0	3.6	6.0	9.0	63	6.3	5.7	9.5	14
180	250	29	2.9	2.6	4.4	6.5	46	4.6	4.1	6.9	10	72	7.2	6.5	11	16
250	315	32	3.2	2.9	4.8	7.2	52	5.2	4.7	7.8	12	81	8.1	7.3	12	18
315	400	36	3.6	3.2	5.4	8.1	57	5.7	5.1	8.4	13	89	8.9	8.0	13	20
400	500	40	4.0	3.6	6.0	9.0	63	6.3	5.7	9.5	14	97	9.7	8.7	15	22

公差等级		IT9					IT10					IT11				
公称尺寸/mm		T	A	u_1			T	A	u_1			T	A	u_1		
大于	至			I	II	III			I	II	III			I	II	III
—	3	25	2.5	2.3	3.8	5.6	40	4	3.6	6.0	9.0	60	6.0	5.4	9.0	14
3	6	30	3.0	2.7	4.5	6.8	48	4.8	4.3	7.2	11	75	7.5	6.8	11	17
6	10	36	3.6	3.3	5.4	8.1	58	5.8	5.2	8.7	13	90	9.0	8.1	14	20
10	18	43	4.3	3.9	6.5	9.7	70	7.0	6.3	11	16	110	11	10	17	25
18	30	52	5.2	4.7	7.8	12	84	8.4	7.6	13	19	130	13	12	20	29
30	50	62	6.2	5.6	9.3	14	100	10	9.0	15	23	160	16	14	24	36
50	80	74	7.4	6.7	11	17	120	12	11	18	27	190	19	17	29	43
80	120	87	8.7	7.8	13	20	140	14	13	21	32	220	22	20	33	50
120	180	100	10	9.0	15	23	160	16	15	24	36	250	25	23	38	56
180	250	115	12	10	17	26	185	18	17	28	42	290	29	26	44	65
250	315	130	13	12	19	29	210	21	19	32	47	320	32	29	48	72
315	400	140	14	13	21	32	230	23	21	35	52	360	36	32	54	81
400	500	155	16	14	23	35	250	25	23	38	56	400	40	36	60	90

公差等级		IT12				IT13				IT14				IT15			
公称尺寸/mm		T	A	u_1		T	A	u_1		T	A	u_1		T	A	u_1	
大于	至			I	II			I	II			I	II			I	II
—	3	100	10	9.0	15	140	14	13	21	250	25	23	38	400	40	36	60
3	6	120	12	11	18	180	18	16	27	300	30	27	45	480	48	43	72
6	10	150	15	14	23	220	22	20	33	360	36	32	54	580	58	52	87
10	18	180	18	16	27	270	27	24	41	430	43	39	65	700	70	63	110
18	30	210	21	19	32	330	33	30	50	520	52	47	78	840	84	76	130
30	50	250	25	23	38	390	39	35	59	620	62	56	93	1000	100	90	150
50	80	300	30	27	45	460	46	41	69	740	74	67	110	1200	120	110	180
80	120	350	35	32	53	540	54	49	81	870	87	78	130	1400	140	130	210
120	180	400	40	36	60	630	63	57	95	1000	100	90	150	1600	160	150	240
180	250	460	46	41	69	720	72	65	110	1150	115	100	170	1850	180	170	280
250	315	520	52	47	78	810	81	73	120	1300	130	120	190	2100	210	190	320
315	400	570	57	51	86	890	89	80	130	1400	140	130	210	2300	230	210	350
400	500	630	63	57	95	970	97	87	150	1500	150	140	230	2500	250	230	380

公差等级	IT16				IT17				IT18			
公称尺寸/mm	T	A	u_1		T	A	u_1		T	A	u_1	
大于　至			I	II			I	II			I	II
—　3	600	60	54	90	1000	100	90	150	1400	140	125	210
3　6	750	75	68	110	1200	120	110	180	1800	180	160	270
6　10	900	90	81	140	1500	150	140	230	2200	220	200	330
10　18	1100	110	100	170	1800	180	160	270	2700	270	240	400
18　30	1300	130	120	200	2100	210	190	320	3300	330	300	490
30　50	1600	160	140	240	2500	250	220	380	3900	390	350	580
50　80	1900	190	170	290	3000	300	270	450	4600	460	410	690
80　120	2200	220	200	330	3500	350	320	530	5400	540	480	810
120　180	2500	250	230	380	4000	400	360	600	6300	630	570	940
180　250	2900	290	260	440	4600	460	410	690	7200	720	650	108
250　315	3200	320	290	480	5200	520	470	780	8100	810	730	121
315　400	3600	360	320	540	5700	570	510	860	8900	890	800	133
400　500	4000	400	360	600	6300	630	570	950	9700	970	870	145

2) 不内缩方式

验收极限等于规定的最大实体极限(MMS)和最小实体极限(LMS)，即安全裕度值 A 等于零，见图 6-3。

选择哪种验收极限方式，应考虑被测工件的尺寸功能要求及其重要程度、尺寸公差等级、测量不确定度和工艺能力等因素。

(1) 对于遵守包容要求Ⓔ的尺寸和公差等级高的尺寸，其验收极限按两边内缩方式确定。

(2) 当工艺能力指数 $C_p \geq 1$ 时 $(C_p = T/6\sigma)$，验收极限可按不内缩方式确定；但对于遵循包容要求Ⓔ的孔、轴，其最大实体尺寸一边的验收极限应按内缩方式确定，如图 6-4 所示。

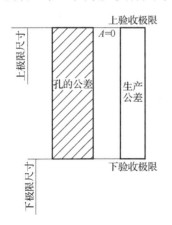

图 6-3　安全裕度为零的示意图

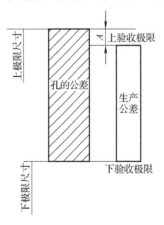

图 6-4　单侧内缩方式示意图

(3) 对偏态分布的尺寸，其验收极限可只对尺寸偏向的一侧选择内缩方式，如图 6-5 所示。

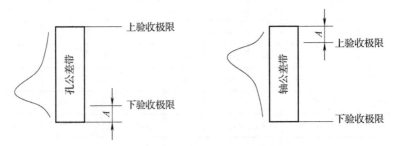

图 6-5　验收极限方式选择

(4) 对非配合尺寸和采用一般公差的尺寸，其验收极限选择不内缩方式。

(5) 确定工件尺寸验收极限后，还需要正确选择计量器具才能进行测量。

3. 光滑工件尺寸检验时计量器具的选择

选用计量器具需综合考虑准确度指标、适用性能和检测成本三方面的要求，要经济可靠。其中准确度指标是选用计量器具的主要因素。而准确度受测量误差影响较大。测量误差的来源主要是计量器具的误差和环境的误差。国家标准规定测量的标准温度为 20℃。如果工件与测量器具的线膨胀系数相同，测量时只要保证计量器具与工件温度相同就可以了，可以偏离 20℃。

计量器具是根据计量器具的测量不确定度 u_1 来选择的。选择时，应使所选用的计量器具的测量不确定度数值等于或小于选定的 u_1 数值。测量不确定度允许值 u_1 按表 6-1 来进行选择，对 IT6～IT11 分为 I、II、III 三挡，对 IT12～IT18 分为 I、II 两挡，测量不确定度的 I、II、III 三挡数值分别为公差的 1/10、1/6、1/4。计量器具的测量不确定度允许值 u_1 约为测量不确定度 u 的 0.9。其三挡数值列于表 6-1 中，一般情况下优先选用 I 挡。有关计量器具不确定度的允许值如表 6-2、表 6-3 和表 6-4 所示。

在选择计量器具时，既要考虑计量器具的计量学指标，又要考虑经济学指标。为此，必须遵循以下几条原则。

(1) 计量器具的测量范围及标尺的测量范围，能够适应被测对象的外形、位置，被测量的大小以及其他要求。

计量器具的示值误差、稳定性、回程误差等也是选用计量器具的因素。如果被测量对稳定性或回程误差有要求(如测跳动、形状误差等)，应根据要求选择相应的计量器具。

(2) 按被测对象的尺寸公差来选用计量器具时，为使对象的实际尺寸不超出原定的公差尺寸范围，必须考虑计量器具的测量极限误差而选择安全裕度，按对象的极限尺寸双向内缩一个安全裕度数值得出验收极限，按验收极限判断对象尺寸是否合格。

(3) 按被测对象的结构特殊性选用计量器具。如被测对象的大小、形状、重量、材料、刚性和表面粗糙度等都是选用时的考虑因素。对象的大小确定所选用计量器具的测量范围。对象的材料较软(如铜、铝)，且刚性较差时，就不能用测量力大的计量器具，或只好选用非接触式仪器。对象太重就不应置于仪器上测量，反而应该考虑将仪器或量具置于对象上测量等。

(4) 被测对象所处的状态和测量条件是选择计量器具时的考虑因素。很显然，动态情况下的测量要比静态情况下的测量复杂得多。

(5) 被测对象的加工方法、批量和数量等也是选择计量器具时要考虑的因素。

(6)对于单件测量，应以选择通用计量器具为主；成批的测量，应以专用量具、量规和仪器为主；大批的测量，则应选用高效率的自动化专用检验器具。

目前，千分尺是一般工厂的车间最常用的测量器具，为了提高千分尺的测量精度，扩大其使用范围，可采用比较测量法。比较测量时，可用形状与工件相同的标准器，如从同规格的一批工件中挑选一件，经精密测量得其实际要素后作为标准器。也可用量块作为标准器，不过，前者比后者更有利于减小千分尺的不确定度。

表 6-2　千分尺与游标卡尺不确定度允许值　　　　　（单位：mm）

尺寸范围	计量器具类型			
	分度值 0.01 外径千分尺	分度值 0.01 内径千分尺	分度值为 0.02 游标卡尺	分度值为 0.05 游标卡尺
0～50	0.004			
50～100	0.005	0.008		0.050
100～150	0.006		0.020	
150～200	0.007			
200～250	0.008	0.013		
250～300	0.009			
300～350	0.010			0.100
350～400	0.011	0.020		
400～450	0.012			
450～500	0.013	0.025	—	
500～600				
600～700		0.030		
700～800				0.150

表 6-3　比较仪的不确定度　　　　　（单位：mm）

尺寸范围	计量器具类型			
	分度值 0.0005 的比较仪	分度值 0.001 的比较仪	分度值 0.002 的比较仪	分度值 0.005 的比较仪
～25	0.0006	0.0010	0.0017	
>25～40	0.0007			
>40～65	0.0008	0.0011	0.0018	
>65～90	0.0008			0.0030
>90～115	0.0009	0.0012	0.0019	
>115～165	0.0010	0.0013		
>165～215	0.0012	0.0014	0.0020	
>215～265	0.0014	0.0015	0.0021	0.0035
>265～315	0.0016	0.0017	0.0022	

表 6-4　指示表的不确定度　　　　　　　　　　　（单位：mm）

尺寸范围	计量器具类型			
	分度值为 0.001 的千分表(0 级在全程范围内，1 级在 0.2mm 范围内)、分度值为 0.002 的千分表(在 1 转范围内)	分度值为 0.001、0.002、0.005 的千分表(1 级在全程范围内)、分度值为 0.01 的百分表(0 级在任意 1mm 内)	分度值为 0.01 的百分表(0 级在全程范围内，1 级在任意 1mm 内)	分度值为 0.01 的百分表(1 级在全程范围内)
～25	0.005	0.010	0.018	0.030
>25～40				
>40～65				
>65～90				
>90～115				
>115～165	0.006			
>165～215				
>215～265				
>265～315				

下面举例说明如何确定工件的验收极限及选择相应的计量器具。

例 6-1　被测工件为轴ϕ35e9，试确定验收极限并选择合适的计量器具。

解：

确定安全裕度 A 和测量器具不确定度允许值 u_1。

查表 3-1，该工件的公差值为 0.062mm，从表 6-1 中查得安全裕度 A=0.0062mm，u_1=0.0056mm。

选择测量器具：工件尺寸 35mm 在表 6-2 中 0～50mm 的尺寸范围内。

由表 6-2 查知：分度值为 0.01 的外径千分尺不确定度允许值为 0.004mm，小于 0.0056mm 可满足使用要求。

计算验收极限：

$$上验收极限=上极限尺寸-安全裕度$$
$$=d_{max}-A=(35-0.050-0.0062)mm=34.9438mm$$
$$下验收极限=下极限尺寸+安全裕度$$
$$=d_{min}+A=(35-0.112+0.0062)mm=34.8942mm$$

画出其公差带，如图 6-6 所示。

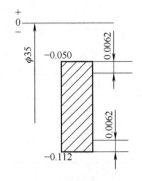

图 6-6　工件公差带及验收极限

6.2　光滑极限量规设计

光滑极限量规是一种没有刻度的专用计量器具,具有以孔或轴的上极限尺寸和下极限尺寸为公称尺寸的标准测量面,能反映被测孔或轴边界条件的无刻度的线长度测量器具。当孔、轴采用包容要求Ⓔ时,它们可以使用光滑极限量规来检验。用这种量规检验工件时,只能判断工件合格与否,而不能获得工件实际要素的数值。

6.2.1　光滑极限量规的功用及种类

1. 按工件形状不同分类

量规一般分为光滑极限轴用量规和光滑极限孔用量规。

(1)光滑极限孔用量规(塞规)。检验孔径的光滑极限量规称为塞规,塞规分通端(通规)和止端(止规),如图 6-7(a)所示。

通规按被测孔的最大实体尺寸(孔的下极限尺寸)制造。

止规按被测孔的最小实体尺寸(孔的上极限尺寸)制造。

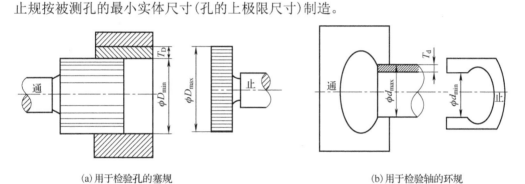

(a)用于检验孔的塞规　　　　　　　　　　(b)用于检验轴的环规

图 6-7　检验用的工作量规

注意:使用时,塞规的通规通过被测孔,表示被测孔径大于下极限尺寸;塞规的止规塞不进被测孔,表示被测孔径小于上极限尺寸,即说明孔的实际要素在规定的极限尺寸范围内,被测孔是合格的。

(2)光滑极限轴用量规(环规或卡规)。检验轴径的光滑极限量规称为卡规或环规,如图 6-7(b)所示。

通规按被测轴的最大实体尺寸(轴的上极限尺寸)制造。

止规按被测轴的最小实体尺寸(轴的下极限尺寸)制造。

注意:使用时,卡规的通规能顺利滑过被测轴,表示被测轴径比上极限尺寸小;卡规的止规滑不进被测轴,表示被测轴径比下极限尺寸大,说明轴的实际要素在规定的极限尺寸范围内,被测轴是合格的。用符合泰勒原则的量规检验工件时,若通规能够通过,而止规不能通过,就表示该工件合格,否则就不合格。

2. 按用途分类

(1)工作量规:即工人在加工工件时用来检验工件的量规,其通端和止端的代号分别为 T 和 Z。

(2)验收量规：即检验部门或用户代表验收产品时所使用的量规。

(3)校对量规：用以检验工作量规的量规。只有轴用工作量规才有校对量规，因为孔用工作量规的形状为轴，故可使用通用的计量器具校对。

校对量规又可分为以下三类。

①"校通—通"量规(TT)：检验轴用工作量规通规的校对量规。检验时应通过，否则该通规不合格。

②"校止—通"量规(ZT)：检验轴用工作量规止规的校对量规。检验时应通过，否则该止规不合格。

③"校通—损"量规(TS)：检验轴用工作量规通规是否达到磨损极限的校对量规。检验时不应通过轴用工作量规的通规，否则说明该通规已达到或超过磨损极限，不应继续使用。

6.2.2　量规的设计

量规的设计包括量规结构形式、确定结构尺寸、计算工作尺寸和绘制量规工作图等。

1. 泰勒原则

泰勒原则是指孔的作用尺寸应大于或等于孔的下极限尺寸(最大实体尺寸)，并在任何位置上孔的实际要素不允许超过上极限尺寸(最小实体尺寸)；轴的作用尺寸应小于或等于轴的上极限尺寸(最大实体尺寸)，并在任何位置上轴的实际要素应大于或等于轴的下极限尺寸(最小实体尺寸)。

综上所述，泰勒原则就是指孔或轴的作用尺寸不允许超过最大实体尺寸；在任何位置上的实际要素不允许超过最小实体尺寸。

用光滑极限量规来检验工件时，必须符合泰勒原则。通规用于控制工件的作用尺寸，其公称尺寸等于孔或轴的最大实体尺寸，且量规的长度等于配合长度。止规用于控制工件的实际要素，其公称尺寸等于孔或轴的最小实体尺寸。

符合泰勒原则的通规在理论上应为全形量规，即除尺寸为最大实际要素外，其轴线长度还应与被检验工件的长度相同。若通规为不全形量规，可能会造成检验错误。如图6-8所示，孔的实际轮廓 c 已超出尺寸公差带，应为废品。用全形通规 a 检验时，不能通过；用两点状止规 d 检验时，沿 x 轴方向不能通过，但沿 y 轴方向能够通过，于是该孔被判断为废品。若用两点状通规 b 检验，则可能沿 y 方向通过；用全形止规 e 检验，则不能通过。这样因量规形状不正确，有可能把该孔误判为合格品。

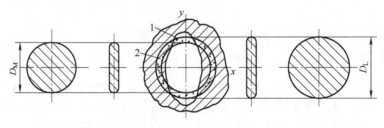

(a)全形通规　　(b)两点状通孔　　(c)工件　　(d)两点状止规　　(e)全形止规

图6-8　量规形状对检验结果的影响

1-实际孔；2-孔公差带

止规用于检验工件任何位置上的实际要素，理论上应为点状的(不全形止规)，否则也会造成检验错误。如图 6-9 所示，轴的 *I—I* 位置处的实际要素已超出最小实体尺寸，为不合格件。若用全形止规检验，使该轴不能通过，而判断为合格品，造成判断失误。

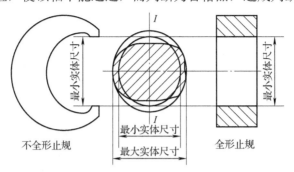

图 6-9　止规及其尺寸影响

由以上分析可知，理论上，通规应为全形量规，止规应为点状即不全形量规。但在实际应用中，由于量规的制造和使用方便等，允许通规的长度小于结合长度；而止规也不一定是两点接触式。由于点接触易磨损，一般常用小平面、圆柱面或球面代替。

2. 量规的公差与公差带

1) 量规的公差带

量规的制造精度比工件高得多，但不可能绝对准确地按某一指定尺寸制造。因此，对量规要规定制造公差。量规公差标志着对量规精度的合理要求，以保证量规能以一定的准确度进行检验。量规公差带的大小及位置，取决于工件公差带的大小与位置、量规用途以及量规公差制。为了确保产品质量，GB/T 1957—2006 规定量规定形尺寸公差不得超出被测孔、轴公差带，具体的孔、轴量规尺寸公差带的位置如图 6-10 所示，工作量规的公差带宽度为公差数值 T_1，通规应接近工件的最大实体尺寸，其尺寸公差带的中心距离最大实体尺寸为 Z_1，Z_1 也称为位置要素。止规应接近工件的最小实体尺寸，其公差带宽度与通规相同，也是用 T_1 表示。表 6-5 为工作量规的尺寸公差 (T_1) 及其通端位置要素 (Z_1)。当用量规检验工件有争议时，应使用的量规尺寸条件：通规应等于或接近工件的最大实体尺寸，止规应等于或接近工件的最小实体尺寸。

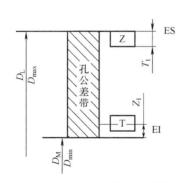

(a) 检验孔所用的工作量规公差带

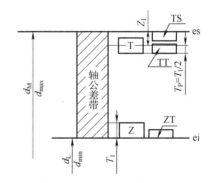

(b) 检验轴所用的工作量规公差带和校对量规公差带

图 6-10　量规尺寸公差带的分布

工作量规的形状和位置误差应在其尺寸公差带内，其公差为量规制造尺寸公差的 50%。当量规尺寸公差小于或等于 0.002mm 时，其几何公差为 0.001mm。

表 6-5　工作量规的尺寸公差(T_1)及其通端位置要素(Z_1)(摘自 GB/T 1957—2006)

工件孔或轴的公称尺寸/mm		工件孔或轴的公差等级											
		IT6			IT7			IT8			IT9		
大于	至	孔或轴的公差数值	T_1	Z_1	孔或轴的公差数值	T_1	Z_1	孔或轴的公差数值	T_1	Z_1	孔或轴的公差数值	T_1	Z_1
—	3	6	1.0	1.0	10	1.2	1.6	14	1.6	2.0	25	2.0	3
3	6	8	1.2	1.4	12	1.4	2.0	18	2.0	2.6	30	2.4	4
6	10	9	1.4	1.6	15	1.8	2.4	22	2.4	3.2	36	2.8	5
10	18	11	1.6	2.0	18	2.0	2.8	27	2.8	4.0	43	3.4	6
18	30	13	2.0	2.4	21	2.4	3.4	33	3.4	5.0	52	4.0	7
30	50	16	2.4	2.8	25	3.0	4.0	39	4.0	6.0	62	5.0	8
50	80	19	2.8	3.4	30	3.6	4.6	46	4.6	7.0	74	6.0	9
80	120	22	3.4	3.8	35	4.2	5.4	54	5.4	8.0	87	7.0	10
120	180	25	3.8	4.4	40	4.8	6.0	63	6.0	9.0	100	8.0	12
180	250	29	4.4	5.0	46	5.4	7.0	72	7.0	10.0	115	9.0	14
250	315	32	4.8	5.6	52	6	8	81	8	11	130	10	16
315	400	36	5.4	6.2	57	7	9	89	9	12	140	11	18
400	500	40	6	7	63	8	10	97	10	14	155	12	20

2)校对量规的尺寸公差带和各项公差

校对量规的尺寸公差 T_P 为工作量规尺寸公差 T_1 的 50%($T_P=T_1/2$),其位置如图 6-10(b)所示,校对量规的校通-通(代号为 TT)的下极限尺寸等于工作量规的通规的下极限尺寸;校对量规的校通-损(代号为 TS)的上极限尺寸等于轴的上极限尺寸;校对量规的校止-通(代号为 ZT)的下极限尺寸等于工作量规的止规的下极限尺寸。

校对量规的形状误差应在其尺寸公差带内,校对量规的工作面的表面粗糙度轮廓幅度参数 Ra 值比工作量规更小,常取 0.05~0.4μm。

3)量规的形式和应用尺寸范围

量规形式有全形塞规、不全形塞规、片状塞规、球端杆规、环规及卡规。

量规形式的选择首先应根据测量工件是轴还是孔来决定,其次是根据工件的公称尺寸来决定。

按泰勒原则的要求设计的光滑极限量规,其通规的测量面应是与孔或轴形状相对应的完整表面(通常称为全形量规),其尺寸等于工件最大实体尺寸,且长度等于配合长度,这样才能控制作用尺寸。止规的测量面应是点状的,两测量面之间的尺寸等于工件的最小实体尺寸,因为它只需控制局部实际要素。

但实际应用中,由于生产制造及实际使用,对于符合泰勒原则的量规,当在某些场合下应用不方便或有困难时,可在保证被检验工件的形状误差不至于影响配合性质的条件下,允许使用偏离泰勒原则量规。为此国家标准对光滑极限量规的设计偏离作了规定,参见表 6-6推荐的量规形式应用尺寸范围。当检验大孔时,通端允许采用不全形量规,甚至用球端杆规,以保证制造和使用方便。

表 6-6　推荐的量规形式应用尺寸范围(摘自 GB/T 1957—2006)

用途	推荐顺序	量规的工作尺寸/mm			
		～18	大于 18～100	大于 100～315	大于 315～500
工件孔用的通端量规形式	1	全形塞规		全形塞规	球端杆规
	2	—	不全形塞规或片形塞规	片形塞规	—
工件孔用的止端量规形式	1	全形塞规	全形塞规或片形塞规		球端杆规
	2	—	不全形塞规		—
工件轴用的通端量规形式	1	环规		卡规	
	2	卡规		—	
工件轴用的止端量规形式	1	卡规			
	2	环规		—	

当使用偏离泰勒原则的量规检验时，国家标准规定必须首先保证被检测工件的形状误差不至于影响配合性质。同时需要多测几个方向，以保证检验时不出现误判。

4) 量规的技术要求

量规的技术要求主要包括材料、几何公差、表面粗糙度等。其材料主要包括合金工具钢、碳素钢、渗碳钢等。手柄用 Q235 钢、LY11 铝。测量面不应有锈迹、毛刺、黑斑、划痕等明显影响外观和影响使用质量的缺陷，其他表面不应有锈蚀和裂纹；测头与手柄的连接应牢固可靠，在使用过程中不应松动；测量面的硬度不应小于 700HV(或 60HRC)；量规需经稳定性处理。工作量规测量面的表面粗糙度 Ra 上限值在 0.0025～0.4μm(表 6-7)。

表 6-7　工作量规测量面的表面粗糙度

工作量规	工作量规的公称尺寸		
	公称尺寸≤120	120＜公称尺寸≤315	315＜公称尺寸≤500
	工作量规的表面粗糙度 Ra 值/μm		
IT6 级孔用工作塞规	0.05	0.1	0.20
IT7～IT9 级孔用工作塞规	0.10	0.2	0.40
IT10～IT12 级孔用工作塞规	0.20	0.4	0.80
IT13～IT16 级孔用工作塞规	0.40	0.8	
IT6～IT9 级轴用工作环规	0.10	0.2	0.40
IT10～IT12 级轴用工作环规	0.20	0.4	0.80
IT13～IT16 级轴用工作环规	0.40	0.8	

5) 工作量规的设计步骤

(1) 查出被检测工件的极限偏差。

(2) 查出工作量规的制造公差 T_1 和位置要素 Z_1，确定量规的几何公差。

(3) 画出工件和量规的公差带。

(4) 计算量规的极限偏差。

(5) 计算量规的极限尺寸及磨损极限尺寸。

(6) 按量规的常用形式绘制并标注量规图样。

6) 工作量规设计例题

例 6-2　设计检验 $\phi30H8/f7$ Ⓔ孔、轴用工作量规。

解: (1) 确定被测孔、轴的极限偏差。

查极限与配合标准。$\phi30H8$ 孔的上极限偏差 ES = +0.033mm,下极限偏差 EI = 0;$\phi30f7$ 轴的上极限偏差 es = −0.020mm,下极限偏差 ei = −0.041mm。

(2) 确定工作量规制造公差 T_1 和位置要素 Z_1,由表 6-5 查得

塞规:T_1=0.0034mm,Z_1=0.005mm。

卡规:T_1=0.0024mm,Z_1=0.0034mm。

画出量规的公差带图,如图 6-11 所示。

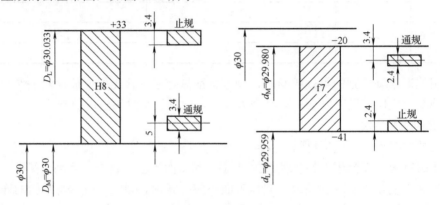

图 6-11　量规公差带图

(3) 计算工作量规的极限偏差。

$\phi30H8$ 孔用塞规。

通规:上极限偏差=EI+Z_1+T_1/2=(0+0.005+(0.0034/2))mm=+0.0067mm

　　　下极限偏差=EI+Z_1−T_1/2=(0+0.005−(0.0034/2))mm=+0.0033mm

　　　磨损极限= EI =0

所以塞规的通端尺寸为 $\phi30^{+0.0067}_{+0.0033}$mm。

磨损极限尺寸为 $\phi30$mm。

止规:上极限偏差 = ES = +0.033mm

　　　下极限偏差=ES−T_1=(+0.033−0.0034)mm=+0.0296mm

所以塞规的止端尺寸为 $\phi30^{+0.033}_{+0.0296}$mm。

$\phi30f7$ 轴用卡规。

通规:上极限偏差=es−Z_1+T_1/2=(−0.020−0.0034+(0.0024/2))mm=−0.0222mm

　　　下极限偏差=es−Z_1−T_1/2=(−0.020−0.0034−(0.0024/2))mm=−0.0246mm

　　　磨损极限=es=−0.020mm

所以卡规的通端尺寸为 $30^{-0.0222}_{-0.0246}$mm。

磨损极限尺寸为 29.980mm。

止规:上极限偏差=ei+T_1=(−0.041+0.0024)mm=−0.0386mm

　　　下极限偏差=ei=−0.041mm

所以卡规的止端尺寸为 $30^{-0.0386}_{-0.0410}$mm。

(4)选择量规的结构形式分别为锥柄双头圆柱塞规和单头双极限圆形片状卡规。绘制工作量规的工作图,如图 6-12 和图 6-13 所示。

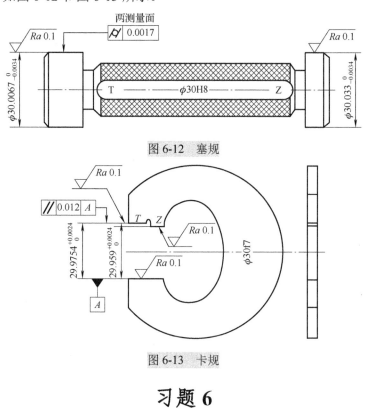

图 6-12　塞规

图 6-13　卡规

习题 6

6-1　光滑极限量规有何特点?

6-2　试述光滑极限量规的分类及用途,为什么孔用量规不设校对量规?

6-3　光滑极限量规的设计原则是什么?

6-4　孔、轴用工作量规公差带的布置有何特点?

6-5　试计算检验 $\phi25H7/n6$ 用工作量规的工作尺寸和极限偏差,并画出量规公差带图。

6-6　试确定测量 $\phi120H9$ 孔(加工工艺能力指数 $C_p=1.1$)的验收极限,并选择相应的计量器具。

第7章　键、花键及轴承的公差与配合

教学提示

　键和花键都是机械传动中的标准件，广泛地应用于轴与齿轮、带轮、链轮、联轴器等可拆卸传动件间的连接，用以传递扭矩和运动，也可用做轴上传动件的导向。

教学要求

　通过键与花键的学习，能掌握平键和矩形花键连接的公差与配合、几何公差和表面粗糙度的选用，并能正确标注在图样上；掌握矩形花键的定心方式；了解平键与矩形花键连接的基准制；了解平键与矩形花键的检测方法。

7.1　键与花键的用途和分类

1. 键连接的用途

键连接在机械工程中应用广泛，通常用于轴和轴上零件(齿轮、带轮、链轮、联轴等)之间的可拆连接，用以传递扭矩和运动。必要时，配合件之间还可以有轴向相对运动，如变速器中的齿轮可以沿花键轴移动以达到变换速度的目的。

本章涉及的国家标准有 GB/T 1095—2003《平键 键槽的剖面尺寸》；GB/T 1096—2003《普通型 平键》；GB/T 1144—2001《矩形花键尺寸、公差和检验》等。

2. 键连接的分类

键连接可分为单键连接和花键连接两大类。

1)单键连接

键由型钢制成，是标准件，键宽和键槽宽的配合采用基轴制，相当于轴与不同基本偏差代号的孔配合。采用单键连接时，在孔和轴上均需要加工键槽，再通过单键连接在一起。单键按其结构形状不同分为四种：①平键，包括普通平键、导向平键；②半圆键；③楔键，包括普通楔键和钩头楔键；④切向键。

四种单键连接中，以普通平键应用最为广泛，GB/T 1095—2003《平键 键槽的剖面尺寸》从 GB/T 1801—2009 中选取公差带，对键宽规定一种公差带 h8，对轴槽宽和轮毂槽宽各规定三种公差带，从而构成三种不同性质的配合，即松连接、正常连接和紧密连接，以满足各种不同用途的需要。平键连接的三种配合及应用见表 7-1。

表 7-1　平键连接的三种配合及其应用

配合种类	尺寸 b 的公差			配合性质及应用
	键	轴槽	轮毂槽	
松连接		H9	D10	键在轴上及轮毂中均能滑动，主要用于导向平键，轮毂可在轴上做轴向移动
正常连接	h8	N9	JS9	键在轴上及轮毂中均固定，用于载荷不大的场合
紧密连接			P9	键在轴上及轮毂中均固定，而且比上一种配合更紧，主要用于载荷较大、载荷具有冲击性以及双向传递转矩的场合

2) 花键连接

花键连接按其键齿形状分为矩形花键、渐开线花键和三角形花键三种，其结构如图 7-1 所示。生产中应用最多的是矩形花键。

花键连接有如下优点：

(1) 键与轴或孔为一整体，强度高，负荷分布均匀，可传递较大的扭矩。

(2) 连接可靠，导向精度高，定心性好，易达到较高的同轴度要求。

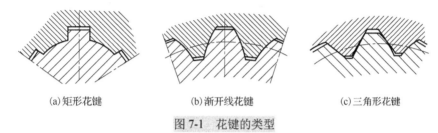

(a) 矩形花键　　　　　　(b) 渐开线花键　　　　　　(c) 三角形花键

图 7-1　花键的类型

但是，由于花键的加工制造比单键复杂，故其成本较高。

本章只讨论普通平键和矩形花键连接的公差与配合。

7.2　平键连接的公差与配合

1. 平键的结构和尺寸

平键连接由平键、轴槽、轮毂槽三部分组成。平键连接的主要尺寸有键宽和键槽宽（轴槽宽和轮毂槽宽）、键高、轴槽深 t_1、轮毂槽深 t_2、键长 L 及轴的公称直径 d。通常情况下，键的上表面和轮毂键槽留有一定的间隙。

GB/T 1095—2003《平键 键槽的剖面尺寸》规定了普通平键键槽的尺寸与公差。普通平键连接结构形式如图 7-2 所示，尺寸与公差如表 7-2 所示。

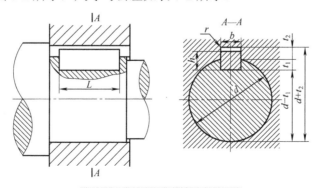

图 7-2　普通平键连接结构形式

表 7-2　普通平键、键槽的尺寸与公差(摘自 GB/T 1095—2003)　　　(单位：mm)

轴 公称直径 d	键 公称尺寸 $b×h$	键槽										
		宽度 b						深度				半径 r	
		基本尺寸	极限偏差					轴 t_1		毂 t_2			
			正常连接		紧密连接	松连接		基本尺寸	极限偏差	基本尺寸	极限偏差	最小	最大
			轴 N9	毂 JS9	轴和毂 P9	轴 H9	毂 D10						
>6~8	2×2	2	-0.004 -0.029	±0.0125	-0.006 -0.031	+0.025 0	+0.060 +0.020	1.2	+0.1 0	1.0	+0.1 0	0.08	0.16
>8~10	3×3	3						1.8		1.4			
>10~12	4×4	4	0 -0.030	±0.015	-0.012 -0.042	+0.030 0	+0.078 +0.030	2.5		1.8		0.16	0.25
>12~17	5×5	5						3.0		2.3			
>17~22	6×6	6						3.5		2.8			
>22~30	8×7	8	0 -0.036	±0.018	-0.015 -0.051	+0.036 0	+0.098 +0.040	4.0		3.3		0.25	0.40
>30~38	10×8	10						5.0		3.3			
>38~44	12×8	12	0 -0.043	±0.215	-0.018 -0.061	+0.043 0	+0.120 +0.050	5.0	+0.2 0	3.3	+0.2 0		
>44~50	14×9	14						5.5		3.8			
>50~58	16×10	16						6.0		4.3			
>58~65	18×11	18						7.0		4.4			
>65~75	20×12	20	0 -0.052	±0.026	-0.022 -0.074	+0.052 0	+0.149 +0.065	7.5		4.9		0.40	0.60
>75~85	22×14	22						9.0		5.4			
>85~95	25×14	25						9.0		5.4			
>95~110	28×16	28						10.0		6.4			

注：在零件图中，轴槽深用 $(d-t_1)$ 标注，其尺寸偏差按相应 t_1 的极限偏差取负号；轮毂槽深用 $(d+t_2)$ 标注，其尺寸偏差按相应 t_2 的极限偏差选取。

2. 平键连接的公差与配合

在键连接中，扭矩是通过键的侧面与键槽的侧面相互接触来传递的，因此键宽与键槽宽是主要配合尺寸，GB/T 1096—2003《普通型 平键》规定了普通平键的尺寸与公差，如表 7-3 所示。

表 7-3　普通平键的尺寸与公差(摘自 GB/T 1096—2003)　　　(单位：mm)

	公称尺寸	8	10	12	14	16	18	20	22	25	28
b	极限偏差(h8)	0 -0.022		0 -0.027				0 -0.033			
	公称尺寸	7	8	8	9	10	11	12	14	14	16
h	极限偏差(h11)	0 -0.090					0 -0.110				

由于平键为标准件，国家标准对键宽规定了一种公差带，代号为 h8，所以键宽与键槽宽的配合采用基轴制。国家标准 GB/T 1095—2003 对轴键槽和轮毂键槽各规定了三组公差带，构成三组配合，其公差带值从 GB/T 1801—2008 中选取，通过规定键槽不同的公差带来满足不同的配合性能要求。平键连接键宽与键槽宽的公差带图如图 7-3 所示。

国家标准对键连接中的非配合尺寸也规定了相应的公差带。键高 h 的公差带为 h11，对于正方形截面的平键，键宽和键高相等，都选用 h8。键长 l 的公差带为 h14，轴键槽长度的公差带为 H14。轴键槽深 t_1 和轮毂键槽深 t_2 的公差如表 7-2 所示。

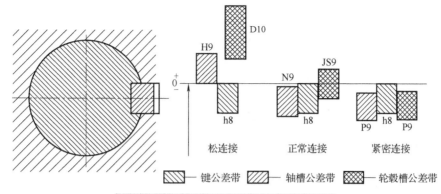

图 7-3 平键连接键宽与键槽宽的公差带图

3. 平键的图样标注

为了保证键宽和键槽宽之间具有足够的接触面积，避免装配困难，应分别规定轴槽及轮毂槽的宽度 b 对轴及轮毂轴心线的对称度，以键宽为公称尺寸，按 GB/T 1184—1996 中对称度公差 7～9 级选取。当键长 l 与键宽 b 之比大于或等于 8 时，键的两侧面的平行度应符合 GB/T 1184—1996 的规定，当 $b \leqslant 6\mathrm{mm}$ 时，取 7 级；$b \geqslant 8 \sim 36\mathrm{mm}$，取 6 级；$b \geqslant 40\mathrm{mm}$，取 5 级。同时还规定轴键槽、轮毂键槽宽 b 的两侧面的表面粗糙度参数 Ra 的值推荐为 $1.6 \sim 3.2\mu\mathrm{m}$，轴键槽底面、轮毂键槽底面的表面粗糙度参数 Ra 值为 $6.3\mu\mathrm{m}$。当几何误差的控制可由工艺保证时，图样也可不给出公差。

某齿轮的配合为 $\phi56\mathrm{H7/h6}$ 平键采用正常连接，键的图样标注如图 7-4 所示。

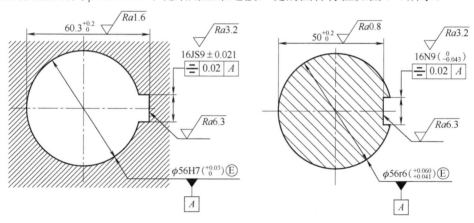

图 7-4 轴键槽和轮毂槽的标注

4. 平键的检测

键和键槽的尺寸检测比较简单，在单件、小批量生产时，通常采用游标卡尺、千分尺测量。键槽的几何公差，特别是键槽对其轴线的对称度误差，经常造成装配困难，严重影响键连接的质量。

在单件、小批量生产中，键槽对轴线的对称度误差的检验方法如图 7-5 所示。在槽中塞入与键槽等宽的定位块，用指示表将定位块上平面校平，即定位块上平面沿径向与平板平行，记下指示表读数 a_1 后；将工件旋转 $180°$，在同一横截

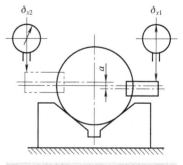

图 7-5 键槽对称度误差测量原理

面方向，再将定位块校平，记下读数 a_2，两次读数差为 a，则该截面的对称度误差为

$$f_{截}=at/(d-t)$$

式中，d 为轴的直径，t 为轴槽深。

再沿键槽长度方向测量，取长向两点的最大读数差为长向对称度误差，即 $f_{长} = a_{高} - a_{低}$ 取以上两个方向测得的误差的最大值为该零件键槽的对称度误差。

在成批生产中，键槽尺寸及其对轴线的对称度误差可用塞规检验，如图 7-6 所示。图 7-6(a) 为检验槽宽 b 的板式量规；图 7-6(b) 为检验轮毂槽深 $(d+t_2)$ 的深级式量规；图 7-6(c) 为检验轴槽深 $(d-t_1)$ 的深规；图 7-6(d) 为检验轮毂槽对称性的综合量规；图 7-6(e) 为检验轴槽对称性的综合量规。

图 7-6(a)、(b)、(c) 三种量规为检验尺寸误差的极限量规，具有通端和止端．检验时通端能通过而止端不能通过为合格。图 7-6(d)、(e) 两种量规为检验几何误差的综合量规，只有通端通过为合格。

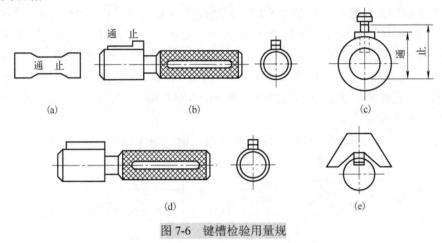

图 7-6　键槽检验用量规

7.3　矩形花键连接的公差与配合

7.3.1　矩形花键的结构和尺寸

矩形花键几何参数有大径 D、小径 d、键数 N、键宽与键槽宽 B，如图 7-7 所示。

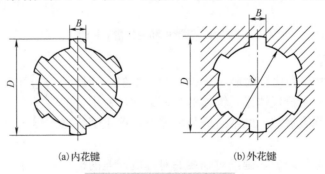

(a)内花键　　　　　　(b)外花键

图 7-7　矩形花键的主要尺寸

GB/T 1144—2001《矩形花键尺寸、公差和检验》规定了矩形花键连接的公称尺寸系列、定心方式、公差与配合、标注方法和检验规则。为了便于加工和测量，矩形花键的键数 N 为

偶数，有 6、8、10 共三种。按承载能力的不同，矩形花键可分为中、轻两个系列，中系列的键高尺寸较大，承载能力强，轻系列的键高尺寸较小，承载能力相对较弱。矩形花键的尺寸系列如表 7-4 所示。

表 7-4　矩形花键公称尺寸系列(摘自 GB/T 1144—2001)　　　　　(单位：mm)

小径 d	轻系列				中系列			
	规格 $N×d×D×B$	键数 N	大径 D	键宽 B	规格 $N×d×D×B$	键数 N	大径 D	键宽 B
11					6×11×14×3		14	3
13					6×13×16×3.5		16	3.5
16	—	—	—	—	6×16×20×4		20	4
18					6×18×22×5	6	22	5
21					6×21×25×5		25	5
23	6×23×26×6		26	6	6×23×28×6		28	6
26	6×26×30×6	6	30	6	6×26×32×6		32	6
28	6×28×32×7		32	7	6×28×34×7		34	7
32	6×32×36×6		36	6	8×32×38×6		38	6
36	8×36×40×7		40	7	8×36×42×7		42	7
42	8×42×46×8		46	8	8×42×48×8		48	8
46	8×46×50×9	8	50	9	8×46×54×9	8	54	9
52	8×52×58×10		58	10	8×52×60×10		60	10
56	8×56×62×10		62	10	8×56×65×10		65	10
62	8×62×68×12		68	12	8×62×72×12		72	12
72	10×72×78×12		78	12	10×72×82×12		82	12
82	10×82×88×12		88	12	10×82×92×12		92	12
92	10×92×98×14	10	98	14	10×92×102×14	10	102	14
102	10×102×108×16		108	16	10×102×112×16		112	16
112	10×112×120×18		120	18	10×112×125×18		125	18

7.3.2　矩形花键连接的定心方式

花键连接的主要要求是保证内、外花键连接后具有较高的同轴度，并能传递扭矩。矩形花键有大径 D、小径 d、键宽与键槽宽三个主要尺寸参数。若要求这三个尺寸都起定心作用是很困难的，而且也没有必要。定心尺寸应按较高的精度制造，以保证定心精度。

非定心尺寸则可按较低的精度制造。由于传递扭矩是通过键和键槽侧面进行的，因此，键和键槽不论是否作为定心尺寸都要求较高的尺寸精度。

根据定心要求的不同，分为三种定心方式：小径 d 定心、大径 D 定心和键宽 B 定心，如图 7-8 所示。

国家标准 GB/T 1144—2001 规定了矩形花键用小径定心，因为小径定心有一系列优点。当用大径定心时，内花键定心表面的精度依靠拉刀保证。而当内花键定心表面硬度要求高时，如 40HRC 以上，热处理后的变形难以用拉刀修正；当内花键定心表面粗糙度要求高时，如 $Ra<6.3\mu m$，用拉削工艺也难以保证；在单件、小批量生产及大规格花键中，内花键不能采用拉削工艺，因为该种加工方法不经济。采用小径定心，热处理后的变形可用内圆磨修复，而且内圆磨可达到更高的尺寸精度和更高的表面粗糙度要求。因而小径定心的定心精度高，定心稳定性好，使用寿命长，有利于产品质量的提高。外花键小径精度可用成型磨削保证。

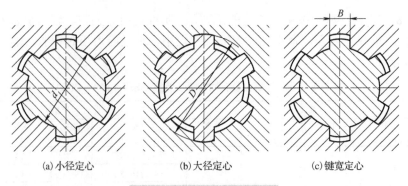

(a) 小径定心　　　　　(b) 大径定心　　　　　(c) 键宽定心

图 7-8　矩形花键的主要尺寸

7.3.3　矩形花键连接的公差与配合

1. 矩形花键的公差与配合

国家标准 GB/T 1144—2001 规定,矩形花键的尺寸公差采用基孔制,目的是减少拉刀的数目。

矩形花键连接的公差与配合可分为一般用和精密传动用两大类。对一般用的内花键槽宽,还分别规定了拉削后热处理和不热处理两种公差带。标准还规定,按装配形式分为滑动、紧滑动和固定三种配合(表 7-1)。其区别在于,前两种在工作过程中,既可传递扭矩,也可使花键套在轴上移动;后者只用来传递扭矩,孔键套在轴上无轴向移动。不同的配合性质或装配形式通过改变外花键的小径和键宽的尺寸公差带来达到,其公差带如表 7-6 所示。

根据规定,矩形花键选用尺寸公差带的一般原则是:①当定心精度要求高时,应选择精密传动用尺寸公差带,反之可选用一般用尺寸公差带;②当要求传递扭矩大或经常需要正反转时,应选择紧一些的配合,反之可选择松一些的配合;③当内、外花键需要频繁相对滑动或配合长度较大时,可选松一些的配合。

2. 矩形花键的几何公差和表面粗糙度

矩形花键除尺寸公差外,还有几何公差要求,包括小径 d 的形状公差和花键的位置公差等。

表 7-5　内、外花键的尺寸公差带(摘自 GB/T 1144—2001)

内花键				外花键			装配形式
d	D	B		d	D	B	
		拉削后不热处理	拉削后热处理				
一般用							
H7	H10	H9	H11	f7	a11	d10	滑动
				g7		f9	紧滑动
				h7		h10	固定
精密传动用							
H5	H10	H7、H9		f5	a11	d8	滑动
				g5		f7	紧滑动
				h5		h8	固定
H6				f6		d8	滑动
				g6		f7	紧滑动
				h6		h8	固定

注:①精密传动用的内花键,当需要控制键侧配合间隙时,槽宽可选 H7,一般情况下可选 H9;②d 为 H6 和 H7 的内花键,允许与提高一级的外花键配合。

表 7-5 中内、外花键公差带及其极限差数值符合 GB/T 1801—2009 的规定。

1) 小径 d 的极限尺寸应遵守包容要求

小径 d 是花键连接中的定心配合尺寸，保证花键的配合性能，其定心表面的形状公差和尺寸公差的关系应遵守包容要求。即当小径 d 的实际尺寸处于最大实体状态时，它必须具有理想形状，只有当小径 d 的实际尺寸偏离最大实体状态时，才允许有形状误差。

2) 花键的位置公差遵守最大实体要求

为保证装配，并能传递扭矩，一般应使用综合花键量规检验，控制其几何误差。花键的位置公差综合控制花键各键之间的角位置，各键对轴线的对称度误差，以及各键对轴线的平行度误差等，采用综合量规进行检验。位置公差遵守最大实体要求，其图样标注如图 7-9 所示。国家标准对键和键槽规定的位置公差如表 7-6 所示。

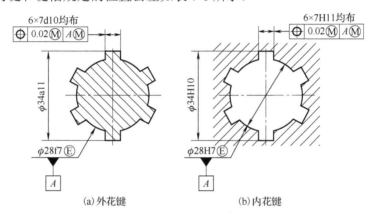

图 7-9　花键位置公差标注

表 7-6　矩形花键的位置公差(摘自 GB/T 1144—2001)　　　(单位：mm)

键槽宽或键宽 B			3	3.5~6	7~10	12~18
t_1	键槽宽		0.010	0.015	0.020	0.025
	键宽	滑动、固定	0.010	0.015	0.020	0.025
		紧滑动	0.006	0.010	0.013	0.016

3) 键和键槽的对称度公差与等分度公差遵守独立原则

在单件、小批量生产时没有综合量规，这时，为控制花键几何误差，一般在图样上分别规定花键的对称度和等分度公差。花键的对称度和等分度公差可适用于单项检验法。花键的对称度公差、等分度公差均遵守独立原则，其对称度公差图样上标注如图 7-10 所示。国家标准规定，花键的等分度公差等于花键的对称度公差值。表 7-7 为花键的对称度公差。

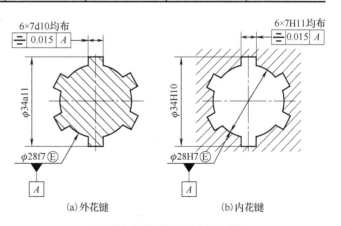

图 7-10　花键对称度公差标注

表 7-7　矩形花键的对称度公差(摘自 GB/T 1144—2001)　　　　(单位：mm)

	键槽宽或键宽 B	3	3.5~6	7~10	12~18
t_2	一般用	0.010	0.012	0.015	0.018
	精密传动用	0.006	0.008	0.009	0.011

对较长的花键，可根据产品性能自行规定键侧对轴线的平行度公差。以小径定心时，花键各表面的表面粗糙度推荐值如表 7-8 所示。

表 7-8　矩形花键表面粗糙度推荐值

加工表面	内花键	外花键
	Ra 不大于	
小径	1.6	0.8
大径	6.3	3.2
键侧	6.3	1.6

7.3.4　矩形花键的图样标注

矩形花键连接在图样上的标注，按顺序包括以下项目：键数 N，小径 d，大径 D，键宽 B，花键的公差带代号以及标准代号。

对 N=6，d=23mm，D=26mm，B=6mm 的花键标记如下。

花键规格：$N×d×D×B$=6×23×26×6

花键副：6×23H7/f11×26H10/a11×6H11/d10

内花键：6×23H7×26H10×6H11

外花键：6×23f11×26a11×6d10

7.3.5　矩形花键的检测

矩形花键检测分为单项检验和综合检验两种情况。

(1)单项检验主要用于单件、小批量生产，用通用量具分别对各尺寸(d、D 和 B)、大径对小径的同轴度误差及键齿(槽)位置误差进行测量，以保证各尺寸偏差及几何误差在其公差范围内。

花键表面的位置误差是很少进行单项检验的，一般只有在分析花键加工质量(如机床检修后)以及制造花键刀具、花键量规时，或在首件检验和抽查中才进行，若需对位置误差进行单项检验，可在光学分度头或万能工具显微镜上进行。花键等分累积误差与齿轮周节累积误差的测量方法相同。

(2)综合检验适用于大批量生产，用量规检验。综合量规用于控制被测花键的最大实体边界，即综合检验小径、大径及键(槽)宽与关联作用尺寸，使其控制在最大实体边界内。然后用单项止端塞规分别检验尺寸 d、D 和 B 的最小实体尺寸。检验时，综合量规能通过工件。单项止规通不过工件，则工件合格。

综合量规的形状与被检测花键相对应，检验花键孔用花键塞规，检验花键轴用花键环规。矩形花键综合量规如图 7-11 所示。

检验小径定心用的综合塞规如图 7-11(a)所示，塞规两端的圆柱作导向及检验花键孔的小径用。综合塞规花键部分的小径做成比公称尺寸小 0.5~1mm，不起检验作用，而使导向圆柱体的直径代替综合塞规内径，这样就可以使综合塞规的加工大为简化。

图 7-11（b）为检验外花键用的综合环规。与综合塞规一样，综合环规的外径也适当加大，而在环规后面的圆柱孔直径相当于环规的外径，外花键的外径即用此孔检验。这种结构便于磨削综合量规的内孔及花键槽侧面。

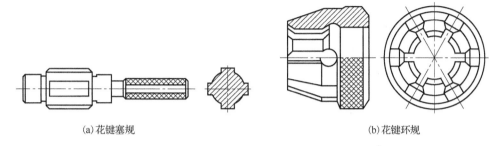

(a) 花键塞规　　　　　　　　　　　　　　　　　　(b) 花键环规

图 7-11　矩形花键综合量规

7.4　滚动轴承公差与配合

7.4.1　滚动轴承的精度等级

滚动轴承是用来支撑轴的标准部件，可用于承受径向、轴向或径向与轴向的联合载荷。其工作原理是以滚动摩擦代替滑动摩擦，滚动轴承一般由内圈、外圈、滚动体（钢球或滚子）和保持架（又称隔离圈）等组成（图 7-12）。

滚动轴承的形式很多。按滚动体的形状可分为球轴承、滚子轴承和滚针轴承；按受负荷的作用方向，可分为向心轴承、推力轴承、向心推力轴承，图 7-12 所示为向心球轴承。

机械设计需采用滚动轴承时，除了确定滚动轴承的型号，还必须选择滚动轴承的精度等级、滚动轴承与轴和外壳孔的配合、轴和外壳孔的几何公差及表面粗糙度参数。

本章涉及的滚动轴承标准有 GB/T 307.1—2017《滚动轴承　向心轴承　产品几何技术规范（GPS）和公差值》；GB/T 307.3—2017《滚动轴承　通用技术规则》；GB/T 4199—2003《滚动轴承　公差　定义》；GB/T 275—2015《滚动轴承配

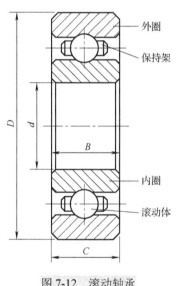

图 7-12　滚动轴承

合）；GB/T 4604.1—2012《滚动轴承游隙　第 1 部分：向心轴承的径向游隙》；GB/T 4604.2—2013《滚动轴承游隙　第 2 部分：四点接触球轴承的轴向游隙》。

根国家标准 GB/T 307.3—2017《滚动轴承　通用技术规则》规定，滚动轴承按公称尺寸精度和旋转精度，向心轴承（圆锥滚子轴承除外）分为 0、6、5、4、2 共 5 个精度等级；圆锥滚子轴承分为 0、6X、5、4、2 共 5 个精度等级级；推力轴承分为 0、6、5、4 共 4 个精度等级。

滚动轴承各级精度的应用情况如下。

0 级（普通精度级）轴承应用在中等负荷、中等转速和旋转精度要求不高的一般机构中，如普通机床的进给机构的轴承，汽车和拖拉机的变速机构的轴承，普通电动机、水泵、压缩机等一般通用机械的旋转机构的轴承。

6 级（中等精度级）轴承应用于旋转精度和转速较高的旋转机构中，如普通机床的主轴轴承，精密机床传动轴使用的轴承。

5、4 级（高精度级）轴承应用于旋转精度高和转速高的旋转机构中，如精密机床的主轴轴承，精密仪器和机械使用的轴承。

2 级（精密级）轴承应用于旋转精度和转速很高的旋转机构中，如精密坐标镗床的主轴轴承、高精度仪器和高转速机构中使用的轴承。

详细分类如表 7-9 所示。

表 7-9　滚动轴承公差等级（摘自 GB/T 272—2017）

轴承类型	公差等级	备注
深沟球轴承	P0(G)、P6(E)、P5(D)、P4(C)、P2(B)	G、E(EX)、D、C、B 为旧国家标准，与 P0、P6(P6X)、P5、P4、P2 相对应
圆锥滚子轴承	P0、P6X(EX)、P5、P4、P2	
推力球轴承	P0、P6、P5、P4	

7.4.2　滚动轴承内径和外径的公差带及其特点

1. 滚动轴承内径和外径的公差带

滚动轴承的内、外圈都是宽度较小的薄壁件，精度要求很高。在其制造、保管过程中容易变形（如变成椭圆形），但在装入轴和外壳孔上之后，这种变形又容易得到矫正。因此，国家标准 GB/T 4199—2003《滚动轴承 公差 定义》对滚动轴承内径、外径、宽度和成套轴承的旋转精度等指标都提出了很高的要求。轴承的精度设计不仅控制轴承与轴和外壳孔配合的尺寸精度，而且控制轴承内、外圈的变形程度。

1）滚动轴承的尺寸精度

滚动轴承尺寸精度是指轴承内圈内径 d、外圈外径 D、内圈宽度 B、外圈宽度 C 和装配高度 T 的制造精度。

d 和 D 是轴承内、外径的公称尺寸。d_s 和 D_s 是轴承的单一内径和外径。Δ_{ds} 和 Δ_{Ds} 是轴承单一内、外径偏差，它控制同一轴承单一内、外径偏差。V_{dsp} 和 V_{Dsp} 是轴承单一平面内、外径的变动量，它用于控制轴承单一平面内、外径圆度误差。

表 7-10 为深沟球轴承的公称尺寸表。

表 7-10　深沟球轴承公称尺寸（摘自 GB/T 276—2013）　　　　　（单位：mm）

轴承代号	尺寸			轴承代号	尺寸		
	d	D	B		d	D	B
尺寸系列代号(0)2				尺寸系列代号(0)3			
6200	10	30	9	6300	10	35	11
6201	12	32	10	6301	12	37	12
6202	15	35	11	6302	15	42	13
6203	17	40	12	6303	17	47	14
6204	20	47	14	6304	20	52	15
6205	25	52	15	6305	25	56	16
6206	30	62	16	6306	30	72	19
6207	35	72	17	6307	35	80	21

2）滚动轴承的旋转精度

用于滚动轴承旋转精度的评定参数有：成套轴承内、外圈的径向跳动 K_{in} 和 K_{ea}；成套轴承内、外圈的轴向跳动 S_{in} 和 S_{ea}；内圈端面对内孔的垂直度 S_d；外圈外表面对端面的垂直度 S_D；成套轴承外圈凸缘背面轴向跳动 S_{eal}；外圈外表面对凸缘背面的垂直度 S_{Dl}。

对不同公差等级、不同结构形式的滚动轴承，其尺寸精度和旋转精度的评定参数有不同要求。表 7-11、表 7-12 是从 GB/T 307.1—2017 和 GB/T 275—2015 中分别摘录了各级向心轴承内外径极限偏差值和安装向心轴承和角接触轴承的轴颈的公差带，供使用参考。

表 7-11　向心轴承内外径极限偏差值（摘自 GB/T 307.1—2017）　　　　（单位：μm）

公差等级			P0		P6(6X)		P5		P4		P2	
基本直径/mm			极限偏差/μm									
大于		到	上极限偏差	下极限偏差	上极限偏差	下极限偏差	上极限偏差	下极限偏差	上极限偏差	下极限偏差	上极限偏差	下极限偏差
内圈	18	30	0	-10	0	-8	0	-6	0	-5	0	-2.5
	30	50	0	-12	0	-10	0	-8	0	-6	0	2.5
外圈	50	80	0	-13	0	-11	0	-9	0	-7	0	-4
	80	120	0	-15	0	-13	0	-10	0	-8	0	-5

表 7-12　安装向心轴承和角接触轴承的轴颈的公差带（摘自 GB/T 275—2015）

内圈工作条件		应用举例	深沟球轴承和角接触球轴承	圆柱滚子轴承和圆锥滚子轴承	调心滚子轴承	公差带
运转状态	负荷状态		轴承公称内径/mm			
圆柱孔轴承						
旋转的内圈及摆动载荷	轻负荷	电器、仪表、机床主轴、精密机械、泵、通风机、传送带	≤18 >18~100 >100~200 —	— ≤40 >40~140 >140~200	— ≤40 >40~100 >100~200	h5 j6[1] k6[1] m6[1]
	正常负荷	一般机械、电动机、涡轮机、泵、内燃机、变速器、木工机械	≤18 >18~100 >100~140 >140~200 >200~280 —	— ≤40 >40~100 >100~140 >140~200 >200~400	— ≤40 >40~65 >65~100 >100~140 >140~280 >280~500 >500	j5、js5 k5[2] m5[2] m6 n6 p6 r6 r7
	重负荷	铁路车辆和电车的轴箱、牵引电动机、轧机、破碎机等重型机械	— — — —	>50~140 >140~200 >200 —	>50~140 >100~140 >140~200 >200	n6[3] p6[3] r6[3] r7[3]
内圈相对于负荷方向静止	各类负荷	静止轴上的各种轮子，内圈必须在轴向容易移动	所有尺寸			g6[1]
		张紧滑轮、绳索轮，内圈不需在轴向移动	所有尺寸			h6[1]
纯轴向负荷		所有应用场合				j6、js6
圆锥孔轴承（带锥形套）						
所有负荷		火车和电车的轴箱	装在退卸套上的所有尺寸			h8(IT5)[4]
		一般机械或传动轴	装在紧定套上的所有尺寸			h9(IT7)[5]

注：①对精度有较高要求的场合，应选用 j5、k5、…分别代替 j6、k6、…。
②单列圆锥滚子轴承和单列角接触球轴承的内部游隙的影响不甚重要，可用 k6 和 m6 分别代替 k5 和 m5。
③应选用轴承径向游隙大于基本组游隙的滚子轴承。
④凡有较高的精度或转速要求的场合，应选用 h7，轴颈圆柱度公差数值为 IT5。
⑤尺寸≥500mm，轴颈圆柱度公差数值为 IT7。

例 7-1　有两个 4 级精度的中系列向心轴承，公称内径 d=40mm，从表 7-11 查得内径的尺寸公差及几何公差为

$$d_{smax}=40mm；d_{smin}=40-0.006=39.994（mm）$$

$$D_{mpmax}=40mm；d_{mpmin}=40-0.006=39.994（mm）$$

$$V_{dsp}=0.005mm；V_{dmp}=0.003mm$$

假设两个轴承量得的内径尺寸如表 7-13 所示，则其合格与否，要按表中计算结果确定。

表 7-13　计算结果　　　　　　　　　　　（单位：mm）

		第一个轴承			第二个轴承		
测量平面		I	II		I	II	
量得的单一内径尺寸 d_s		d_{smax}=40.000 d_{smin}=39.998	d_{smax}=39.997 d_{smin}=39.995	合格	d_{smax}=40.000 d_{smin}=39.994	d_{smax}=39.997 d_{smin}=39.995	合格
计算结果	d_{mp}	d_{mpI}=(40+39.998)/2 =39.999	d_{mpII}=(39.997+39.995)/2 =39.996	合格	d_{mpI}=(40+39.994)/2 =39.997	d_{mpII}=(39.997+39.995)/2 =39.996	合格
测量平面							
计算结果	V_{dsp}	V_{dspI}=40-39.998 =0.002	V_{dspI}=39.997-39.995 =0.002	合格	V_{dspI}=40-39.994 =0.006	V_{dspI}=39.997-39.995 =0.002	不合格
	V_{dmp}	V_{dmp}= d_{mpI} - d_{mpII}=39.999-39.996=0.003		合格	V_{dmp}= d_{mpI} - d_{mpII}=39.997-39.996=0.001		合格
结论		内径尺寸合格			内径尺寸不合格		

2. 滚动轴承内、外径公差带的特点

通常，滚动轴承内圈装在传动轴的轴颈上，随轴一起旋转，以传递扭矩；外圈固定于机体孔中，起支撑作用。因此，内圈的内径(d)和外圈的外径(D)，是滚动轴承与结合件配合的公称尺寸。

国家标准 GB/T 307.1—2017《滚动轴承　向心轴承产品几何技术规范(GPS)和公差值》规定 0、6、5、4、2 各公差等级轴承的单一平面平均内径 d_{mp} 和单一平面平均外径 D_{mp} 的公差带均为单向制，而且统一采用公差带位于以公称直径为零线的下方，即上偏差为零，下偏差为负值的分布，如图 7-13 所示。

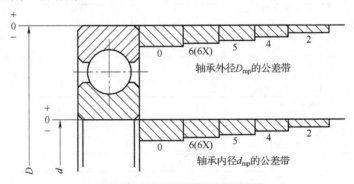

图 7-13　轴承内、外径公差带图

由于滚动轴承是精密的标准部件，使用时不能再进行附加加工。因此，轴承内圈与轴采用基孔制配合，但内径的公差带位置却与一般基准孔相反，如图 7-13 中公差带都位于零线的下方，即上偏差为零，下偏差为负值。这种分布主要是考虑配合的特殊需要，因为在多数情

况下，轴承内圈是随传动轴一起转动，传递扭矩，并且不允许轴孔之间有相对运动，所以两者的配合应具有一定的过盈。由于内圈是薄壁零件，又常需维修拆换，故过盈量也不宜过大。一般基准孔，其公差带是布置在零线上侧，若选用过盈配合，则其过盈量太大；如果改用过渡配合，又可能出现间隙，使内圈与轴在工作时发生相对滑动，导致结合面被磨损；若采用非标准配合，又违反了标准化和互换性原则。为此，滚动轴承国际标准将 d_{mp} 的公差带分布在零线下方。当轴承内孔与一般过渡配合的轴相配时，不但能保证获得较小的过盈，而且还不会出现间隙，从而满足了轴承内孔与轴配合的要求，同时又可按标准偏差来加工轴。

滚动轴承的外径与外壳配合应按基轴制，通常两者之间不要求太紧。因此，所有精度级轴承外圈 D_{mp} 的公差带位置，仍按一般基轴制规定，将其布置在零线以下。其上偏差为零，下偏差为负值。由于轴承精度要求很高，其公差值相对略小一些。

注意：由于滚动轴承结合面的公差带是特别规定的，因此在装配图上对轴承的配合，仅标注公称尺寸及轴、外壳孔的公差带代号。

7.4.3　滚动轴承与轴和外壳孔的配合及其选择

1. 轴颈和外壳孔的尺寸公差带

滚动轴承基准结合面的公差带单向布置在零线下侧，既可满足各种旋转机构不同配合性质的需要，又可以按照标准公差来制造与之相配合的零件，轴和外壳孔的公差带，就是从极限与配合相关的国家标准中选取的。

国家标准 GB/T 275—2015《滚动轴承配合》给出了常用的公差带，如图 7-14 所示。

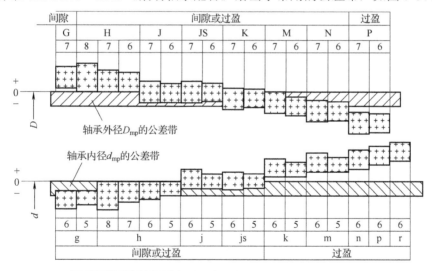

图 7-14　滚动轴承与轴和外壳孔配合的常用公差带关系图

2. 轴承配合的选择

正确地选用轴和外壳孔的公差带，对于充分发挥轴承的技术性能和保证机构的运转质量、使用寿命有着重要的意义。

影响公差带选用的因素较多，如轴承的工作条件(负荷类型、负荷大小、工作温度、旋转精度、轴向游隙)，配合零件的结构、材料，安装与拆卸的要求等。一般根据轴承所承受的负荷类型和大小来决定。

1) 负荷的类型

作用在轴承上的合成径向负荷，是由定向负荷和旋转负荷合成的。若负荷的作用方向是固定不变的，称为定向负荷(如皮带的拉力，齿轮的传递力)。若负荷的作用方向是随套圈(内圈或外圈)一起旋转的，则称为旋转负荷(如管孔时的切削力)。根据套圈工作时相对于合成径向负荷的方向，可将负荷分为三种类型：局部负荷，循环负荷和摆动负荷。

(1) 局部负荷。作用在轴承上的合成径向负荷与套圈相对静止，即作用方向始终不变地作用在套圈滚道的局部区域上，该套圈所承受的这种负荷，称为局部负荷，如图 7-15(a) 所示的外圈和图 7-16(b) 所示的内圈。

(2) 循环负荷。作用于轴承上的合成径向负荷与套圈相对旋转，即合成径向负荷顺次地作用在套圈滚道的整个圆周上，该套圈所承受的这种负荷，称为循环负荷。例如，轴承承受一个方向不变的径向负荷 F_r，该负荷依次作用在旋转的套圈上，所以套圈承受的负荷性质即循环负荷，如图 7-15(a) 所示的内圈和图 7-15(b) 所示的外圈。如图 7-15(c) 所示的内圈和图 7-15(d) 所示的外圈，轴承承受一个方向不变的径向负荷 F_r，同时又受到一个方向随套圈旋转的力 F_r 的作用，但两者合成径向负荷仍然是循环地作用在套圈滚道的圆周上，该套圈所承受的负荷也为循环负荷。

(3) 摆动负荷。作用于轴承上的合成径向负荷与所承受的套圈在一定区域内相对摆动，例如，轴承承受一个方向不变的径向负荷 F_r，同时又受到一个方向随套圈旋转的力 F_c 的作用，但两者合成径向负荷作用在套圈滚道的局部圆周上，该套圈所承受的负荷，称为摆动负荷，如图 7-15(c) 所示的外圈和图 7-15(d) 所示的内圈。

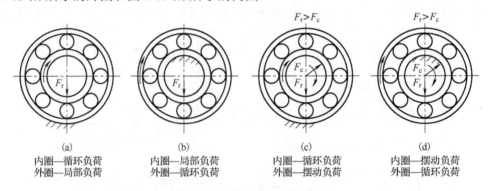

| | (a) | (b) | (c) | (d) |
| 内圈—循环负荷
外圈—局部负荷 | 内圈—局部负荷
外圈—循环负荷 | 内圈—循环负荷
外圈—摆动负荷 | 内圈—摆动负荷
外圈—循环负荷 |

图 7-15　轴承承受的负荷类型

轴承套圈承受的负荷类型不同，选择轴承配合的松紧程度也应不同，承受局部负荷的套圈，局部滚道始终受力，磨损集中，其配合应选较松的过渡配合或具有极小间隙的间隙配合。这是为了让套圈在振动、冲击和摩擦力矩的带动下缓慢转位，以充分利用全部滚道并使磨损均匀，从而延长轴承的寿命，但配合也不能过松，否则会引起套圈在相配件上滑动而使结合面磨损。对于旋转精度及支承刚度有要求的场台(如机床主轴和电动机轴上的轴承)，则不允许套圈转位，以免影响支承精度。

承受循环负荷的套圈，滚道各点循环受力，磨损均匀，其配合应选较紧的过渡配合或过盈量较小的过盈配合，因为套圈与轴或外壳孔之间，工作时不允许产生相对滑动以免结合面磨损，并且要求在全圆周上具有稳固的支承，以保证负荷能最佳分布，从而充分发挥轴承的承载力。但配合的过盈量也不能太大，否则会使轴承内部的游隙减少以致完全消失，产生过大的接触应力，影响轴承的工作性能。

承受动负荷的套圈，其配合松紧介于循环负荷与局部负荷之间。

2) 负荷的大小

滚动轴承套与轴或壳体孔配合的最小过盈取决于负荷的大小。国家标准将当量径向负荷 F_r 分为三类：径向负荷 $F_r < 0.07F_s$ 称为轻负荷；$0.07F_s < F_r < 0.15F_s$ 称为正常负荷；$F_r > 0.15F_s$ 称为重负荷。其中 F_s 为轴承的额定负荷，即轴承能够旋转 106 次而不发生点蚀破坏的概率为 90%的载荷值。

承受较重的负荷或冲击负荷时，将引起轴承较大的变形，使结合面间实际过盈减小和轴承内部的实际间隙增大，这时为了使轴承运转正常，应选较大的过盈配合。同理，承受较轻的负荷时，可选较小的过盈配合。

3) 径向游隙

GB/T 4604.1—2012《滚动轴承游隙 第 1 部分：向心轴承的径向游隙》规定，滚动轴承的径向游隙分为 0、2、3、4、5 组，游隙的大小依次由小到大，其中 0 组为基本组游隙，应优先选用。

游隙的大小要适度。当游隙过大时，不仅使转轴发生径向跳动和轴向窜动，还会使轴承工作时产生较大的振动和噪声；当游隙过小时，使轴承滚动体与套圈产生较大的接触应力，轴承摩擦发热，进而降低轴承的使用寿命。

在常温状态下工作的具有基本组径向游隙的轴承(供应时无游隙标记，即指基本组游隙)，按表 7-14 选取的轴与外壳孔公差带，一般都能保证有适度的游隙，但如因负荷较重，轴承内径选取过盈较大配合，为了补偿变形而引起的游隙过小，应选用大于基本组游隙的轴承；负荷较轻，且要求振动和噪声小，旋转精度高时，配合的过盈量应减小，应选小于基本组游隙的轴承。

4) 工作温度

轴承旋转时，轴承会发热，轴承内可能因热胀而使配合变松，而外圈可能因热胀而使配合变紧，因此在选择配合时应考虑温度的影响。

由于与轴承配合的轴和机架多在不同的温度下工作，为了防止热变形造成的配合要求的变化，当工作温度高于 100℃时，应对所选择的配合进行适当的修正。

5) 其他因素

(1) 壳体孔(或轴)的结构和材料。开式外壳与轴承外圈配合时，宜采用较松的配合，但也不应使外圈在外壳孔内转动，以防止由于外壳孔或轴的形状误差引起轴承内、外圈的不正常变形。当轴承装于薄壁外壳，轻合金外壳或空心轴上时，应采用比厚外壳、钢或铸铁外壳或实心轴更紧的配合，以保证轴承有足够的连接强度。

(2) 安装与拆卸方便。为了便于安装和拆卸，特别对于重型机械，宜采用较松的配合。如果要求拆卸方便而又要用紧配合，则可采用分离型轴承或内为圆锥孔并带紧定套或退卸套的轴承。

(3) 轴承工作时的微量轴向移动。当要求轴承的一个套圈(外圈和内圈)在运转中能沿轴向游动时，该套圈与轴或壳体孔的配合应较松。

(4) 旋转精度。轴承的负荷较大，且为了消除弹性变形和振动的影响，不宜采用间隙配合，但也不宜采用过盈量较大的配合。若轴承的负荷较小，旋转精度要求很高，则为避免轴颈和外壳孔的几何误差影响轴承的旋转精度，旋转套圈的配合和非旋转套圈的配合都应有较小的间隙。例如，内圆磨床磨头处的轴承内圈间隙 1～4μm，外圈间隙 4～10μm。

(5)旋转速度。当轴承在旋转速度较高，又有冲击振动负荷的条件下工作时，轴承套圈与轴和外壳孔的配合都应选择过盈配合，旋转速度越高，配合应越紧。

滚动轴承与轴和外壳孔的配合，要综合考虑上述等因素，采用类比的方法选取公差带。表 7-14、表 7-15 和表 7-16 列出了 GB/T 275—2015《滚动轴承配合》推荐的与轴承配合的座孔和轴径的公差带，供选择时参考。

表 7-14　与向心轴承配合的座孔的公差带（摘自 GB/T 275—2015）

运转状态		负荷状态	其他状况		公差带[1]	
说明	举例				球轴承	滚子轴承
固定的外圈负荷	一般机械、铁路机车、车辆车厢电动机、泵、曲轴主轴承	轻、正常、重负荷	轴向容易移动	轴在高温下工作	G7[2]	
				采用剖分式外壳	H7	
摆动负荷		冲击负荷	轴向能移动，采用整体或剖分式外壳		J7、JS7	
		轻、正常负荷				
		正常、重负荷	轴向不能移动，采用整体式外壳		K7	
		冲击负荷			M7	
旋转的外圈负荷	张紧滑轮、轮毂轴承	轻负荷	轴向不能移动，采用整体式外壳		J7	K7
		正常负荷			K7、M7	M7、N7
		重负荷			—	N7、P7

注：①并列公差带随尺寸的增大，从左至右选择，对旋转精度要求较高时，可相应提高一个公差等级。
②不适用于剖分式外壳。

表 7-15　与推力轴承配合的座孔的公差带（摘自 GB/T 275—2015）

运转状态	负荷状态	轴承类型	公差带	备注
仅有轴向负荷		推力球轴承	H8	
		推力圆柱滚子轴承、推力圆锥滚子轴承	H7	
		推力调心滚子轴承		外壳孔与座圈间间隙为 $0.001D$（D 为轴承公称外径）
固定的座圈负荷	径向和轴向联合负荷	推力角接触球轴承、推力调心滚子轴承、推力圆锥滚子轴承	H7	
			K7	普通使用条件
旋转的座圈负荷或摆动负荷			M7	有较大径向负荷时

表 7-16　与推力轴承配合的轴颈的公差带（摘自 GB/T 275—2015）

运转状态	负荷状态	推力球轴承和推力滚子轴承	推力调心滚子轴承[2]	公差带[3]
		轴承公称内径/mm		
仅有轴向负载		所有尺寸		j6、js6
固定的轴圈负荷		—	≤ 250	j6
		—	>250	js6
旋转的轴圈负荷或摆动负荷	径向和轴向联合负荷	—	≤ 200	k6[1]
		—	>250～400	m6[1]
		—	>400	n6[1]

注：①对要求过盈较小时，可用 js、k6、m6 以分别代替 k6、m6、n6。
②也包括推力圆锥滚子轴承、推力角接触球轴承。
③应选用轴承径向游隙大于基本组游隙的滚子轴承。

3. 轴颈和外壳孔的几何公差与表面粗糙度参数值的确定

为了保证轴承的工作质量及使用寿命，除选轴和外壳的公差带之外，还应规定相应的几何公差及表面粗糙度值，国家标准推荐的几何公差及表面粗糙度值列于表 7-17 和表 7-18，供设计时选取。

表 7-17　轴颈和座孔的几何公差(摘自 GB/T 275—2015)　　　　　　(单位：μm)

公称直径 /mm		圆柱度 t				轴向圆跳动 t_1			
		轴颈		外壳孔		轴颈		外壳孔	
		轴承公差等级							
		0	6(6X)	0	6(6X)	0	6(6X)	0	6(6X)
超过	到	公差值/μm							
—	6	2.5	1.5	4	2.5	5	3	8	5
6	10	2.5	1.5	4	2.5	6	4	10	6
10	18	3.0	2.0	5	3.0	8	5	12	8
18	30	4.0	2.5	6	4.0	10	6	15	10
30	50	4.0	2.5	7	4.0	12	8	20	12
50	80	5.0	3.0	8	5.0	15	10	25	15
80	120	6.0	4.0	10	6.0	15	10	25	15
120	180	8.0	5.0	12	8.0	20	12	30	20
180	250	10.0	7.0	14	10.0	20	12	30	20
250	315	12.0	8.0	16	12.0	25	15	40	25
315	400	13.0	9.0	18	13.0	25	15	40	25
400	500	15.0	10.0	20	15.0	25	15	40	25

表 7-18　配合面的表面粗糙度(摘自 GB/T 275—2015)

轴或轴承座直径 /mm		轴或外壳配合表面直径公差等级								
		IT7			IT6			IT5		
		表面粗糙度/μm								
		Rz	Ra		Rz	Ra		Rz	Ra	
超过	到		磨	车		磨	车		磨	车
—	80	10	1.6	3.2	6.3	0.8	1.6	4	0.4	0.8
80	500	16	1.6	3.2	10	1.6	3.2	6.3	0.8	1.6
端面		25	3.2	6.3	25	3.2	6.3	10	1.6	3.2

4. 轴和外壳孔精度设计举例

例 7-2　在 C616 车床主轴后支承上装有两个单列向心轴承，如图 7-16 所示。外形尺寸为 $d×D×B=50×90×20$，试选定轴承的精度等级，轴承与轴和外壳孔的配合。

解：(1)分析确定轴承的精度等级。C616 车床属轻载的普通车床，主轴承受轻载荷。C616 车床主轴的旋转精度和转速较高，选择 6 级精度的滚动轴承。

(2)分析确定轴承与轴和壳体孔的配合。轴承内圈与主轴配合一起旋转，外圈装在外壳孔中不转。主轴后支承主要承受齿轮传递力，故内圈承受循环负荷，外圈承受局部负荷。前者配合应紧，后者配合略松，参考表 6-4、表 6-5选出轴公差带为 $\phi 50j5$，外壳孔的公差带为 $\phi 90J6$。

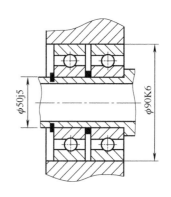

图 7-16　C616 车床主轴后轴承结构

机床主轴前轴承已轴向定位，若后轴承外圈与外壳孔配合无间隙，则不能补偿由于温度变化引起的主轴的伸缩性；若外圈与外壳孔配合有间隙，会引起主轴跳动，影响车床加工精度。为了满足使用要求，将外壳孔公差带改用$\phi90K6$。

按滚动轴承公差相关的国家标准，由表 7-10 查出 6 级轴承单一平面平均内径偏差（Δ_{dmp}）为$\phi50_{-0.01}^{0}$mm，由表 7-11 查出 6 级轴承单一平面平均外径偏差（Δ_{Dmp}）为$\phi90_{-0.013}^{0}$mm。根据 GB/T 1800.2—2009 查得：轴为$\phi50j5_{-0.005}^{+0.006}$mm，外壳孔为$\phi90K6_{-0.018}^{+0.004}$mm。

图 7-17 为 C616 车床主轴后轴承的公差与配合图解，由此可知，轴承与轴的配合比与外壳孔的配合要紧些。

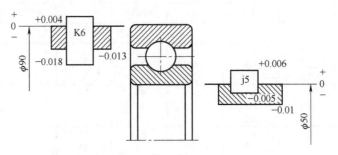

图 7-17　C616 车床主轴后轴承的公差与配合图解

轴承外圈与箱体孔配合：

$$X_{\max}=+0.017\text{mm}，Y_{\max}=-0.018\text{mm}，Y_{平均}=-0.0005\text{mm}$$

轴承内圈与轴配合：

$$X_{\max}=+0.005\text{mm}，Y_{\max}=-0.016\text{mm}，Y_{平均}=-0.0055\text{mm}$$

按表 7-17、表 7-18 查出轴和壳体孔的几何公差和表面粗糙度值标注在零件图 7-18 和图 7-19 上。

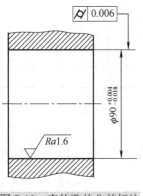

图 7-18　壳体孔的公差标注

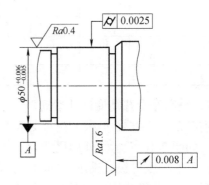

图 7-19　轴径的公差标注

习题 7

7-1　平键连接为什么只对键（键槽）宽规定较严的公差？

7-2　平键连接的配合采用何种基准制？花键连接采用何种基准制？

7-3　矩形花键的主要参数有哪些？定心方式有哪几种？哪种方式是常用的？为什么？

7-4　请解释以下两行代号表示的含义。

8×19f6×25a9×6d8

6×23H7/f6×26H10/a11×6H11/d10

7-5　有一齿轮与轴的连接用平键传递扭矩。平键尺寸 $b=10$mm，$L=28$mm。齿轮与轴的配合为 $\phi 35$H7/h6，平键采用一般连接。试查出键槽尺寸偏差、几何公差和表面粗糙度，并分别标注在轴和齿轮的横剖面上。

7-6　某机床变速器中有 6 级精度齿轮的花键孔与花键轴连接，花键规格 6×26×30×6，花键孔长 30mm，花键轴长 75mm，齿轮花键孔经常需要相对花键轴做轴向移动，要求定心精度较高，试确定：齿轮花键孔和花键轴的公差带代号，计算小径、大径、键(键槽)宽的极限尺寸。分别写出在装配图上和零件图上的标记。

7-7　滚动轴承的公差等级有哪几个？哪个等级应用最广泛？

7-8　滚动轴承与轴、外壳孔配合，采用何种基准制？其公差带分布有什么特点？

7-9　旋转轴承与轴、外壳孔配合时主要考虑哪些因素？

第8章 螺纹的公差与检测

教 学 提 示

通过学习螺纹的公差与检测，了解螺纹的一些概念以及普通螺纹几何参数误差对互换性的影响，掌握普通螺纹公差与配合标准及选用，并初步了解螺纹的检测方法。

教 学 要 求

了解普通螺纹几何参数误差对互换性的影响，掌握普通螺纹公差与配合标准及选用，了解检测方法。

8.1 概　　述

螺纹连接是机械制造和仪器制造中应用最广泛的连接形式。螺钉、螺栓和螺母作为连接和紧固件在人们的日常生活中扮演着重要角色，是具有完全互换性的零件。国家颁布了有关螺纹精度设计的系列标准及选用方法，保证了螺纹的互换性要求。

本章所涉及的国家标准主要有：GB/T 192—2003《普通螺纹 基本牙型》、GB/T 193—2003《普通螺纹 直径与螺距系列》、GB/T 196—2003《普通螺纹 公称尺寸》、GB/T 197—2018《普通螺纹 公差》、GB/T 2516—2003《普通螺纹 极限偏差》、GB/T 9144—2003《普通螺纹 优选系列》、GB/T 9145—2003《普通螺纹 中等精度、优选系列的极限尺寸》、GB/T 9146—2003《普通螺纹 粗糙精度、优选系列的极限尺寸》等。

1. 螺纹的种类及使用要求

螺纹在机电产品中的应用十分广泛，按用途不同可分为三大类。

(1)紧固螺纹(普通螺纹)。紧固螺纹主要用于连接和紧固各种机械零件。紧固螺纹是各种螺纹中使用最普遍的一种，通常牙型的形状采用三角形。对这种螺纹连接的主要要求是可旋合性和连接的可靠性。

(2)传动螺纹。传动螺纹主要用于传递动力和精确位移，如丝杠等。其牙型为梯形、矩形等。对这种螺纹连接的主要要求是传递动力的可靠性，或传动比的稳定性(保持恒定)。这种螺纹结合要求有一定的保证间隙，以便传动和储存润滑油。

(3)紧密螺纹。紧密螺纹主要用于使两个零件紧密而无泄漏的结合，如连接管道用的螺纹。多为三角形牙型的圆锥螺纹。对这种螺纹连接的主要要求是连接紧密，以保证不漏水、气、油。

本章主要讨论普通螺纹的互换性及其精度选择。

2. 普通螺纹的基本牙型和主要几何参数

普通螺纹的基本牙型的原始形状是一等边三角形。基本牙型是指在螺纹的轴剖面内，截去原始三角形的顶部和底部，所形成的螺纹牙型。普通螺纹的基本牙型如图 8-1 所示(小写字母为外螺纹的几何参数，大写字母为内螺纹的几何参数)。从图 8-1 中可以看出螺纹的主要几何参数有以下几种。

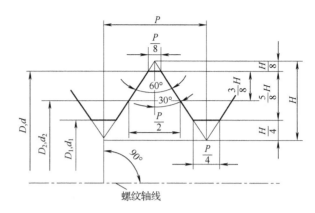

图 8-1　普通螺纹的公称尺寸和基本牙型

(1)螺距(P)。螺距是指相邻两牙在中径线上对应两点间的轴向距离。

(2)原始三角形高度(H)。原始三角形高度是指原始三角形顶点到底边的垂直距离，$H=\sqrt{3}P/2$。

(3)牙型高度($5H/8$)。牙型高度是指原始三角形削去顶部和底部后的高度。

(4)大径(d 或 D)。与外螺纹牙顶或内螺纹牙底相切的假想圆柱体的直径，称为大径。外螺纹用 d 表示，内螺纹用 D 表示。国家标准规定，公制普通螺纹大径的公称尺寸为螺纹的公称直径大径也是外螺纹顶径，内螺纹底径。

(5)小径(d_1 或 D_1)。与外螺纹牙底或内螺纹牙顶相重合的假想圆柱体的直径，称为小径。外螺纹用 d_1 表示，内螺纹用 D_1 表示。小径也是外螺纹的底径，内螺纹的顶径。

(6)中径(d_2 或 D_2)。中径是一个假想圆柱的直径，该圆柱的母线通过牙型上沟槽和凸起宽度相等且等于 $P/2$ 的地方。外螺纹用 d_2 表示，内螺纹用 D_2 表示。

(7)单一中径。一个假想圆柱的直径，该圆柱的母线通过牙型上沟槽宽度等于螺距公称尺寸一半的地方。当螺距无误差时，螺纹的中径就是螺纹的单一中径。当螺距有误差时，单一中径与中径是不相等的，如图 8-2 所示。

(8)牙型角(α)和牙侧角(α_1 和 α_2)。

牙型角是指通过螺纹轴线的剖面内，螺纹牙型两侧间的夹角，用 α 来表示。对于对称牙型的牙型角，也可以用牙型半角来表示，即牙型角的一半($\alpha/2$)。

对于普通螺纹，牙型角 $\alpha=60°$，牙型半角 $\alpha/2=30°$。

牙侧角是指通过螺纹轴线的剖面内，螺纹牙型的一侧与螺纹轴线的垂线间的夹角，分别用 α_1 和 α_2 表示。

如果螺纹的轴线没有几何误差，则普通螺纹的牙侧角与牙型半角的关系：

$$\alpha_1=\alpha_2=\alpha/2=30°$$

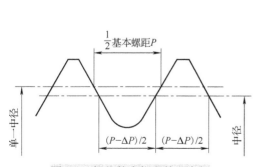

图 8-2　螺纹的中径和单一中径

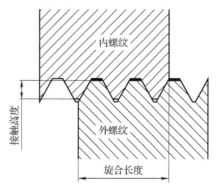

图 8-3　普通螺纹的旋合长度和接触高度

(9)螺纹旋合长度。螺纹旋合长度是指两相配合螺纹,沿螺纹轴线方向相互旋合部分的长度。

(10)螺纹最大实体牙型。由设计牙型和各直径的基本偏差与公差所决定的最大实体状态下的螺纹牙型称为螺纹最大实体牙型。对于普通外螺纹,它是基本牙型的三个基本直径分别加上基本偏差(上偏差 es)后所形成的牙型。对于普通内螺纹,它是基本牙型的三个基本直径分别加上基本偏差(下偏差 EI)后所形成的牙型。

(11)螺纹最小实体牙型。由设计牙型和各直径的基本偏差与公差所决定的最小实体状态下的螺纹牙型称为螺纹最小实体牙型。对于普通外螺纹,它是在最大实体牙型的顶径和中径上分别减去它们的顶径公差与中径公差(底径未做规定)后所形成的牙型。对于普通内螺纹,它是在最大实体牙型的顶径和中径上分别加上它们的顶径公差与中径公差(底径未做规定)后所形成的牙型。

8.2　普通螺纹几何参数误差对互换性的影响

影响螺纹连接互换性的主要几何参数有螺纹的螺距、牙侧角和直径。

1. 螺距误差的影响

对紧固螺纹来说,螺距误差主要影响螺纹的可旋合性和连接的可靠性;对传动螺纹来说,螺距误差直接影响传动精度,影响牙上负荷分布的均匀性。

螺距误差包括局部误差和累积误差。螺距局部误差ΔP是指螺距的实际值与其基本值之差,与旋合长度无关。螺距累积误差ΔP_Σ是指在规定的螺纹长度内,包含若干个螺距的任意两个螺牙的同一侧在中径线交点间的实际轴向距离与其基本值之差的最大绝对值,与旋合长度有关。ΔP_Σ对螺纹互换性的影响更为明显。

螺距误差对旋合性的影响如图 8-4 所示。假定内螺纹具有理想牙型,与之相配合的外螺纹只存在螺距误差,且外螺纹的螺距$P_外$略大于内螺纹的螺距$P_内$(即P),结果使内、外螺纹的牙型产生干涉,不能旋合。

为了使有螺距误差的外螺纹可旋入标准的内螺纹,在实际生产中,可把外螺纹中径减去一个数值f_p,这个f_p值称为螺距误差的中径当量。

同理,当内螺纹存在螺距累积误差ΔP_Σ时,为了保证旋合性,必须将内螺纹的中径增大一个数值f_p。

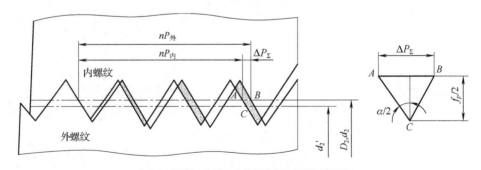

图 8-4　普通螺纹的旋合长度和接触高度

从图 8-4 的 △ABC 中可看出

$$f_p = \Delta P_\Sigma \cot\frac{\alpha}{2}$$

对于公制普通螺纹，则

$$f_p = 1.732\,|\,\Delta P_\Sigma\,| \tag{8-1}$$

2. 牙侧角偏差的影响

牙侧角偏差是指牙侧角的实际值与其理论值之差。它包括螺纹牙侧的形状误差和牙侧相对于螺纹轴线的位置误差，它对螺纹的旋合性和连接强度均有影响。

如图 8-5 所示，假设内螺纹具有理想牙型（左、右牙侧角的大小均为 30°），外螺纹仅存在牙侧角偏差，且外螺纹左牙侧角偏差为负值，右牙侧角偏差为正值，则会在内、外螺纹牙侧产生干涉而不能旋合。为使内、外螺纹能旋合，应把外螺纹的实际中径减小 f_α（图中虚线 3 处）或把内螺纹的实际中径增加 f_α 值，f_α 值称为牙侧角偏差中径当量。

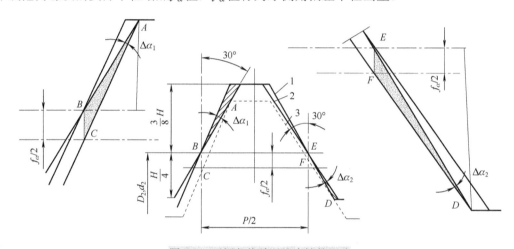

图 8-5 牙侧角偏差对旋合性的影响

根据牙型的几何关系，考虑到左、右牙侧角偏差可能出现的各种情况及必要的单位换算得出如下公式

$$f_\alpha = 0.073P(K_1|\Delta\alpha_1| + K_2|\Delta\alpha_2|) \tag{8-2}$$

式中，P 为螺距，mm；$\Delta\alpha_1$，$\Delta\alpha_2$ 为左、右牙侧角偏差（$\Delta\alpha_1 = \alpha_1 - 30°$，$\Delta\alpha_2 = \alpha_2 - 30°$）；$K_1$，$K_2$ 为左、右牙侧角偏差系数。对外螺纹，当牙侧角偏差为正值时，K_1，K_2 取值为 2，为负值时，K_1，K_2 取值为 3；内螺纹左、右牙侧角偏差系数的取值正好相反。

3. 螺纹直径偏差的影响

螺纹实际直径的大小直接影响螺纹连接的松紧。为了保证螺纹的旋合性，就必须使内螺纹的实际直径大于或等于外螺纹的实际直径。由于相配合内、外螺纹的直径公称尺寸相同，因此，如果使内螺纹的实际直径大于或等于其公称尺寸（即内螺纹直径实际偏差为正值），而外螺纹的实际直径小于或等于其公称尺寸（即外螺纹直径实际偏差为负值），就能保证内、外螺纹连接的旋合性。但是，内螺纹实际小径不能过大，外螺纹实际大径不能过小，否则会使螺纹接触高度减小，导致螺纹连接强度不足。内螺纹实际中径也不能过大，外螺纹实际中径也不能过小，否则削弱螺纹连接强度。所以，必须限制螺纹直径的实际尺寸，使之不过大，也不过小。在螺纹的三个直径参数中，中径的实际尺寸的影响是主要的，它直接决定了螺纹连接的配合性质。

4. 螺纹作用中径及其合格性的判断

1）螺纹作用中径（d_{2m}、D_{2m}）

螺纹作用中径是在规定的旋合长度内，恰好包容实际螺纹的一个假想螺纹的中径。此假想螺纹具有基本牙型的螺距、牙侧角、牙型高度，并在牙顶和牙底处留有间隙，以保证不与实际螺纹的大、小径发生干涉，故作用中径是螺纹旋合时实际起作用的中径。

2）作用中径的计算

由于螺距误差和牙侧角偏差均用中径补偿，对外螺纹相当于螺纹中径变大，对内螺纹则相当于螺纹中径变小，即

$$d_{2m}=d_{2a}+(f_p+f_\alpha) \tag{8-3}$$

$$D_{2m}=D_{2a}-(f_p+f_\alpha) \tag{8-4}$$

为了使相互连接的内、外螺纹能自由旋合，应保证

$$D_{2m}\geqslant d_{2m} \tag{8-5}$$

3）中径公差

由于螺距和牙侧角偏差的影响均可折算为中径当量，所以螺纹中径公差可具有三个作用：控制中径本身的尺寸误差、控制螺距误差和控制牙侧角偏差。所以不须单独规定螺距公差和牙侧角公差。可见中径公差是一项综合公差。

4）中径合格性判断原则（泰勒原则）

作用中径的大小影响可旋合性，实际中径的大小影响连接可靠性。国家标准规定中径合格性判断原则应遵循泰勒原则，即实际螺纹的作用中径不能超越最大实体牙型的中径，并且任意位置的实际中径（单一中径）不能超越最小实体牙型的中径。根据中径合格性判断原则，合格的螺纹应满足下列关系式。

对于外螺纹：

$$d_{2m}\leqslant d_{2MMS}=d_{2max} \tag{8-6}$$

$$d_{2a}\geqslant d_{LMS}=d_{2min} \tag{8-7}$$

对于内螺纹：

$$D_{2m}\geqslant D_{2MMS}=D_{2min} \tag{8-8}$$

$$D_{2a}\leqslant D_{2LMS}=D_{2max} \tag{8-9}$$

8.3　普通螺纹的公差与配合

8.3.1　螺纹公差带

螺纹配合由内外螺纹公差带组合而成，国家标准 GB/T 197—2018《普通螺纹公差》将普通螺纹公差带的两个要素即公差等级（公差带的大小）和基本偏差（公差带位置）进行了标准化，组成各种螺纹公差带。考虑到旋合长度对螺纹精度的影响，由螺纹公差带与旋合长度构成螺纹精度，形成了较为完整的螺纹公差体系，普通螺纹的公称尺寸见表 8-1。

表 8-1　普通螺纹的公称尺寸(摘自 GB/T 196—2003)　(单位：mm)

公称直径(D、d)			螺距 P	中径 $(D_2、d_2)$	小径 $(D_1、d_1)$
第一系列	第二系列	第三系列			
10			**1.5**	9.026	8.376
			1.25	9.188	8.647
			1	9.350	8.917
			0.75	9.513	9.188
			(0.5)	9.675	9.459
		11	**(1.5)**	10.026	9.376
			1	10.350	9.917
			0.75	10.513	11.188
12			**1.75**	10.853	10.106
			1.5	11.026	10.376
			1.25	11.188	10.647
			1	11.350	10.917
	14		**2**	12.701	11.835
			1.5	13.026	12.376
			1.25	13.188	12.647
			1	13.350	12.917
		15	1.5	14.026	13.376
			1	14.350	13.917
16			**2**	14.701	13.835
			1.5	15.026	14.376
			1	15.350	14.917
	18		**2.5**	16.376	15.294
			2	16.701	15.835
			1.5	17.026	16.376
			1	17.350	16.917
20			**2.5**	18.376	17.294
			2	18.701	17.835
			1.5	19.026	18.376
			1	19.350	18.917
			(0.75)	19.513	19.188
			(0.5)	19.675	19.459
24			**3**	22.051	20.752
			2	22.701	21.835
			1.5	23.026	22.376
			1	23.350	22.917
			(0.75)	23.513	23.188

注：① 直径优先选用第一系列，其次第二系列，第三系列尽可能不用。
　　② 粗字体为粗牙螺距。括号内的螺距尽可能不用。

1. 公差等级

从作用中径的概念和中径合格性判断原则可知，不需要规定螺距、牙侧角公差，只规定中径公差就可综合控制它们对互换性的影响，所以国家标准仅对螺纹的中径和顶径分别规定了若干个公差等级，如表 8-2 所示。

表 8-2　普通螺纹公差等级（摘自 GB/T 197—2018）

螺纹直径	公差等级	螺纹直径	公差等级
内螺纹中径 D_2	4，5，6，7，8	外螺纹中径 d_2	3，4，5，6，7，8，9
内螺纹小径 D_1	4，5，6，7，8	外螺纹大径 d_1	4，6，8

在各个公差等级中，3 级最高，公差值最小，等级依次降低，9 级最低。6 级是基本级，公差值可查表 8-3 和表 8-4。在同一公差等级中，内螺纹中径公差比外螺纹中径公差大 32%左右，这是因为内螺纹加工较困难。

表 8-3　普通螺纹中径公差（摘录 GB/T 197—2018）　　　　　（单位：μm）

公称直径/mm		螺距 P/mm	内螺纹中径公差 T_{D_2}					外螺纹中径公差 T_{d_2}						
>	≤		公差等级					公差等级						
			4	5	6	7	8	3	4	5	6	7	8	9
5.6	11.2	0.75	85	106	132	170	—	50	63	80	100	125	—	—
		1	95	118	150	190	236	56	71	90	112	140	180	224
		1.25	100	125	160	200	250	60	75	95	118	150	190	236
		1.5	112	140	180	224	280	67	85	106	132	170	212	265
11.2	22.4	1	100	125	160	200	250	60	75	95	118	150	190	236
		1.25	112	140	180	224	280	67	85	106	132	170	212	265
		1.5	118	150	190	236	300	71	90	112	140	180	224	280
		1.75	125	160	200	250	315	75	95	118	150	190	236	300
		2	132	170	212	265	335	80	100	125	160	200	250	315
		2.5	140	180	224	280	355	85	106	132	170	212	265	335
22.4	45	1	106	132	170	212	—	63	80	100	125	160	200	250
		1.5	125	160	200	250	315	75	95	118	150	190	236	300
		2	140	180	224	280	355	85	106	132	170	212	265	335
		3	170	212	265	335	425	100	125	160	200	250	315	400
		3.5	180	224	280	355	450	106	132	170	212	265	335	425
		4	190	236	300	375	475	112	140	180	224	280	355	450
		4.5	200	250	315	400	500	118	150	190	236	300	375	475

表 8-4　普通螺纹顶径公差（摘自 GB/T 197—2018）　　　　　（单位：μm）

螺距 P/mm	内螺纹小径公差 T_{D_1}					外螺纹大径公差 T_d		
	公差等级					公差等级		
	4	5	6	7	8	4	6	8
0.75	118	150	190	236	—	90	140	—
0.8	125	160	200	250	315	95	150	236
1	150	190	236	300	375	112	180	280
1.25	170	212	265	335	425	132	212	335
1.5	190	236	300	375	475	150	236	375
1.75	212	265	335	425	530	170	265	425
2	236	300	375	475	600	180	280	450
2.5	280	355	450	560	710	212	335	530

由于底径（内螺纹大径 D 和外螺纹小径 d_1）在加工时和中径一起由刀具切出，其尺寸由刀

具保证，因此国标没有规定具体公差等级，而是规定内外螺纹牙底实际轮廓不得超过按基本偏差所确定的最大实体牙型，以保证旋合时不发生干涉。

2. 基本偏差

国家标准 GB/T 197—2018《普通螺纹公差》中对大径、中径和小径规定了相同的基本偏差。其内、外螺纹的公差带位置如图 8-6 和图 8-7 所示。内螺纹的基本偏差为下偏差 EI，外螺纹的基本偏差为上偏差 es。根据 $T=ES(es)-EI(ei)$，即可求出另一个偏差。内、外螺纹的基本偏差见表 8-5。

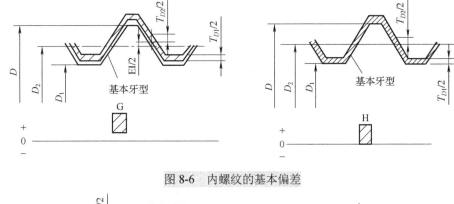

图 8-6　内螺纹的基本偏差

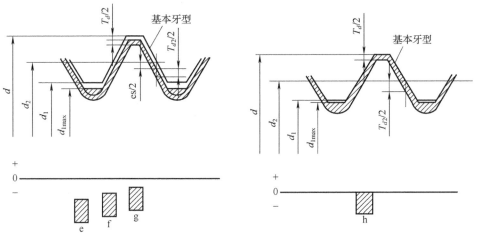

图 8-7　外螺纹的基本偏差

表 8-5　普通螺纹基本偏差(摘自 GB/T 197—2018)　　　(单位：μm)

螺距 P/mm	内螺纹的基本偏差 EI		外螺纹的基本偏差 es			
	G	H	e	f	g	h
0.75	+22		−56	−38	−22	
0.8	+24		−60	−38	−24	
1	+26		−60	−40	−26	
1.25	+28		−63	−42	−28	
1.5	+32	0	−67	−45	−32	0
1.75	+34		−71	−48	−34	
2	+38		−71	−52	−38	
2.5	+42		−80	−58	−42	
3	+48		−85	−63	−48	

3. 螺纹公差带代号

将螺纹公差等级代号和基本偏差代号组合，就组成了螺纹公差带代号。例如，内螺纹公差带代号 7H、6G，外螺纹公差带代号 6g、8h 等。注意螺纹公差带代号与一般尺寸公差带符号不同，其公差等级数字在前，基本偏差代号在后。

8.3.2 螺纹公差带的选用

1. 配合精度的选用

螺纹公差带按公差等级和旋合长度分三种精度等级。精度等级的高低，代表了螺纹加工的难易程度。

精密级：用于精密连接螺纹，要求配合性质稳定，配合间隙变动较小，需要保证一定的定心精度的螺纹连接。

中等级：用于一般的螺纹连接。

粗糙级：用于对精度要求不高或制造比较困难的螺纹连接。

2. 旋合长度的确定

国标按螺纹公称直径和螺距基本值规定了三组旋合长度，分别为短旋合长度(S)、中等旋合长度(N)和长旋合长度(L)。设计时常用中等旋合长度(N)，数值如表 8-6 所示。只有当结构或强度上需要时，才选用短旋合长度(S)和长旋合长度(L)。

表 8-6 螺纹的旋合长度(摘自 GB/T 197—2018) (单位：mm)

公称直径 D、d		螺距 P	旋合长度			
>	≤		S	N		L
			≤	>	≤	>
5.6	11.2	0.75	2.4	2.4	7.1	7.1
		1	3	3	9	9
		1.25	4	4	12	12
		1.5	5	5	15	15
11.2	22.4	1	3.8	3.8	11	11
		1.25	4.5	4.5	13	13
		1.5	5.6	5.6	16	16
		1.75	6	6	18	18
		2	8	8	24	24
		2.5	10	10	30	30
22.4	45	1	4	4	12	12
		1.5	6.3	6.3	19	19
		2	8.5	8.5	25	25
		3	12	12	36	36
		3.5	15	15	45	45
		4	18	18	53	53
		4.5	21	21	63	63

3. 公差等级和基本偏差的确定

在生产中，为了减少刀具、量具的规格和数量，对公差带的数量(或种类)应加以限制。

根据螺纹的使用精度和旋合长度，国家标准推荐了一些常用公差带，如表 8-7 所示。除非特殊需要，一般不宜选用标准以外的公差带。

表 8-7　普通螺纹选用公差带(摘自 GB/T 197—2018)

精度等级	内螺纹的推荐公差带			外螺纹的推荐公差带		
	S	N	L	S	N	L
精密级	4H	5H	6H	(3h4h)	4h*(4g)	(5g4g) (5h4h)
中等级	5H*(5G)	6H* 6G*	7H*(7G)	(5g6g) (5h6h)	6e*6f*6g*6h*	(7e6e) (7g6g) (7h6h)
粗糙级	—	7H(7G)	8H(8G)	—	8g(8e)	(9e8e) (9g8g)

注：① 只有一个公差带代号(如 4H)表示中径和顶径的公差带相同；有两个公差带代号(如 5h4h)表示中径公差带和顶径公差带不相同。

　② 带*的公差带为优先选用公差带，不带*的公差带为一般选用公差带，加括号的公差带尽量不选用。

　③ 带方框并加*的公差带用于大量生产的紧固件螺纹。

4. 配合的选用

内、外螺纹选用的公差带可以任意组合，但为了保证足够的接触高度，标准推荐完工后的螺纹零件宜优先组成 H/g、H/h 或 G/h 配合。对公称直径小于和等于 1.4mm 的螺纹，应选用 5H/6h、4H/6h 或更精密的配合。

对于需要涂镀保护层的螺纹，如无特殊规定，涂镀前螺纹一般应按推荐公差带制造，涂镀后螺纹的实际轮廓上的任何点均不应超过按 H 或 h 确定的最大实体牙型。

8.3.3　普通螺纹标记

1. 在零件图上

普通螺纹的完整标记由螺纹代号、螺纹公差带代号和螺纹旋合长度代号组成，三者之间用短横符号"-"分开。

普通螺纹代号用"M"及公称直径×螺距(单位为 mm)表示，粗牙螺纹不标注螺距；当螺纹为左旋时，在螺纹代号后加"左"或"LH"，不注时为右旋螺纹；螺纹公差代号包括螺纹中径公差代号和顶径公差带代号(当中径、顶径公差带相同时，可合并标注一个)，标注在螺纹代号之后；螺纹旋合长度代号标注在螺纹公差带代号后，中等旋合长度不标注。

例如，M10-5g6g 表示中径公差带代号为 5g，顶径公差带代号为 6g，中等旋合长度的右旋普通粗牙外螺纹，公称直径 10mm；M10×1-LH-6H-S 表示中径和顶径公差带代号均为 6H，短旋合长度的左旋普通细牙内螺纹，公称直径 10mm，螺距 1mm。短或长旋合长度也可直接标出旋合长度数值，如 M20×2-7g6g-40。

2. 在装配图上

内、外螺纹装配在一起，它们的公差带代号用斜线分开，左边表示内螺纹公差带代号，右边表示外螺纹公差带代号，如 M20×2-6H/6g；M20×2 左-7H/6g7g。

8.4　普通螺纹的检测

1. 综合检验

对于成批量生产的螺纹类零件，为提高生产效率，一般采用综合检验的方法。综合检验是指用螺纹量规检测被测螺纹各个几何参数误差的综合结果，用量规的通规检验被测螺纹的作用中径和底径，用量规的止规检验被测螺纹的顶径。

螺纹量规的通规应具有完整的牙型，其螺纹长度应等于被测螺纹的旋合长度；螺纹量规的止规采用截短的牙型，只有 2～3 个螺距的螺纹长度。

用螺纹量规检测被测螺纹时，被测螺纹的合格条件是：通规能够旋合通过整个被测螺纹，且止规不能旋入被测螺纹或不能完全旋入（只允许与被测螺纹的两端旋合，且旋合量不能超过两个螺距）被测螺纹。

螺纹量规分为螺纹塞规和螺纹环规两种。螺纹塞规用于检验内螺纹，螺纹环规用于检验外螺纹。

2. 单项测量

单项测量是指对被测螺纹的实际几何参数分别进行测量，主要测量方法有以下几种。

(1)用三针法测量螺纹中径。用三针法测量螺纹中径只能测量外螺纹，属于间接测量法，是利用三根直径相同的精密圆柱量针放入被测螺纹直径方向的两边沟槽中，一边放一个，另一边放两个，量针与沟槽两侧面接触，然后用测量仪测量这三根量针外侧母线之间的距离(跨针距)，再通过几何计算得出被测螺纹的单一中径。

(2)用影像法测量外螺纹几何参数。用影像法测量外螺纹几何参数是利用工具显微镜将被测螺纹的牙型轮廓放大成像，然后测量其螺距、牙侧角、中径，也可测量其大径和小径。

以上两种方法测量精度较高，主要用于测量精密螺纹、螺纹量规、螺纹刀具和丝杠螺纹。

(3)用螺纹千分尺测量螺纹中径。用螺纹千分尺测量螺纹中径的测量精度较低，主要适用于单件小批量生产中对较低精度的外螺纹零件。

习题 8

8-1　普通螺纹的中径、单一中径和作用中径有何区别与联系？

8-2　普通螺纹的实际中径在中径极限尺寸内，中径是否就合格？为什么？

8-3　解释下列螺纹标注的含义：

M24×2-5H6H-L

M20-7g6g-40

M42-6G/5h6h

8-4　有一螺栓 M30×2-6h，其单一中径 $d_{2单-}$=28.329mm，螺距误差 ΔP_Σ=+35μm，牙侧角偏差 $\Delta\alpha_1$=-30′，$\Delta\alpha_2$=+65′，试判断该螺栓的合格性。

8-5　加工 M18×2-6g 的螺纹，已知加工方法所产生的螺距累积误差的中径当量 f_p=0.018mm，牙侧角偏差的中径当量 f_α=0.022mm，问此加工方法允许的中径实际最大、最小尺寸各是多少？

8-6　一对螺纹配合代号为 M16×1-6H/5g6g，试查表确定外螺纹的中径、大径和内螺纹的中径、小径的极限偏差。

第9章　圆柱齿轮公差与检测

教 学 提 示

　　齿轮是机械传动中应用的重要零件。渐开线圆柱齿轮传动是生产实际中应用最为广泛的齿轮传动方式，齿轮传动使用要求、互换性特点和有关指标的检测是本章的重点。学习者可以从齿轮传递运动的准确性、传动的平稳性、承载均匀性及齿侧间隙等四个方面加深对齿轮精度要求和公差及检验指标对齿轮工作性能影响的理解。

教 学 要 求

　　了解齿轮传动的使用要求以及齿轮的加工误差及分类，掌握单个齿轮的评定指标及检测方法，掌握齿轮副的评定指标、齿轮精度设计及正确的标注方法。

9.1　齿轮传动及其使用要求

1. 齿轮传动

　　齿轮传动是机械传动中最主要的一类传动，其主要用来传递运动和动力。齿轮传动具有传动效率高、结构紧凑、承载能力大、工作可靠等特点，已广泛应用于汽车、轮船、飞机、工程机械、农业机械、机床、仪器仪表等机械产品中。齿轮传动一般由齿轮、轴、轴承、键等零件组成。齿轮传动的质量不仅与各个组成零件的制造质量直接相关，而且与各个零件之间的装配质量密切相关。齿轮作为传动系统中的重要零件，其自身误差会影响传动精度的要求。齿轮传动的质量对机械产品的工作性能、承载能力、工作精度及使用寿命等都有很大的影响。为了保证齿轮传动的质量和互换性，有必要研究齿轮误差对使用性能的影响，探讨提高齿轮加工和测量精度的途径。

　　本章涉及的齿轮精度标准有 GB/T 10095.1—2008《圆柱齿轮精度制 第 1 部分：齿轮同侧齿面偏差的定义和允许值》，GB/Z 18620.1—2008《圆柱齿轮 检验实施规范 第 1 部分：轮齿同侧齿面的检验》、GB/Z 18620.2—2008《圆柱齿轮 检验实施规范 第 2 部分：径向综合偏差、径向跳动、齿厚和侧隙的检验》、GB/Z 18620.3—2008《圆柱齿轮 检验实施规范 第 3 部分：齿轮坯、轴中心距和轴线平行度的检验》、GB/Z 18620.4—2008《圆柱齿轮 检验实施规范 第 4 部分：表面结构和轮齿接触斑点的检验》等。

2. 齿轮传动的使用要求

　　由于机器和仪表的工作精度、工作性能、承载能力和使用寿命等都与齿轮传动的质量密切相关，因此对齿轮传动提出了四项使用要求。

　　(1) 传递运动的准确性。传递运动的准确性就是要求从动齿轮在一转范围内的最大转角误差不超过规定的数值，以使齿轮在一转范围内传动比变化尽量小，使从动齿轮与主动齿轮的运动协调，从而保证准确传递回转运动或准度分度。理论上，由于加工误差和安装误差的影响，齿廓相对于旋转中心分布不均，从动齿轮的实际转角偏离了理论转角，实际传动比与理论传动比产生差异，且渐开线也不是理论的渐开线。因此，在齿轮传动中必然会引起传动比的变动。

(2)传动的平稳性。传动的平稳性是指要求齿轮传动过程中在转一齿范围内瞬时转角误差的最大值不超过规定的数值，即齿轮在转一齿时传动比(瞬时转角)的变化尽量小，以减小齿轮传动中的冲击、振动和噪声，保证传动平稳。由于受到齿形误差、齿距误差等的影响，即使齿轮转过很小的角度也会引起转角误差，从而造成瞬时传动比的变化。瞬时传动比的变化是产生振动、冲击和噪声的根源。

(3)载荷分布的均匀性。载荷分布的均匀性(齿轮接触精度)是指在轮齿啮合过程中，齿面接触良好，工作齿面沿全齿宽和全齿长上保持均匀接触，并具有尽可能大的接触面积比，以保证载荷分布均匀，防止引起应力集中，从而影响齿轮的使用寿命。因此，必须保证啮合齿面沿齿宽和齿高方向的实际接触面积，以满足承载的均匀性要求。

(4)适当的齿侧间隙。齿侧间隙又称侧隙，是指要求装配好的齿轮副啮合传动时，非工作齿面间应留有一定间隙，用以储存润滑油，补偿齿轮的制造误差、安装误差以及热变形和受力变形后的弹性变形，防止齿轮传动时出现卡死或烧伤现象，但是，齿轮侧隙必须合适，侧隙过大会增大冲击、噪声和空程误差等。

9.2　齿轮的加工误差及其分类

9.2.1　加工误差的主要来源

齿轮加工误差产生的原因很多，主要来源于齿轮加工系统中的机床、刀具、夹具和齿坯的加工误差及安装、调整误差。渐开线齿轮的加工方法很多，如滚齿、插齿、剃齿、磨齿等，下面以最常见的滚齿加工为例(图 9-1)来介绍齿轮加工中产生的误差。

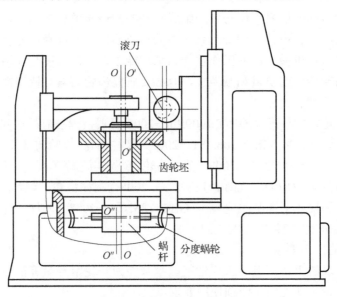

图 9-1　滚切齿轮加工示意图

(1)几何偏心。几何偏心是指齿坯在机床上加工时的安装偏心。这是由于齿坯定位孔与机床心轴之间有间隙，使齿坯定位孔中心(O'—O')与机床工作台的回转中心(O—O)不重合而产生的。几何偏心使加工过程中齿轮相对于滚刀的径向距离发生变动，引起了齿轮径向误差。

(2)运动偏心。运动偏心是指机床分度蜗轮中心与工作台回转中心(O—O)不重合时所引起的偏心。它会使齿轮在加工过程中出现蜗轮蜗杆中心距周期性的变化，使得带动齿轮毛坯运转的机床分度蜗轮的角速度发生变化，引起齿轮切向误差。

(3)滚刀误差。滚刀误差是指滚刀的齿形误差、径向跳动、轴向窜动和刀具轴心线的安装倾斜误差等，它包括制造误差与安装误差。滚刀本身的齿距、齿形、基节有制造误差时，会将误差反映到被加工齿轮上，从而使齿轮基圆半径发生变化，产生基节偏差和齿形误差。

齿轮加工中，滚刀的径向跳动使得齿轮相对滚刀的径向距离发生变动，引起齿轮径向误差；滚刀的轴向窜动使得齿坯相对滚刀的转速不均匀，产生切向误差；滚刀安装误差破坏了滚刀和齿坯之间的相对运动关系，从而使被加工齿轮产生基圆误差，导致基节偏差和齿廓偏差。

(4)机床传动链误差。机床传动链误差主要是指分度蜗杆的径向跳动和轴向窜动等引起的轮齿的高频误差。

当机床的分度蜗杆存在安装误差和轴向窜动时，蜗轮转速发生周期性的变化，使被加工齿轮出现齿距偏差和齿廓偏差，产生切向误差。机床分度蜗杆造成的误差是以分度蜗杆一转为周期的，在齿轮一转中重复出现。

9.2.2　齿轮加工误差的分类

1. 按其表现特征分类

(1)齿廓误差。齿廓误差是指加工出来的齿廓不是理想的渐开线，其原因主要有刀具本身的刀刃轮廓误差及齿形角偏差、滚刀的轴向窜动和径向跳动、齿坯的径向跳动以及在每转一齿距角内转速不均等。

(2)齿距误差。齿距误差是指加工出来的齿廓相对于工件的旋转中心分布不均匀，其原因主要有齿坯安装偏心、机床分度蜗轮齿廓本身分布不均匀及其安装偏心等。

(3)齿向误差。齿向误差是指加工后的齿面沿齿轮轴线方向上的形状和位置误差，其原因主要有刀具进给运动的方向偏斜、齿坯安装偏斜等。

(4)齿厚误差。齿厚误差是指加工出来的轮齿厚度相对于理论值在整个齿圈上不一致，其原因主要有刀具的铲形面相对于被加工齿轮中心的位置误差、刀具齿廓的分布不均匀等。

2. 按其方向特征分类

(1)径向误差。径向误差是沿被加工齿轮直径方向(齿高方向)的误差，由切齿刀具与被加工齿轮之间径向距离的变化引起(图 9-2)。

(2)切向误差。切向误差是沿被加工齿轮圆周方向(齿厚方向)的误差，由切齿刀具与被加工齿轮之间分齿滚切运动误差引起(图 9-2)。

(3)轴向误差。轴向误差是沿被加工齿轮轴线方向(齿向方向)的误差，由切齿刀具沿被加工齿轮轴线移动的误差引起(图 9-2)。

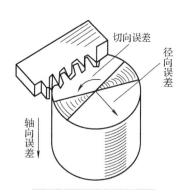

图 9-2　齿轮误差的方向

以上各项误差如果从对传动性能的影响主要可以分为三组，即影响运动准确性的误差、影响运动平稳性的误差和影响载荷分布均匀性的误差。

9.3　齿轮的评定指标及检测

为了保证齿轮传动的工作质量，就要控制齿轮的误差，因此，必须了解和掌握控制这些误差的评定项目。

9.3.1　传递运动准确性的评定指标及检测

1.　切向综合总偏差 F_i'

切向综合总偏差 F_i' 是指被测齿轮与测量齿轮单面啮合检验时，被测齿轮一转内，齿轮分度圆上实际圆周位移与理论圆周位移的最大差值(图 9-3)，以分度圆弧长计值。

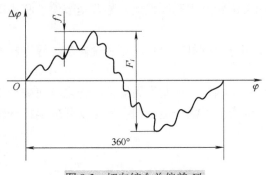

图 9-3　切向综合总偏差 F_i'

切向综合总偏差代表齿轮一转中的最大转角误差，既反映切向误差，又反映径向误差，是评定齿轮运动准确性的综合性指标。当切向综合总偏差小于或等于所规定的允许值时，表示齿轮可以满足传递运动准确性的使用要求。

切向综合总偏差 F_i' 用单面啮合仪(简称单啮仪)测量。单啮仪的结构有多种形式，图 9-4 所示为目前应用较多的光栅式单啮仪的工作原理图，被测齿轮与标准测量齿轮(可以是蜗杆、齿条等)作单面啮合，二者各带一个圆光栅盘和信号发生器，二者的角位移信号经分频器后变为同频信号，当被测齿轮有误差时，将引起回转角误差，此回转角的微小误差将产生两路信号相应的相位差，两者的角位移信号经比相器比较，由记录仪记下被测齿轮的切向综合总偏差。

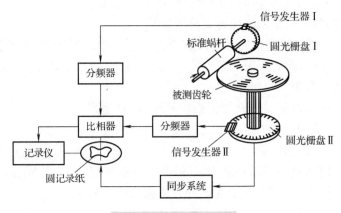

图 9-4　单啮仪工作原理

测量时，如果所测的是单个齿轮的切向综合总偏差，测量齿轮的精度应至少比被测齿轮高四级，且只需旋转一周即可获得偏差曲线图，否则应对测量齿轮所引起的误差进行修正。

在实际测量时，测量齿轮允许用精确齿条、蜗杆、测头等测量元件代替，但是需要注意：测量齿轮用基准蜗杆或测头代替时，只能获得某截面上的切向综合偏差，要想获得全齿宽的切向综合偏差，必须使蜗杆或测头沿齿宽方向作连续测量。对于直齿轮，可用蜗杆或测头测得的截面切向综合总偏差近似地评定被测齿轮的精度。对于斜齿轮，必须在全齿宽上测量切向综合总偏差。

如果所测的是两个产品齿轮(齿轮副)，则需旋转若干圈来形成切向综合偏差曲线图。

2. 齿距累积总偏差 F_p

齿距累积总偏差 F_p 是指分度圆上任意两个同侧齿面间实际弧长与公称弧长之差的最大绝对值，如图 9-5 所示，它表现为齿距累积误差曲线的总幅值。

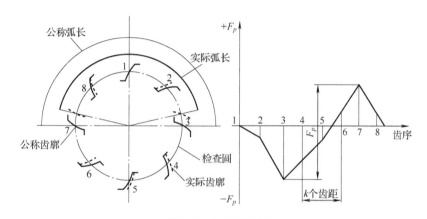

图 9-5 齿距累积偏差

对某些齿数多的齿轮，为了控制齿轮的局部累积误差和提高测量效率，可以测量 k 个齿的齿距累积偏差 F_{pk}。F_{pk} 是指在分度圆上 k 个相继齿距的实际弧长与公称弧长之差的最大绝对值。如图 9-5 所示，国标 GB/T 10095.1—2008 中规定 k 的取值范围一般为 $2\sim Z/8$ 的整数，对特殊应用(高速齿轮)可取更小的 k 值。

齿距累积总偏差 F_p 在测量中是以被测齿轮的轴线为基准的，在端平面上取接近齿高中部的一个与齿轮轴线同心的圆，在此圆上每齿测量一点，所取点数有限且不连续。但该指标反映了几何偏心和运动偏心造成的综合误差，所以能较全面地评定齿轮传动的准确性，它也是一个综合性指标。由于 F_p 的测量可用较普及的齿距仪、万能测齿仪等仪器，因此它是目前工厂中常用的一种齿轮运动精度的评定指标。

齿距累积总偏差 F_p 和齿距累积偏差 F_{pk} 通常在万能测齿仪、齿距仪和光学分度头上测量，测量的方法有绝对法和相对法两种，较为常用的是相对法。图 9-6 所示为万能测齿仪测齿距简图，进行测量时，将固定量爪和活动量爪在齿高中部分度圆附近与齿面接触，以齿轮上的任意一个齿距为基准齿距，将仪器指示表上的指针调整为零，然后沿整个齿圈

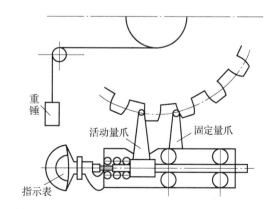

图 9-6 万能测齿仪测齿距简图(齿距的相对测量法)

依次测出其他指示表的实际齿距与作为基准的齿距的差值(称为相对齿距偏差)，最后通过数据处理求出齿距累积总偏差 F_p 和齿距累积偏差 F_{pk}。

3. 径向跳动 F_r

齿轮径向跳动 F_r 是指在齿轮转一周范围内，将测头(球形、圆柱形、砧形或棱柱形)逐个放置在被测齿轮的齿槽内(或齿轮上)于齿高中部与齿廓双面接触，测头相对于齿轮轴心线的最大和最小径向距离之差(即最大变动量)，如图 9-7 所示。

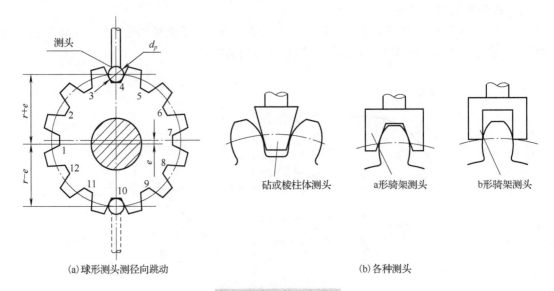

(a)球形测头测径向跳动　　　　　　　　　(b)各种测头

图 9-7　齿圈的径向跳动

齿圈的径向跳动 F_r 属于长周期误差，主要是由几何偏心引起的，可以反映齿距累积误差中的径向误差，但不能反映由运动偏心引起的切向误差，故不能全面评价传动准确性，只能作为单项指标。

齿圈径向跳动 F_r 可在齿圈径向跳动检查仪、万能测齿仪或普通偏摆检查仪上用指示表测量，图 9-7(a)是用球形测头测量径向跳动。测量时测头与齿槽双面接触，以齿轮孔中心线为测量基准，依次逐齿测量，在齿轮转一周过程中，指示表的最大示值与最小示值之差就是被测齿轮的齿圈径向跳动 F_r，其值等于径向偏差的最大值与最小值之差。当检测时，径向跳动值很小或没有，不能说明没有齿距偏差，只是所加工的齿槽宽度相等，可采用骑架测头来进行径向跳动测量，如图 9-7(b)所示。

4. 径向综合总偏差 F_i''

径向综合总偏差 F_i'' 是指被测齿轮与理想精确的测量齿轮双面啮合时，在被测齿轮转动范围内双啮中心距的最大变动量，如图 9-8(b)所示。径向综合总偏差可用双面啮合仪(简称双啮仪)来测量，其工作原理如图 9-8(a)所示。测量时将被测齿轮安装在固定轴上，理想精确齿轮安装在可左右移动的滑座轴上，借助弹簧的弹力，使两齿轮紧密地双面啮合。当齿轮啮合传动时，由指示表读出两齿轮中心距的变动量。

径向综合总偏差包含了右侧和左侧齿面综合偏差的成分，故而，要确定同侧齿面的单项偏差是不可能的。径向综合偏差的测量可提供有关机床、刀具和产品齿轮装夹而导致的质量缺陷的信息，所以此法主要用于大批量生产的齿轮机小模数齿轮的检测。

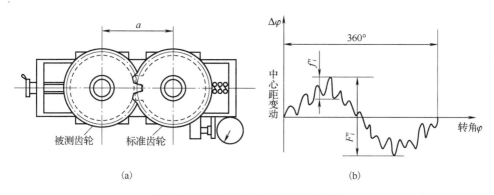

图 9-8　双面啮合仪测量径向综合误差

9.3.2　传动平稳性的评定指标及检测

为了保证齿轮传动的平稳性，即瞬时速比的恒定，应控制加工系统中主要由刀具误差和机床传动链误差造成的短周期误差。

1.　一齿切向综合偏差 f_i'

一齿切向综合偏差是指被测齿轮与测量齿轮作单面啮合时，在被测齿轮转过一个齿的两距角内的切向综合偏差，如图 9-3 所示，以分度圆弧长计值。

一齿切向综合偏差 f_i' 主要反映滚刀和机床分度传动链的制造及安装误差所引起的齿廓偏差、齿距误差，是切向短周期误差和径向短周期误差的综合结果，是评定运动平稳性较为全面的指标。在单面啮合仪上测量切向综合总偏差 f_i' 的同时可测出一齿切向综合偏差 f_i'，即图 9-3 中小波纹的最大幅值。

2.　一齿径向综合偏差 f_i''

一齿径向综合偏差 f_i'' 是指被测齿轮与理想精确的测量齿轮作双面啮合时，在被测齿轮转过一个齿距角内，双啮中心距的最大变动量。

在双面啮合仪上测量径向综合总偏差 F_i'' 的同时可以测出一齿径向综合偏差 f_i''，即图 9-8(b)中小波纹的最大幅值。一齿径向综合偏差 f_i'' 主要反映了短周期径向误差(基节偏差和齿廓偏差)的综合结果，由于这种测量方法受左、右齿面误差的共同影响，评定传动平稳性不如一齿切向综合偏差 f_i'' 精确，但由于测量仪器结构简单、操作方便，在成批生产中仍然被广泛采用。

3.　齿廓偏差

齿廓偏差是指实际齿廓偏离设计齿廓的量值，其在端平面内且垂直于渐开线齿廓的方向计值。当无其他限定时，设计齿廓是指端面齿廓。齿廓偏差又分为齿廓总偏差、齿廓形状偏差和齿廓倾斜偏差。图 9-9 中点画线代表设计齿廓，粗实线代表实际渐开线齿廓，虚线代表平均齿廓，E 为有效齿廓起始点，F 为可用齿廓起始点，L_α 为齿廓计值范围，L_{AE} 为有效长度，L_{AF} 为可用长度。

(1)齿廓总偏差 F_α。齿廓总偏差 F_α 是指在计值范围内，包容实际齿廓迹线的两条设计齿廓迹线间的距离，如图 9-9(a)所示。

(2)齿廓形状偏差 $f_{f\alpha}$。齿廓形状偏差 $f_{f\alpha}$ 是指在计值范围内，包容实际齿廓迹线的两条与平均齿廓迹线完全相同的曲线间的距离，且两条曲线与平均齿廓迹线的距离为常数，如图 9-9(b)所示。

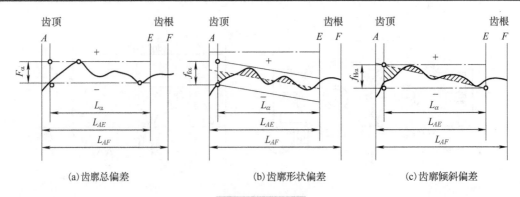

(a)齿廓总偏差　　　　　　　　　(b)齿廓形状偏差　　　　　　　　　(c)齿廓倾斜偏差

图9-9　齿廓偏差

（3）齿廓倾斜偏差 $f_{H\alpha}$。齿廓倾斜偏差 $f_{H\alpha}$ 是指在计值范围内，两端与平均齿廓迹线相交的两条设计齿廓迹线间的距离，如图9-9(c)所示。

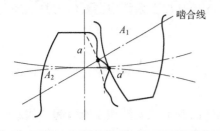

图9-10　齿廓偏差对传动平稳性的影响

齿廓偏差主要是由刀具的齿形误差、安装误差以及机床分度链误差造成的。存在齿廓偏差的齿轮啮合时，齿廓的接触点会偏离啮合线，如图9-10所示。两啮合齿应在啮合线上 a 点接触，由于齿轮有齿廓偏差使接触点偏离了啮合线，在啮合线外 a' 点发生啮合，引起瞬时传动比的变化，从而破坏了传动平稳性。

一般情况下被测齿轮只需检测齿廓总偏差 F_a 即可。F_a 通常用万能渐开线检查仪或单圆盘渐开线检查仪进行测量。图9-11所示为单圆盘渐开线检查仪。将被测齿轮与直径等于被测齿轮基圆直径的基圆盘装在同一心轴上，并使基圆盘与装在滑座上的直尺相切。当滑座移动时，直尺带动基圆盘和齿轮无滑动地转动，量头与被测齿轮的相对运动轨迹是理想渐开线。如果被测齿轮齿廓没有误差，则指示表的测头不动，即表针的读数为零。如果实际齿廓存在误差，指示表读数的最大差值就是齿廓总偏差值。

4. 单个齿距偏差 f_{pt}

单个齿距偏差 f_{pt} 是指在端平面上接近齿高中部的一个与齿轮轴线同心的圆上，实际齿距与理论齿距的代数差，如图9-12所示，它是国标规定的评定齿轮几何精度的基本参数之一。单个齿距偏差的测量方法与齿距总偏差的测量方法相同，只是数据处理方法不同。用相对法测量时，理论齿距用所有实际齿距的平均值表示。

机床传动链误差会造成单个齿距偏差。由齿轮基节与齿距的关系式得

$$P_b = P\cos\alpha \tag{9-1}$$

式中，P_b 为齿轮基节；P 为齿轮分度圆齿距；α 为齿轮分度圆上的齿形角。

经过微分得到

$$\Delta P_b = \Delta P\cos\alpha + P\sin\alpha \cdot \Delta\alpha \tag{9-2}$$

式中，ΔP_b 为基节误差；ΔP 为齿距误差；$\Delta\alpha$ 为齿形角误差。

式(9-2)说明了齿距偏差与基节偏差和齿形角误差有关，是基节偏差和齿廓偏差的综合反映，影响了传动的平稳性，因此必须限制单个齿距偏差。

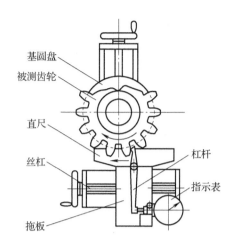

图 9-11　单圆盘渐开线检查仪

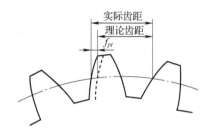

图 9-12　单个齿距偏差

5. 基圆齿距偏差 f_{pb}

在 GB/T 10095.1—2008 中没有定义基圆齿距（即基节）偏差 f_{pb} 这个评定参数，而在 GB/Z 18620.2—2008 中给出了这个检验参数。它是指实际基圆齿距与公称基圆齿距的代数差，如图 9-13 所示。基圆齿距又称为基节，按渐开线形成原理，实际基节是指基圆柱切平面所截的两相邻同侧齿面交线之间的法向距离。

基圆齿距偏差通常采用图 9-14 所示的基节仪进行测量，可测量模数为 2～16mm 的齿轮。

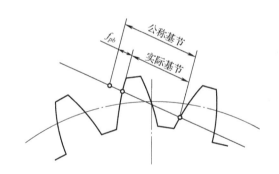

图 9-13　基圆齿距偏差图

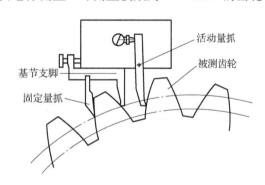

图 9-14　手持式基节仪

测量时先按照被测齿轮基节的公称值组合量块，并按照量块组尺寸调整相平行的活动量爪与固定量爪之间的距离，将指示表调零，然后将仪器放在被测齿轮相邻两同侧齿面上，使之与齿面相切，从指示表上就可以读出基圆齿距偏差 f_{pb}。

9.3.3　载荷分布均匀性的评定指标及检测

由于齿轮的制造和安装误差，一对齿轮在啮合过程中沿齿长方向和齿高方向都不是全齿接触，实际接触线只是理论接触线的一部分，影响了载荷分布的均匀性。

1. 螺旋线偏差

国家标准 GB/T 10095.1—2008 规定用螺旋线偏差来评定载荷分布均匀性。

螺旋线偏差是指在端面基圆切线方向上，实际螺旋线对设计螺旋线的偏离量。螺旋线偏差又分为螺旋线总偏差、螺旋线形状偏差和螺旋线倾斜偏差。螺旋线偏差曲线如图 9-15 所示，图中点画线代表设计螺旋线，粗实线代表实际螺旋线，虚线代表平均螺旋线。

图 9-15 中，Ⅰ 为基准面，Ⅱ 为非基准面，b 为齿宽或两端倒角之间的距离，L_β 为螺旋线计值范围。

(1)螺旋线总偏差 F_β。F_β 是指在计值范围内，包容实际螺旋线迹线的两条设计螺旋线迹线的距离，如图 9-15(a)所示。

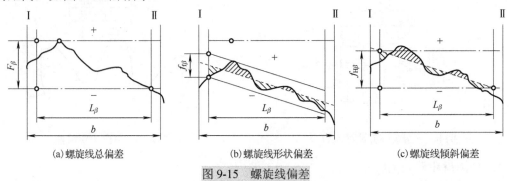

(a)螺旋线总偏差　　　　　(b)螺旋线形状偏差　　　　　(c)螺旋线倾斜偏差

图 9-15　螺旋线偏差

(2)螺旋线形状偏差 $f_{f\beta}$。$f_{f\beta}$ 是指在计值范围内，包容实际螺旋线迹线的两条与平均螺旋线迹线完全相同的曲线间的距离，且两条曲线与平均螺旋线迹线的距离为常数，如图 9-15(b)所示。

(3)螺旋线倾斜偏差 $f_{H\beta}$。$f_{H\beta}$ 是指在计值范围内，两端与平均螺旋线迹线相交的设计螺旋线迹线间的距离，如图 9-15(c)所示。

螺旋线偏差产生的原因主要有：机床刀架垂直导轨与工作台回转中心线有倾斜误差、齿坯安装误差以及机床差动传动链(加工斜齿轮)的调整误差等。

F_β 可以采用展成法或坐标法在齿向检查仪，渐开线螺旋检查仪、螺旋角检查仪和三坐标测量机等仪器上测量。

直齿轮螺旋线总偏差的测量较为简单(图 9-16)，将被测齿轮以其轴线为基准安装在顶尖上，把 $d=1.68m(m$ 为模数)的精密量棒放入齿槽中，由指示表读出量棒两端点的高度差 Δh，将 Δh 乘以齿宽 B 与量棒长度 L 的比值，即得到螺旋线总偏差 $F_\beta = \Delta h \times b/L$。为避免测量误差的影响，可在相隔 180° 的齿槽中测量取其平均值作为测量结果。

2. 轮齿的接触斑点

GB/Z 18620.4—2008《圆柱齿轮 检验实施规范 第 4 部分：表面结构和轮齿接触斑点的检验》中指出，产品齿轮与测量齿轮的接触斑点，可用于装配后的齿轮的螺旋线和齿廓精度的预估；齿轮副的接触斑点可以对齿轮的承载均匀性进行预估。检测时，将红丹油或颜料涂在测量齿轮的齿面上，在轻微制动下，运转后齿面上分布的接触痕迹，如图 9-17 所示。接触痕迹的大小由齿高方向和齿宽方向的百分数表示。

沿齿长方向：接触痕迹的长度 $b_{c1}(b_{c2})$ 与齿宽 b 之比的百分数，即

$$接触痕迹(长)b_{c1}(b_{c2})/b \times 100\% \tag{9-3}$$

滑齿高方向：接触痕迹的高度 h_{c1} 与有效齿面高度 h 之比的百分数，即

$$接触痕迹(高)h_{c1}/h \times 100\% \tag{9-4}$$

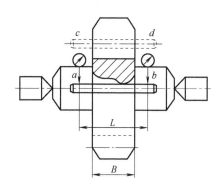

图 9-16　螺旋线总偏差 F_β 的测量

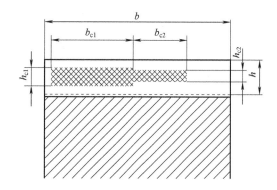

图 9-17　接触斑点

国家标准规定的齿轮装配后的接触斑点如表 9-1 所示。

表 9-1　齿轮装配后的接触斑点(摘自 GB/Z 18620.4—2008)

精度等级	接触斑点大小							
	b_{c1} 占齿宽的百分比		h_{c1} 占有效齿面高的百分比		b_{c2} 占齿宽的百分比		h_{c2} 占有效齿面高的百分比	
	直齿轮	斜齿轮	直齿轮	斜齿轮	直齿轮	斜齿轮	直齿轮	斜齿轮
4 级及更高	50	50	70	50	40	40	50	30
5 和 6 级	45	45	50	40	35	35	30	20
7 和 8 级	35	35	50	40	35	35	30	20
9~12 级	25	25	50	40	25	25	30	20

注：其中 b_{c1} 是接触斑点的较大长度，b_{c2} 是接触斑点的较小长度，h_{c1} 是接触斑点的较大高度，h_{c2} 是接触斑点的较小高度。

9.3.4　侧隙评定指标及检测

适当的齿侧间隙是齿轮副正常工作的必要条件，为了保证齿轮副的齿侧间隙，一般用改变齿轮副中心距的大小或把齿轮轮齿减薄来获得，对于单个齿轮来说，影响侧隙大小和不均匀性的主要因素是实际齿厚的大小及其变动量，即通过控制轮齿的齿厚(减薄量)来保证适当的侧隙，面齿轮轮齿的减薄量可由齿厚偏差和公法线长度偏差来控制，对于齿轮副来说齿轮的非工作面必然有侧隙，分为圆周侧隙和法向侧隙。

1. 齿厚偏差 f_{sn}

齿厚偏差 f_{sn} 是指在分度圆柱上，齿厚的实际值与公称值之差(对于斜齿轮是法向齿厚)，如图 9-18 所示。齿厚上偏差代号为 E_{sns}，下偏差代号为 E_{sni}。

外齿轮的齿厚偏差可以用齿厚游标卡尺来测量，如图 9-19 所示。由于分度圆柱面上的弧齿厚不便测量，因此通常都是测量分度圆上的弦齿厚。标准圆柱齿轮分度圆公称弦齿厚及公称弦齿高 h 分别为

$$\overline{s} = mz\sin\frac{90°}{z} \tag{9-5}$$

$$\overline{h} = m\left[1 + \frac{z}{2}\left(1 - \cos\frac{90°}{z}\right)\right] \tag{9-6}$$

式中，m 为模数；z 为齿数。

齿厚测量是以齿顶圆为测量基准，测量结果受齿顶圆加工误差的影响，因此，必须保证齿顶圆的精度，以降低测量误差。

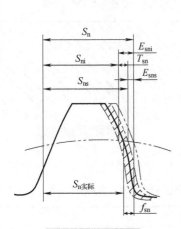

图9-18　齿厚偏差

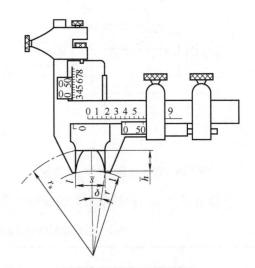

图9-19　齿厚偏差的测量

S_n—法向齿厚；　　　　　　　S_{ni}—齿厚的最小极限；

S_{ns}—齿厚的最大极限；　　　$S_{n实际}$—实际齿厚；

E_{sni}—齿厚允许的下偏差；　　E_{sns}—齿厚允许的上偏差；

f_{sn}—齿厚偏差；　　　　　　T_{sn}—齿厚公差；

$T_{sn}=E_{sns}-E_{sni}$

2. 公法线长度 W_k

公法线长度 W_k 是在基圆柱切平面上跨 k 个齿（外齿轮）或 k 个齿槽（内齿轮）在接触到一个齿的右齿面和另一个齿的左齿面的两个平行平面之间测得的距离。W_k 在国际上统称为跨距测量，而在我国习惯称为公法线长度测量。如图9-20所示，标准直齿圆柱齿轮的公称公法线长度 W_k 等于 $k-1$ 个基节和一个基圆齿厚之和，即

$$W_k = (k-1)P_b + S_b = m\cos a[(k-0.5)\pi + zinv\alpha] \tag{9-7}$$

式中，$inv\alpha$ 为渐开线函数，$inv20° = 0.014$；k 为跨齿数。

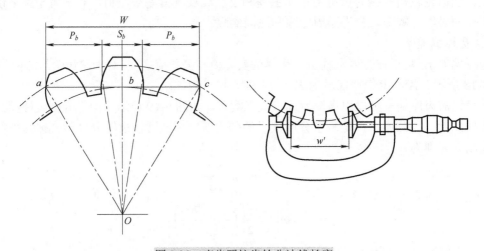

图9-20　直齿圆柱齿轮公法线长度

对于齿形角 $\alpha=20°$ 的标准齿轮，$k=z/9+0.5$；通常 k 值不为整数，计算 W_k 时，应将 k 值化整为最接近计算值的整数。

由于侧隙的允许偏差没有包括到公法线长度的公称值内，因此应从公法线长度公称值减去或加上公法线长度的上偏差 E_{bns} 和下偏差 E_{bni}，即公法线平均长度偏差 W_{ka} 的合格范围为

内齿轮：
$$W_k-E_{bni}\leqslant W_{ka}\leqslant W_k-E_{nbs} \tag{9-8}$$

外齿轮：
$$W_k+E_{bni}\leqslant W_{ka}\leqslant W_k+E_{bns} \tag{9-9}$$

公法线长度偏差可以用公法线千分尺测量。为避免机床运动偏心对评定结果的影响，公法线长度应取平均值。

3. 侧隙

单个齿轮没有侧隙，只有齿厚。侧隙是指一对齿轮（齿轮副）装配后自然形成的轮齿间的间隙。齿轮副侧隙分为圆周侧隙 j_{wt} 和法向侧隙 j_{bn}。

圆周侧隙是在齿轮的分度圆上进行检测的圆周晃动量。法向侧隙是在齿轮的法向平面或沿啮合线进行测量，可以用塞尺在非工作面进行检测（图 9-21）。齿轮副侧隙应根据工作条件，一般用最小法向侧隙 j_{bnmin} 来加以控制。

箱体、轴和轴承的偏斜、箱体的偏差和轴承的间隙导致的齿轮轴线的不对准与歪斜、安装误差轴承的径向

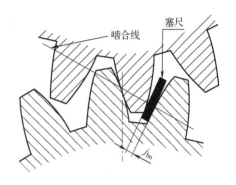

图 9-21　用塞尺检测法向侧隙

跳动、温度的影响、旋转零件的离心胀大等因素都会影响齿轮副的最小法向侧隙 j_{bnmin}。侧隙需要量值的大小与齿轮的精度、大小及工作条件有关。相互啮合的轮齿的侧隙是由对齿轮运行时的中心距以及每个齿轮的实际齿厚所控制的。国家标准规定采用基准中心距制，即在中心距一定的情况下，用控制轮齿的齿厚的方法获得必要的侧隙。设计时选取的齿轮副的最小侧隙，必须满足正常储存润滑油、补偿齿轮和箱体温升引起的变形的需要。

9.4　齿轮安装误差的评定指标

9.3 节所讨论的均为单个齿轮的误差评定指标，但是实际上，齿轮副的安装误差同样也影响齿轮传动的使用性能，所以有必要对这类误差也予以控制。因此，为了保证传动质量，充分满足齿轮传动的使用要求，国家标准也规定了齿轮副的轴线平行度偏差和中心距偏差等检验参数。

1. 齿轮副中心距偏差 f_a

中心距偏差 f_a 是指实际中心距与公称中心距的差值。齿轮副存在中心距偏差时，会影响齿轮副的侧隙。当实际中心距小于设计中心距时，会使侧隙减小；反之，会使侧隙增大。因此为了保证侧隙要求，用中心距允许偏差来控制中心距偏差。在齿轮只是单向承载运转而不经常反转的情况下，最大侧隙不是主要的控制因素，此时中心距允许偏差主要取决于对重合度的考虑；对于控制运动用齿轮，确定中心距允许偏差必须考虑对侧隙的控制；当齿轮上的负载常常反向时，确定中心距允许偏差所考虑的因素有轴、箱体和轴承的偏斜，齿轮轴线不共线，齿轮轴线的偏斜和错斜、安装误差、轴承跳动、温度影响、旋转零件的离心胀大等。

2．齿轮副轴线平行度误差

齿轮副的轴线平行度偏差分为轴线平面内的平行度偏差 $f_{\Sigma\delta}$ 和垂直平面内的平行度偏差 $f_{\Sigma\beta}$，它会影响齿轮副的接触精度和齿侧隙，如图 9-22 所示。

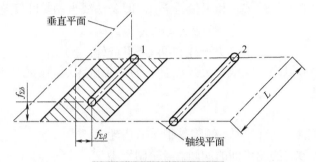

图 9-22　轴线平行度偏差

$f_{\Sigma\delta}$ 是指公共平面上一对齿轮的轴线平行度误差。公共平面是指通过两轴线中较长的一根轴线和另一轴线的端点的平面。

国家标准推荐的轴线平面内的平行度偏差的最大值为

$$f_{\Sigma\delta}=2f_{\Sigma\beta} \tag{9-10}$$

$f_{\Sigma\beta}$ 是指在垂直于轴线公共平面的平面上对齿轮的轴线的平行度误差。

国家标准推荐垂直平面内的平行度偏差的最大值为

$$f_{\Sigma\beta} = 0.5\frac{L}{b}F_{\beta} \tag{9-11}$$

9.5　渐开线圆柱齿轮精度标准

国家于 2008 年对渐开线圆柱齿轮精度标准进行了修订。本章所依据的五个国家推荐标准 GB/T 10095.1—2008《圆柱齿轮精度制　第 1 部分：齿轮同侧齿面偏差的定义和允许值》、GB/Z 18620.1—2008《圆柱齿轮　检验实施规范　第 1 部分：轮齿同侧齿面的检验》GB/Z 18620.2—2008《圆柱齿轮　检验实施规范　第 2 部分：径向综合偏差、径向跳动、齿厚和侧隙的检验》、GB/Z 18620.3—2008《圆柱齿轮　检验实施规范　第 3 部分：齿轮坯、轴中心距和轴线平行度的检验》、GB/Z 18620.4—2008《圆柱齿轮　检验实施规范　第 4 部分：表面结构和轮齿接触斑点的检验》适用于公称模数 $m\geqslant0.5\sim70$mm、分度圆直 $d\geqslant5\sim10000$mm、齿宽 $b\geqslant4\sim1000$mm（对于 F_i'' 和 f_i''，其法向模数 $m_n\geqslant0.2\sim10$mm、分度圆 $d\geqslant5\sim1000$mm）的渐开线圆柱齿轮，其基本齿廓按 GB/T 1356—2001《通用机械和重型机械用圆柱齿轮标准基本齿条齿廓》的规定。

9.5.1　齿轮评定指标的精度等级及选择

1．精度等级

国家标准对渐开线圆柱齿轮除了 F_i'' 和 f_i''（F_i'' 和 f_i'' 规定了 4～12 共 9 个精度等级）以外的评定项目规定了 0～12 共 13 个精度等级，精度按数序从小到大依次降低，其中 0 级的精度最高，12 级的精度最低。

在齿轮的 13 个精度等级中，0～2 级精度的齿轮要求非常高，采用一般的加工工艺难以实现，其各项偏差的允许值很小，目前我国只有极少数的单位能制造和测量 2 级以内精度的齿轮，对大多数制造企业测量仍然是困难的，目前虽然国家标准中给出了公差的数值，但仍属于有待发展的精度等级；通常人们将 3～5 级精度称为高精度等级，6～9 级称为中等精度等级，其使用最广，而将 10～12 级则称为低精度等级。

2. 精度等级的选择

齿轮精度等级的选择应根据齿轮的用途、使用要求、传递功率、圆周速度以及其他技术要求而定，同时也要考虑加工工艺与经济性。在满足使用要求的前提下，应尽量选择较低精度的公差等级。

同时，对齿轮的工作和非工作齿面可规定不同的精度等级，或对不同的偏差可规定不同的精度等级，也可仅对工作齿面规定要求的精度等级，而对其他非工作面不作硬性规定。精度等级的选择方法有计算法和类比法。

(1)计算法。计算法是先按产品性能对齿轮所提出的具体使用要求计算选定精度等级。例如，根据整个传动链的精度要求，可按传动链误差传递规律分配各级齿轮副的传动精度要求，从而确定齿轮的精度等级；如果已知传动中允许的振动和噪声指标，在确定装置的动态特性过程中，就可以通过动力学计算确定齿轮的精度等级；也可以根据齿轮的承载要求，按所受的转矩及使用寿命，经齿面接触强度和寿命计算确定齿轮的精度等级。计算法一般应用在高精度齿轮精度等级的确定中。

(2)类比法。类比法又称为经验法或查表法，指的是根据以往产品设计、性能试验以及使用过程中所累积的经验，以及长期使用中已被证实较为可靠的各种齿轮精度等级选择的技术资料，或者经过与所设计的齿轮在用途、工作条件及技术性能上的对比，选定其精度等级。由于齿轮传动精度的因素多而复杂，按计算法得出的精度仍需修正，故计算法很少采用。目前，在实际生产中，常用类比法来选择合适的齿轮。

表 9-2 列出了各类机械中齿轮精度等级的应用范围，表 9-3 列出了圆柱齿轮精度等级的适用范围，选用时可作参考。

表 9-2　各类机械中齿轮精度等级的应用范围

应用范围	精度等级	应用范围	精度等级
测量齿轮	2～5	重型汽车	6～9
汽轮机减速器	3～6	一般减速器	6～9
精密切削机床	3～7	拖拉机	6～9
一般切削机床	5～8	轧钢机	6～10
内燃机车或电气机车	6～7	起重机	7～10
航空发动机	4～8	矿用绞车	8～10
轻型汽车	5～8	农业机械	8～11

3. 评定参数的公差值与极限偏差的确定

GB/T 10095—2008 规定，各评定参数允许值是以 5 级精度规定的公式乘以级间公比计算出来的。两相邻精度等级的级间公比等于 $\sqrt{2}$，5 级精度未圆整的计算值乘以 $2^{0.5(Q-5)}$，即可得到任一精度等级的待求值，式中 Q 是待求值的精度等级数。

标准中各公差或极限偏差数值表列出的数值是用表9-4中所列出的计算公式根据尺寸(如法向模数 m_n、分度圆直径 d、齿宽 b)计算出各评定参数的允许值(公差或极限偏差)圆整后得到的。

表 9-3　齿轮精度等级与圆周速度的应用范围

精度等级	工作条件及应用范围	圆周速度/($m \cdot s^{-1}$) 直齿	斜齿	效率	切齿方法	齿面的最后加工
3	用于特别精密的分度机构或在最平稳且无噪声的极高速下工作的齿轮传动中的齿轮;特别精密机构中的齿轮;特别高速传动的齿轮(透平传动);检测5、6级的测量齿轮	>40	>75	不低于 0.99(包括轴承不低于 0.985)	在周期误差特小的精密机床上用展成法加工	特特精密的磨齿和研齿,用精密滚刀或单边剃齿后的大多数不经淬火的齿轮
4	用于特别精密的分度机构或在最平稳且无噪声的极高速下工作的齿轮传动中的齿轮;特别精密机构中的齿轮;高速透平传动的齿轮;检测7级齿轮的测量齿轮	>35	>70	不低于 0.99(包括轴承不低于 0.985)	在周期误差极小的精密机床上用展成法加工	精密磨齿,大多数用精密滚刀加工,研齿或单边剃齿
5	用于精密的分度机构或在最平稳且无噪声的极高速下工作的齿轮传动中的齿轮;精密机构用齿轮;透平传动的齿轮;检测8、9级的测量齿轮	>20	>40	不低于 0.99(包括轴承不低于 0.985)	在周期误差小的精密机床上用展成法加工	精密磨齿,大多数用精密滚刀加工,进而研齿或剃齿
6	用于要求最高效率且无噪声的高速下工作的齿轮传动或分度机构的齿轮传动中的齿轮;特别重要的航空、汽车用齿轮;读数装置中特别精密的齿轮	~15	~30	不低于 0.99(包括轴承不低于 0.985)	在精密机床上用展成法加工	精密磨齿或剃齿
7	在高速和适度功率或大功率和适度速度下工作的齿轮;金属切削机床中需要运动协调性的进给齿轮;高速减速器齿轮;航空、汽车以及读数装置用齿轮	~10	~15	不低于 0.98(包括轴承不低于 0.975)	在精密机床上用展成法加工	不需要热处理的齿轮仅用精确刀具加工;对于淬硬齿轮必须精整加工(磨齿、研齿、珩齿)
8	不需特别精密的一般机械制造用齿轮;不包括在分度链中的机床齿轮;飞机、汽车制造业中不重要的齿轮;其中机构用齿轮;农用机械中的重要齿轮;通用减速器齿轮	~6	~10	不低于 0.97(包括轴承不低于 0.965)	用展成法或分度法(根据齿轮实际齿数设计齿形的刀具)加工	齿不用磨;必要时剃齿或研齿
9	用于粗糙工作的无正常精度要求的齿轮,因结构上考虑受载低于计算载荷的传动齿轮	~2	~4	不低于 0.96(包括轴承不低于 0.95)	任何方法	不需要特殊的精加工工序

齿轮轮齿同侧齿面偏差项目及代号如表 9-4 所示,由有关公式计算并圆整得到的各评定参数公差或极限偏差数值如表 9-5 所示,设计时可以根据齿轮的精度、模数、分度圆直径或齿宽选取。

表 9-4　齿轮轮齿同侧齿面偏差项目及代号

项目名称		代号
齿距偏差	1. 单个齿距偏差	f_{pt}
	2. 齿距累计偏差	F_{pk}
	3. 齿距累计总偏差	F_p

续表

项目名称		代号
齿廓偏差	1. 齿廓总偏差	F_{α}
	2. 齿廓形状偏差	$f_{f\alpha}$
	3. 齿廓倾斜偏差	$f_{H\alpha}$
螺旋线偏差	1. 螺旋线总偏差	F_{β}
	2. 选线形状偏差	$f_{f\beta}$
	3. 螺旋线倾斜偏差	$f_{H\beta}$
切向综合偏差	1. 切向综合总偏差	F_i'
	2. 一齿切向综合偏差	f_i'
径向综合偏差	1. 径向综合总偏差	F_i''
	2. 一齿径向综合偏差	f_i''
径向圆跳动		F_r

表 9-5　齿轮轮齿同侧齿面偏差、径向综合偏差和径向圆跳动允许值的计算公式

（摘自 GB/T 10095.1—2008、GB/T 10095.2—2008）

项目代号	允许值计算公式
f_{pt}	$[0.3(m_n + 0.4d^{0.5}) + 4] \times 2^{0.5(Q-5)}$
F_{pk}	$\{f_{pt} + 1.6[(k-1)m_n]^{0.5}\} \times 2^{0.5(Q-5)}$
F_p	$(0.3m_n + 1.25d^{0.5} + 7) \times 2^{0.5(Q-5)}$
F_{α}	$(3.2m_n^{0.5} + 0.22d^{0.5} + 0.7) \times 2^{0.5(Q-5)}$
f_{fa}	$(2.5m_n^{0.5} + 0.17d^{0.5} + 0.5) \times 2^{0.5(Q-5)}$
f_{Ha}	$(2m_n^{0.5} + 0.14d^{0.5} + 0.5) \times 2^{0.5(Q-5)}$
F_{β}	$(0.1d^{0.5} + 0.63b^{0.5} + 4.2) \times 2^{0.5(Q-5)}$
$f_{f\beta}$、$f_{H\beta}$	$(0.07d^{0.5} + 0.45b^{0.5} + 3) \times 2^{0.5(Q-5)}$
F_i'	$(F_p + f_i') \times 2^{0.5(Q-5)}$
f_i'	$K(4.3 + f_{pt} + F_{\alpha}) \times 2^{0.5(Q-5)} = K(9 + 0.3m_n + 3.2m_n^{0.5} + 0.34d^{0.5}) \times 2^{0.5(Q-5)}$ $\varepsilon_r < 4$时，$K = 0.2\dfrac{\varepsilon_r + 4}{\varepsilon_r}$，$\varepsilon_r \geqslant 4$时，$K = 0.4$
f_i''	$(2.96m_n + 0.01d^{0.5} + 0.8) \times 2^{0.5(Q-5)}$
F_i''	$(F_r + f_i'') \times 2^{0.5(Q-5)} = (3.2m_n + 1.01d^{0.5} + 6.4) \times 2^{0.5(Q-5)}$
F_r	$(0.8F_p) \times 2^{0.5(Q-5)} = (0.24m_n + 0.1d^{0.5} + 5.6) \times 2^{0.5(Q-5)}$

　　标准中所列出的各公差和极限偏差数值的表格，其值是由表 9-5 中的公式计算并圆整后得到的。

4. 圆整原则

由公式计算出的数值圆整原则，标准规定如下。

(1) 同侧齿面偏差允许值的圆整规则：如果计算值大于 $10\mu m$，圆整到最接近的整数；如果计算值小于 $10\mu m$，圆整到最接近的尾数为 $0.5\mu m$ 的小数或整数；如果计算值小于 $5\mu m$，圆整到最接近的尾数为 $0.1\mu m$ 的一位小数或整数。

(2) 径向综合公差和径向圆跳动公差的圆整规则：如果计算值大于 $10\mu m$，圆整到最接近的整数；如果计算值小于 $10\mu m$，圆整到最接近的尾数为 $0.5\mu m$ 的小数或整数。

5. 参数范围

参数主要包括：分度圆直径 d、模数（法向模数）m_n 和齿宽 b，各参数具体数值如表 9-6 所示。

表 9-6　各参数的界限值　　　　　　　　　　（单位：mm）

分度圆直径 d	5	20	50	125	280	560	1000	1600	2500	4000	6000	8000	10000
法向模数 m_n	0.5	2	3.5	6	10	16	25	40	70				
齿宽 b	4	10	20	40	80	160	250	400	650	1000			

表 9-5 的公式中，相应参数 m_n、d 和 b 按规定取各分段界限值的几何平均值代入。例如，实际模数为 7mm，分段界限为 $m_n = 6mm$ 和 $m_n = 10mm$，则计算式中 $m_n = \sqrt{6 \times 10}mm = 7.746mm$ 代入进行计算。参数分段的目的是由于参数值很近时其计算所得值相差不大，这样既可以简化表格，也没必要为每个参数都对应一个值。

齿轮同侧齿面偏差的公差值或极限偏差见表 9-7～表 9-10，径向综合偏差的允许值见表 9-11 和表 9-12，径向圆跳动公差值见表 9-13。

表 9-7　单个齿距极限偏差 f_{pt} 的允许值（±）（摘自 GB/T 10095.1—2008）

分度圆直径 d/mm	法向模数 m_n/mm	精度等级				
		5	6	7	8	9
		f_{pt}/μm				
$20 < d \leqslant 50$	$2 < m_n \leqslant 3.5$	5.5	7.5	11.0	15.0	22.0
	$3.5 < m_n \leqslant 6$	6.0	8.5	12.0	17.0	24.0
$50 < d \leqslant 125$	$2 < m_n \leqslant 3.5$	6.0	8.5	12.0	17.0	23.0
	$3.5 < m_n \leqslant 6$	6.5	9.0	13.0	18.0	26.0
	$6 < m_n \leqslant 10$	7.5	10.0	15.0	21.0	30.0
$125 < d \leqslant 280$	$2 < m_n \leqslant 3.5$	6.5	9.0	13.0	18.0	26.0
	$3.5 < m_n \leqslant 6$	7.0	10.0	14.0	20.0	28.0
	$6 < m_n \leqslant 10$	8.0	11.0	16.0	23.0	32.0
$280 < d \leqslant 560$	$2 < m_n \leqslant 3.5$	7.0	10.0	14.0	20.0	29.0
	$3.5 < m_n \leqslant 6$	8.0	11.0	16.0	22.0	31.0
	$6 < m_n \leqslant 10$	8.5	12.0	17.0	25.0	35.0

表 9-8　齿距累积总偏差 F_p 的允许值(摘自 GB/T 10095.1—2008)

分度圆直径 d/mm	法向模数 m_n / mm	精度等级				
		5	6	7	8	9
		F_p / μm				
$20 < d \leqslant 50$	$2 < m_n \leqslant 3.5$	15	21	30	42	59
	$3.5 < m_n \leqslant 6$	15	22	31	44	62
$50 < d \leqslant 125$	$2 < m_n \leqslant 3.5$	19	27	38	53	76
	$3.5 < m_n \leqslant 6$	19	28	39	55	78
	$6 < m_n \leqslant 10$	20	29	41	58	82
$125 < d \leqslant 280$	$2 < m_n \leqslant 3.5$	25	35	50	70	100
	$3.5 < m_n \leqslant 6$	25	36	51	72	102
	$6 < m_n \leqslant 10$	26	37	53	75	106
$280 < d \leqslant 560$	$2 < m_n \leqslant 3.5$	33	46	65	92	131
	$3.5 < m_n \leqslant 6$	33	47	66	94	133
	$6 < m_n \leqslant 10$	34	48	68	97	137

表 9-9　齿廓总偏差 F_α 的允许值(摘自 GB/T 10095.1—2008)

分度圆直径 d/mm	法向模数 m_n / mm	精度等级				
		5	6	7	8	9
		F_α / μm				
$20 < d \leqslant 50$	$2 < m_n \leqslant 3.5$	7	10	14	20	29
	$3.5 < m_n \leqslant 6$	9	12	18	25	35
$50 < d \leqslant 125$	$2 < m_n \leqslant 3.5$	8	11	16	22	31
	$3.5 < m_n \leqslant 6$	9.5	13	19	27	38
	$6 < m_n \leqslant 10$	12	16	23	33	46
$125 < d \leqslant 280$	$2 < m_n \leqslant 3.5$	9	13	18	25	36
	$3.5 < m_n \leqslant 6$	11	15	21	30	42
	$6 < m_n \leqslant 10$	13	18	25	36	50
$280 < d \leqslant 560$	$2 < m_n \leqslant 3.5$	10	15	21	29	41
	$3.5 < m_n \leqslant 6$	12	17	24	34	48
	$6 < m_n \leqslant 10$	14	20	28	40	56

表 9-10 螺旋线总偏差 F_β 的允许值(摘自 GB/T 10095.1—2008)

分度圆直径 d/mm	齿宽 b/mm	精度等级				
		5	6	7	8	9
		F_β/μm				
$20 < d \leqslant 50$	$10 < b \leqslant 20$	7	10	14	20	29
	$20 < b \leqslant 40$	8	11	16	23	32
$50 < d \leqslant 125$	$10 < b \leqslant 20$	7.5	11	15	21	30
	$20 < b \leqslant 40$	8.5	12	17	24	34
	$40 < b \leqslant 80$	10	14	20	28	39
$125 < d \leqslant 280$	$10 < b \leqslant 20$	8	11	16	22	32
	$20 < b \leqslant 40$	9	13	18	25	36
	$40 < b \leqslant 80$	10	15	21	29	41
$280 < d \leqslant 560$	$20 < b \leqslant 40$	9.5	13	19	27	38
	$40 < b \leqslant 80$	11	15	22	31	44
	$80 < b \leqslant 160$	13	18	26	36	52

表 9-11 径向综合总偏差 F_i'' 的允许值(摘自 GB/T 10095.2—2008)

分度圆直径 d/mm	法向模数 m_n/mm	精度等级				
		5	6	7	8	9
		F_i''/μm				
$20 < d \leqslant 50$	$1.0 < m_n \leqslant 1.5$	16	23	32	45	64
	$1.5 < m_n \leqslant 2.5$	18	26	37	52	73
$50 < d \leqslant 125$	$1.0 < m_n \leqslant 1.5$	19	27	39	55	77
	$1.5 < m_n \leqslant 2.5$	22	31	43	61	86
	$2.5 < m_n \leqslant 4.0$	25	36	51	72	102
$125 < d \leqslant 280$	$1.0 < m_n \leqslant 1.5$	24	34	48	68	97
	$1.5 < m_n \leqslant 2.5$	30	43	61	86	121
	$2.5 < m_n \leqslant 4.0$	36	51	72	102	144
$280 < d \leqslant 560$	$1.0 < m_n \leqslant 1.5$	30	43	61	86	122
	$1.5 < m_n \leqslant 2.5$	33	46	65	92	131
	$2.5 < m_n \leqslant 4.0$	37	52	73	104	146
	$4.0 < m_n \leqslant 6.0$	42	60	84	119	169

表 9-12　一齿径向综合偏差 f_i'' 的允许值（摘自 GB/T 10095.2—2008）

分度圆直径 d/mm	法向模数 m_n / mm	精度等级				
		5	6	7	8	9
		f_i''/ μm				
$20 < d \leqslant 50$	$1.0 < m_n \leqslant 1.5$	4.5	6.5	9	13	18
	$1.5 < m_n \leqslant 2.5$	6.5	9.5	13	19	26
$50 < d \leqslant 125$	$1.0 < m_n \leqslant 1.5$	4.5	6.5	9	13	18
	$1.5 < m_n \leqslant 2.5$	6.5	9.5	13	19	26
	$2.5 < m_n \leqslant 4.0$	10	14	20	29	41
$125 < d \leqslant 280$	$1.0 < m_n \leqslant 1.5$	4.5	6.5	9	13	18
	$1.5 < m_n \leqslant 2.5$	6.5	9.5	13	19	27
	$2.5 < m_n \leqslant 4.0$	10	15	21	29	41
	$4.0 < m_n \leqslant 6.0$	15	22	31	44	62
$280 < d \leqslant 560$	$1.0 < m_n \leqslant 1.5$	4.5	6.5	9	13	18
	$1.5 < m_n \leqslant 2.5$	6.5	9.5	13	19	27
	$2.5 < m_n \leqslant 4.0$	10	15	21	29	41
	$4.0 < m_n \leqslant 6.0$	15	22	31	44	62

表 9-13　径向圆跳动公差 F_r 的允许值（摘自 GB/T 10095.2—2008）

分度圆直径 d/mm	法向模数 m_n / mm	精度等级				
		5	6	7	8	9
		F_r / μm				
$20 < d \leqslant 50$	$2 < m_n \leqslant 3.5$	12	17	24	34	47
	$3.5 < m_n \leqslant 6$	12	17	25	35	49
$50 < d \leqslant 125$	$2 < m_n \leqslant 3.5$	15	21	30	43	61
	$3.5 < m_n \leqslant 6$	16	22	31	44	62
	$6 < m_n \leqslant 10$	16	23	33	46	65
$125 < d \leqslant 280$	$2 < m_n \leqslant 3.5$	20	28	40	56	80
	$3.5 < m_n \leqslant 6$	20	29	41	58	82
	$6 < m_n \leqslant 10$	21	30	42	60	85
$280 < d \leqslant 560$	$2 < m_n \leqslant 3.5$	26	37	52	74	105
	$3.5 < m_n \leqslant 6$	27	38	53	75	106
	$6 < m_n \leqslant 10$	27	39	55	77	109

对于没有提供数值表的偏差的允许值，可在对其定义及圆整规则的基础上，用表 9-5 中公式求取。当齿轮参数不在给定的范围内或供需双方商议同意后，可在计算公式中代入实际齿轮参数计算，而无须取分段界限的几何平均值。

9.5.2　齿轮侧隙指标公差值的确定

在设计时，选取的齿轮副的最小侧隙，必须满足正常储存润滑油、补偿齿轮和箱体温升引起的变形的需要。

齿轮副侧隙分为圆周侧隙 j_{wt} 和法向侧隙 j_{bn}。圆周侧隙便于测量，但法向侧隙是基本确定的，因为它可与法向齿厚、公法线长度、油膜厚度等建立起函数关系，因此齿轮副侧隙应根据工作条件，用最小法向侧隙 j_{bnmin} 来加以控制。而箱体、轴和轴承的偏斜、箱体的偏差和轴承的间隙导致的不对准和歪斜、安装误差、轴承的径向跳动、精度的影响、旋转零件的离心胀大等因素都会影响齿轮副的最小法向侧隙 j_{bnmin}。实际工作中最小法向侧隙 j_{bnmin} 可用计算法和查表法决定。

1. 计算法

综合各种影响因素，设计时最小法向侧隙的量值一般取补偿温升引起变形所需的最小法向侧隙 j_{bn1} 与正常润滑所必需的最小法向侧隙 j_{bn2} 之和：

$$j_{bnmin} = j_{bn1} + j_{bn2} \tag{9-12}$$

$$j_{bn1} = a(\alpha_1 \Delta t_1 - \alpha_2 \Delta t_2) \times 2\sin\alpha_n \tag{9-13}$$

式中，a 为中心距(mm)；α_1、α_2 为齿轮和箱体材料的线膨胀系数；Δt_1、Δt_2 为齿轮和箱体工作温度与标准温度(20℃)之差(℃)；α_n 为齿轮法向啮合角；j_{bn2} 涉及润滑方式和齿轮工作的圆周速度，其间关系的具体数值参见表 9-14。

表 9-14　j_{bn2} 的参考值　　　　　　　　　　　　　　　(单位：mm)

润滑方式	工作的圆周速度/(m/s)			
	低速传动 $v < 10$	中速传动 $10 \leqslant v \leqslant 25$	高速传动 $25 < v \leqslant 60$	高速传动 $v > 60$
喷油润滑	$0.01m_n$	$0.02m_n$	$0.03m_n$	$(0.03 \sim 0.05)m_n$
油池润滑	$(0.005 \sim 0.01)m_n$			

因为影响法向侧隙的因素较多，而实际中仅考虑以上两项因素，所以计算值偏小，因此实际设计时可以取：

$$j_{bnmin} \geqslant j_{bn1} + j_{bn2} \tag{9-14}$$

2. 查表法

对于齿轮和箱体都为黑色金属，工作时节圆线速度小于 15m/s，轴和轴承都采用常用的商业制造公差的齿轮传动，齿轮副最小侧隙 j_{bnmin} 可用下式计算，即

$$j_{bnmin} = 2/3(0.0005a_i + 0.03m_n + 0.06) \tag{9-15}$$

式中，a_i 传动的中心距，取绝对值(mm)。

由式(9-15)计算可以得出如表 9-15 所示的推荐数据，在设计工作过程中可以按照实际情况加以选用。

表 9-15　中、大模数齿轮最小侧隙 j_{bnmin} 推荐值(摘自 GB/Z 18620.2—2008)　　(单位：μm)

m_n	最小中心距 a_{min}					
	50	100	200	400	800	1600
1.5	0.09	0.11	—	—	—	—
2	0.10	0.12	0.15	—	—	—
3	0.12	0.14	0.17	0.28	—	—
5	—	0.18	0.21	0.28	—	—
8	—	0.24	0.27	0.34	0.47	—
12	—	—	0.35	0.42	0.55	—
18	—	—	—	0.54	0.67	0.94

　　齿轮轮齿的配合是采用基准中心距制，在此前提下，齿侧间隙必须通过减薄齿厚来获得，检测中可采用控制齿厚或公法线长度等方法来保证侧隙。

　　1)用齿厚极限偏差控制齿厚

　　为了获得最小侧隙 j_{bnmin}，齿厚应保证有最小减薄量，它是由分度圆齿厚上偏差 E_{sns} 形成的。对于 E_{sns} 的确定，可采用类比法选取，也可参考下述方法计算选取。当主动轮与被动轮齿厚都做成最大值即做成上偏差时，可获得最小侧隙 j_{bnmin}。通常情况下取两齿轮的齿厚上偏差相等，此时：

$$j_{bnmin}= \mid E_{sns1}+E_{sns2}\mid \cos\alpha_n=2\mid E_{sns}\mid \cos\alpha_n \qquad (9\text{-}16)$$

式中，α_n 为法向齿形角。

　　若主动轮与从动轮取相同的齿厚上偏差，则

$$E_{sns}=E_{sns1}=E_{sns2}=-j_{bnmin}/2\cos\alpha_n \qquad (9\text{-}17)$$

　　当对最大侧隙也有要求时，齿厚下偏差 E_{sni} 也需要控制，需进行齿厚公差 T_{sn} 计算。齿厚公差的选择要适当，公差过小势必增加齿轮制造成本；公差过大会使侧隙加大使齿轮反转时空转行程过大。齿厚下偏差可以根据齿厚上偏差和齿厚公差求得，齿厚公差 T_{sn} 可按下式求得

$$T_{sn} = \sqrt{F_r^2 + b_r^2} \times 2\tan\alpha_n \qquad (9\text{-}18)$$

式中，F_r 为径向跳动公差；b_r 为切齿径向进刀公差，可按照表 9-16 选取。

表 9-16　切齿径向进刀公差

齿轮精度等级	4	5	6	7	8	9
b_r	1.26IT7	IT8	1.26IT8	IT9	1.26IT9	IT10

　　此时，齿厚的下偏差 E_{sni} 可得

$$E_{sni}=E_{sns}-T_{sn} \qquad (9\text{-}19)$$

式中，T_{sn} 为齿厚公差。

显然若齿厚偏差合格，实际齿厚偏差 E 应处于齿厚公差带内，从而保证齿轮副侧隙满足要求。

2）用公法线长度极限偏差控制齿厚

齿厚偏差的变化必然引起公法线长度的变化。测量公法线长度同样可以控制齿侧间隙。在实际生产中，常用控制公法线长度极限偏差的方法来保证侧隙。公法线长度极限偏差和齿厚偏差存在如下关系。

公法线长度上偏差：

$$E_{bns}=E_{sns}\times\cos\alpha_n \tag{9-20}$$

公法线长度下偏差：

$$E_{bni}=E_{sni} \tag{9-21}$$

9.5.3　检验项目的选择

在检验时，测量全部轮齿要素既不经济也无必要。有些要素对于特定齿轮的功能并没有明显影响，且有些测量项目可以代替其他一些项目，如径向综合偏差能代替径向圆跳动检验。这些项目的误差控制有重复。检验项目的选用还需要考虑精度级别、项目间的协调、生产批量和检测费用等因素。各类齿轮推荐选用的检验项目组合见表9-13，供设计时参考。

GB/T 10095.1—2008 规定切向综合偏差是该标准的检验项目，但不是必检项目；齿廓和螺旋线的形状偏差和倾斜极限偏差有时作为有用的评定参数，但也不是必检项目。因此，为评定单个齿轮的加工精度，应检验单个齿距偏差 f_{pt}、齿距累积总偏差 F_p、齿廓总偏差 F_α 螺旋线总偏差 F_β。齿距累积偏差 F_{pk} 在高速齿轮中使用。当检验切向综合偏差 F_i' 和 f_i'，可不必检验单个齿距偏差 f_{pt} 和齿距累积总偏差 F_p。

GB/T 10095—2008 中规定的径向综合偏差和径向圆跳动由于检测时是双面啮合，与齿轮工作状态不一致，只反映径向偏差，不能全面反映同侧齿面的偏差，所以只能做辅助检验项目。当批量生产齿轮时，用 GB/T 10095.1—2008 规定的项目进行首检，然后用同样方法生产的其他齿轮就可只检查径向综合偏差 F_i'' 和 f_i'' 或径向圆跳动 F_r。它们可方便迅速地反映由于产品齿轮装夹等造成的偏差。

对于质量控制测量项目的减少须由供需双方协商确定。

此外，对单个齿轮还需检验齿厚偏差，它是侧隙评定指标。需要说明，齿厚偏差在 GB/T 10095.1～2—2008 中均未作规定，指导性技术文件中也未推荐具体数值，由设计者按齿轮副侧隙计算确定。

表 9-17　各类齿轮推荐的检查项目组合

用途		分度、读数	航空、汽车、机床		拖拉机、减速器、农用机械	透平机、轧钢机	
精度等级		3~5	4~6	6~8	7~12	3~6	6~8
功能要求	传动准确性	F_i' 或 F_p	F_i' 或 F_p	F_r 或 F_i''	F_r 或 F_i''	F_p	
	传动平稳性	f_i' 或 F_α 与 $+f_{pt}$	f_i' 或 F_α 与 $+f_{pt}$	f_i''	$+f_{pt}$	F_α 与 $+f_{pt}$	$+f_{pt}$
	载荷分布均匀性	F_β					

9.5.4　齿轮坯公差

齿轮的传动质量与齿坯的精度有关。齿坯的尺寸偏差、形状误差和表面质量对齿轮的加工、检验及齿轮副的接触条件和运转状况有很大的影响。为了保证齿轮的传动质量，就必须控制齿坯精度，以使加工的轮齿精度(齿廓偏差、相邻齿距偏差等)更易保证。

1. 确定齿轮基准轴线的方法

有关齿轮轮齿精度参数的数值，只有明确其特定的旋转轴线时才有意义。若测量时齿轮围绕其旋转的轴线有改变，则这些参数测量值也将改变。因此，在齿轮的图纸上必须把规定轮齿公差的基准轴线明确表示出来，事实上整个齿轮的几何形状均以其为基准，它也是制造者(和检测者)用来确定轮齿几何形状的轴线，是由基准面中心确定的，设计时应使基准轴线和工作轴线重合。根 GB/Z 18620.3—2008 规定，确定齿轮基准轴线的方法有以下三种。

(1)用两个"短的"圆柱或圆锥形基准面上设定的两个圆的圆心来确定轴线上的两个点，如图 9-23 所示。

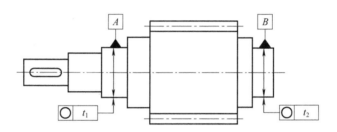

图 9-23　确定齿轮基准轴线的方法 1

(2)用一个"长的"圆柱或圆锥形基准面来同时确定轴线的位置和方向。孔的轴线可以用与之相匹配正确装配的工作心轴的轴线来代表，如图 9-24 所示。

(3)轴线位置用一个"短的"圆柱形基准面上一个圆的圆心来确定，其方向则用垂直于此轴线的基准端面来确定，如图 9-25 所示。

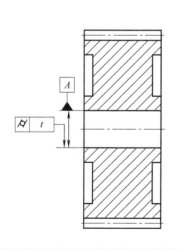

图 9-24　确定齿轮基准轴线的方法 2

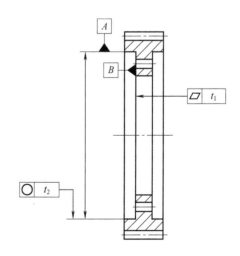

图 9-25　确定齿轮基准轴线的方法 3

2. 齿轮的形状公差及基准面的跳动公差

在 GB/Z 18620.3—2008 中对齿轮的形状公差及基准面的跳动公差也分别作了较为详细的规定，分别如表 9-18 和表 9-19 所示。

表 9-18　基准面和安装面的形状公差(摘自 GB/Z 18620.3—2008)

确定轴线的基准面	公差项目		
	圆度	圆柱度	平面度
用两个"短的"圆柱或圆锥形基准面上设定的两个圆的圆心来确定轴线上的两个点	$0.04\dfrac{L}{b}F_\beta$ 或 $0.1F_p$ 取两者中较小的值		
用一个"长的"圆柱或圆锥形的面来同时确定轴线的位置和方向。孔的轴线可以用与之相匹配并正确地装配的工作心轴的轴线来代表		$0.04\dfrac{L}{b}F_\beta$ 或 $0.1F_p$ 取两者中较小的值	
轴线位置用一个"短的"圆柱形基准面上一个圆的圆心来确定，其方向则用垂直于此轴线的一个基准端面来确定	$0.06F_p$		$0.06\dfrac{D_d}{b}F_\beta$

注：①齿轮坯的公差应减至能经济制造的最小值。
　　②L 为较大的轴承跨距，D_d 为基准面直径，b 为齿宽。

表 9-19　安装面的跳动公差(摘自 GB/Z 18620.3—2008)

确定轴线的基准面	跳动量(总的只是幅度)	
	径向	轴向
仅指圆柱或圆锥形基准面	$0.15\dfrac{L}{b}F_\beta$ 或 $0.3F_p$，取两者中的大值	
一个圆柱基准面和一个端面基准面	$0.3F_p$	$0.2\dfrac{D_d}{b}F_\beta$

注：①齿轮坯的公差应减至能经济制造的最小值。
　　②齿顶圆柱面的尺寸和跳动公差。

如果把齿顶圆柱面作为齿坯安装时的找正基准或齿厚检验的测量基准，其尺寸公差可参照表 9-20 选取，其跳动公差可参照表 9-19 选取。

表 9-20　齿轮孔、轴颈和顶圆柱面的尺寸公差

齿轮精度等级	6	7	8	9
孔	IT6	IT7	IT7	IT8
轴颈	IT5	IT6	IT6	IT7
顶圆柱面	IT8	IT8	IT8	IT 9

注：①当齿轮各参数精度等级不同时，按最高的精度等级确定公差值。
　　②当顶圆不作齿厚测量基准时，尺寸公差可按 IT11 给定，但不大于 0.1mm。

此外，齿轮的孔(或轴齿轮的轴颈)的尺寸偏差也影响其制造和安装精度，其公差可参照表 9-20 选取。

9.5.5　齿轮齿面和基准面的表面粗糙度要求

表面粗糙度影响齿轮的传动精度、表面承载能力和抗弯强度，也必须加以控制。直接测得粗糙度的参数值，可直接与规定的允许值进行比较，规定的参数值应该优先从表 9-21

所给的范围中加以选择，无论是 Ra 或 Rz 都可以作为一种判断依据，两者不应在同一部分使用。

表 9-21　齿轮表面粗糙度 Ra 的推荐值(摘自 GB/Z 18620.4—2008)　　　(单位：μm)

模数/mm	精度等级											
	1	2	3	4	5	6	7	8	9	10	11	12
$m<6$					0.5	0.8	1.25	2.0	3.2	5.0	10	20
$6{\leqslant}m{\leqslant}25$	0.04	0.08	0.16	0.32	0.63	1.0	1.6	2.5	4	6.3	12.5	2.5
$m>25$					0.8	1.25	2.0	3.2	5.0	8.0	16	32

除齿面外，齿坯其他表面的表面粗糙度可参照表 9-22 选取。

表 9-22　齿坯其他表面 Ra 的推荐值　　　　　　(单位：μm)

齿轮精度等级	6	7	8	9
基准孔	1.25	1.25～2.5		5
基准轴颈	0.63	1.25	2.5	
基准端面	2.5～5		5	
顶圆柱面	5			

注：①国标所规定的齿轮精度等级和表中的粗糙度等级之间没有直接关系。
　　②表中的表面状况等级并不与特定的制造工艺对应。

9.5.6　图样上齿轮精度等级的标注

当前正在使用的最新国家标准对齿轮精度等级进行了新的规定，而对图样的标注并无明确规定，仅仅提到在技术文件(齿轮图样、协议等)需要叙述齿轮精度要求时，应注明标准号，即 GB/T 10095.1—2008 或 GB/T 10095.2—2008 等。

关于齿轮精度等级标注的建议如下。

(1)齿轮的检验项目具有相同精度等级时，只需标注精度等级和标准号。

例如，8 GB/T 10095.1—2008 或 8 GB/T 10095.2—2008，表示检验项目精度等级(如齿距累积总偏差、齿廓总偏差、螺旋线总偏差等)同为 8 级的齿轮。

(2)若齿轮各检验项目的精度等级不同，则须在精度等级后面用括弧加注检验项目。

例如，$6(F_{\alpha})7(F_p、F_{\beta})$ 表示齿廓总偏差 F_{α} 为 6 级精度、齿距累积总偏差 F_p 和螺旋线总偏差 F_p 均为 7 级精度的齿轮。

(3)齿轮的径向综合偏差要求为 5 级时的精度标注为：5(F_1 和 f_1) GB/T 10095.2—2008。

9.6　齿轮精度设计示例

例 9-1　某减速器中一直齿齿轮副，模数 $m=3$mm，$\alpha=20°$，小齿轮结构如图 9-26 所示，齿数 $z=32$，中心距 $a_i=288$mm，齿宽 $b=20$mm，小齿轮孔径 $D=40$mm，圆周速度 $v=6.5$m/s，小批量生产。试确定齿轮的精度等级、齿厚偏差、检验项目及其允许值，并绘制齿轮工作图。

法向模数	m_n	3
齿数	z	32
齿形角	α	20°
螺旋角	β	0
径向变位系数	x	0
齿顶高系数	h_a	1
齿厚及其极限偏差	s_{Esmi}^{Esns}	$4.712_{-0.186}^{-0.100}$
精度等级	$8(F_p)$、$7(f_{pt}, F_\alpha, F_\beta)$ GB/T 10095.1—2008	
配对齿轮	图号	
检查项目	代号	允许值/μm
单个齿距极限偏差	$\pm f_{pt}$	±12
齿距累积总偏差	F_p	53
齿廓总偏差	F_α	16
螺旋线总偏差	F_β	15

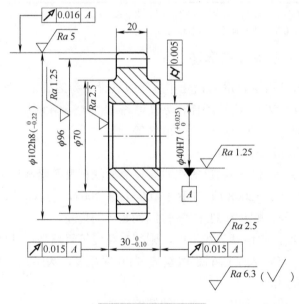

图 9-26 齿轮工作图

解：

1）确定齿轮精度等级

根据前述关于精度等级的选择说明（表 9-2、表 9-17），针对减速器，取 F_p 为 8 级（该项目主要影响运动准确性，而减速器对运动准确性要求不太严），其余检验项目为 7 级。

2）确定检验项目及其允许值

（1）单个齿距极限偏差 f_{pt} 允许值。查表 9-6 得 $f_{pt} = \pm 12\mu m$。

（2）齿距累积总偏差 F_p 允许值。查表 9-8 得 $F_p = 53\mu m$。

（3）齿廓总偏差 F_α 允许值。查表 9-9 得 F_α=16μm。

（4）螺旋线总偏差 F_β 允许值。查表 9-10 得 F_β=15μm。

3）齿厚偏差

（1）最小法向侧隙 j_{bnmin} 的确定。采用查表法，由式（9-1）得

$$j_{\text{bnmin}} = \frac{2}{3}\left(0.06 + 0.0005|a_i| + 0.03m_n\right)$$

$$= \frac{2}{3}\left(0.06 + 0.0005\times288 + 0.03\times3\right)\text{mm} = 0.196\text{mm}$$

（2）确定齿厚上偏差 E_{sns}。据式（9-2）按等值分配，得

$$E_{\text{sns}} = -j_{\text{bnmin}} / (2\cos\alpha_n) = -0.196 / (2\cos20°) = -0.104\text{mm} \approx -0.10\text{mm}$$

（3）确定齿厚下偏差 E_{sni}。查表 9-10 得 $F_r = 43$μm（也是影响运动准确性的项目，故按 8 级），$b_r = 1.26\text{IT9} = 1.26\times87$μm ≈ 110μm。按式（9-7）和式（9-8）得

$$T_{\text{sn}} = \sqrt{F_r^2 + b_r^2} \times 2\tan\alpha_n = \sqrt{43^2 + 110^2} \times 2\tan20°\text{μm} \approx 86\text{μm} = 0.086\text{mm}$$

$$E_{\text{sni}} = E_{\text{sns}} - T_{\text{sn}} = \left(-0.10 - 0.086\right)\text{mm} = -0.186\text{mm}$$

齿厚公称值为

$$s = \frac{\pi m}{2} = \frac{1}{2}\times3.1416\times3\text{mm} \approx 4.712\text{mm}$$

4）确定齿轮坯精度

（1）根据齿轮结构，选择圆柱孔作为基准轴线。由表 9-14，得圆柱孔的圆柱度公差为

$$f = 0.1F_p = 0.1\times0.053\text{mm} \approx 0.005\text{mm}$$

参见表 9-13，孔的尺寸公差取 7 级，即 H7。

（2）齿轮两端面在加工和安装时作为安装面，应提出其对基准轴线的跳动公差，参见表 9-12，跳动公差为 $f = 0.2\left(D_d / b\right)F_\beta = 0.2\times(70/20)\times0.015\text{mm} \approx 0.011\text{mm}$，参见表 4-11，相当于 5 级，精度较高，考虑到经济加工精度，适当放宽，取 0.015mm（相当于 6 级）。

（3）齿顶圆作为检测齿厚的基准，应提出尺寸和跳动公差要求。参见表 9-15，径向圆跳动公差为

$$f = 0.3F_p = 0.3\times0.053\text{mm} \approx 0.016$$

参考表 9-16，尺寸公差取 8 级，即 h8。

（4）参见表 9-21 和表 9-22，齿面和其他表面的表面粗糙度如图 9-26 所示。

5）其他几何公差要求

其他几何公差要求如图 9-26 所示。

6）画出齿轮工作图

齿轮零件图如图 9-26 所示（图中尺寸未全部标出）。齿轮有关参数见齿轮工作图右上角位置的列表。

9.7　新旧国标对照

考虑到目前在一些企业中还在使用 GB/T 10095—1988 等旧的国家标准(有些图纸中仍然大量标注旧的国家标准),为了前后衔接方便和便于精度一致性,对新国标(GB/T 10095.1—2008、GB/T 10095.2—2008)与旧国标(GB/T 10095—1988)作对照分析。

新旧国标的差异主要表现在如下方面。

1)标准的组成

新标准是一个由标准和技术报告组成的成套体系。而旧标准则是一项精度标准。

2)采用 ISO 标准的程度

新标准等同采用 ISO 标准,而旧标准是等效采用 ISO 标准。

3)适用范围

新标准仅适用于单个渐开线圆柱齿轮,不适用于齿轮副;对模数 $m_n \geqslant 0.5 \sim 70$mm、分度圆直径 $d \geqslant 5 \sim 10000$mm、齿宽 $b \geqslant 4 \sim 1000$mm 的齿轮规定了偏差的允许值(F_i''、f_i'' 为 $m_n \geqslant 0.2 \sim 10$mm、$d \geqslant 5 \sim 1000$mm 时的值),标准的适用范围扩大了。

旧标准仅对模数 $m_n \geqslant 1 \sim 40$mm、分度圆直径到 4000mm、齿宽 $b \leqslant 630$mm 规定了公差和极限偏差值。

4)偏差与公差代号

新标准中,各偏差和跳动名称与代号一一对应。旧标准则对实测值、允许值设置两套代号,如代号 Δf_f 表示齿形误差,而 f_f 表示齿形公差。

5)关于偏差与误差、公差与允许值

通常所讲的偏差是指测量值与规定值之差。在旧标准中和其他齿轮精度标准中,将能区分正负值的称为偏差,如齿距偏差 Δf_{pt},不能区分正负值的统称为误差,如幅度值等。在等同采用 ISO 标准的原则下,将齿轮误差改为齿轮偏差。

允许值与公差之间有不同之处。尺寸公差是尺寸允许的变动范围,即尺寸允许变化的量值,是一个没有正负号的绝对值。允许值可以理解为公差,也可以理解为极限偏差(上偏差和下偏差)。

6)精度等级

新标准对单个齿轮规定了 13 个精度等级,旧标准对齿轮和齿轮副规定了 12 个精度等级。

7)公差组和检验组

在精度等级中,新标准没有规定公差组和检验组。在 GB/T 10095.1—2008 中,规定切向综合偏差、齿廓和螺旋线的形状与倾斜偏差不是标准的必检项目。

8)齿轮坯公差与检验

新标准没有规定齿轮坯的尺寸与几何公差,而在 GB/Z 18620.3—2008 中推荐了齿轮坯精度。

9)齿轮副的检验与公差

新标准对此没有作出规定,而是在 GB/Z 18620.3~4—2008 中推荐了侧隙、轴线平行度和轮齿接触斑点的要求和公差。

具体的新旧国标差异见表 9-23。

表 9-23 新旧国标差异表

GB/T 10095.1~2—2008	GB/T 10095—1988	GB/T 10095.1~2—2008	GB/T 10095—1988
单个齿轮		单个齿轮	
单个齿距偏差 f_{pt} 及允许值 齿距累积偏差 F_{pk} 及允许值 齿距累积总偏差 F_p 及允许值 基圆齿距偏差 f_{pb} 及允许值 说明：见 GB/Z 18620.1—2008，未给出公差数值	齿距偏差 Δf_{pt} 齿距极限偏差 $\pm f_{pt}$ k 个齿距累积误差 ΔF_{pk} k 个齿距累积公差 F_{pk} 齿距累积误差 ΔF_p 齿距累积公差 F_p 基节偏差 Δf_{pb} 基节极限偏差 $\pm f_{pb}$	齿廓形状偏差 f_{fa} 及允许值 齿廓倾斜偏差 f_{Ha} 及允许值 齿廓总偏差 F_α 及允许值 说明：规定了计值范围	齿形误差 Δf_f 齿形公差 f_f
		切向综合总偏差 F_i' 及允许值 一齿切向综合偏差 f_i' 及允许值	切向综合误差 $\Delta F_i'$ 切向综合公差 F_i' 一齿切向综合误差 $\Delta f_i'$ 一齿切向综合公差 f_i'
径向圆跳动 F_r 及允许值	齿圈径向圆跳动 ΔF_r 齿圈径向圆跳动公差 F_r	径向综合总偏差 F_i'' 及允许值 一齿径向综合总偏差 f_i'' 及允许值	径向综合误差 $\Delta F_i''$ 径向综合公差 F_i'' 一齿径向综合误差 $\Delta f_i''$ 一齿径向综合公差 f_i''
螺旋线形状偏差 $f_{f\beta}$ 及允许值 螺旋线倾斜偏差 $f_{H\beta}$ 及允许值 螺旋线总偏差 F_β 及允许值 说明：规定了偏差计值范围，公差不但与 b 有关，而且与 d 有关	齿向误差 ΔF_β 齿向公差 F_β 螺旋线波度误差 $\Delta f_{f\beta}$ 螺旋线必读公差 $f_{f\beta}$		公法线长度变动 ΔF_w 公法线长度变动公差 F_w
	接触线误差 ΔF_b 接触线误差 F_b	齿厚偏差 齿厚上偏差 E_{sns} 齿厚下偏差 E_{sni} 齿厚公差 T_{sn} 说明：见 GB/Z 18620.1—2008，未推荐数值	齿厚偏差（规定了 14 个字母代号） 齿厚上偏差 E_{ss} 齿厚下偏差 E_{si} 齿厚公差 T_s
	轴向齿距偏差 ΔF_{px} 轴向齿距极限偏差 F_{px}		
齿轮副		齿轮副	
传动总偏差（产品齿轮副）F' 说明：见 GB/Z 18620.1—2008，仅给出了符号	齿轮副的切向综合误差 $\Delta F_{ic}'$ 齿轮副的切向综合公差 F_{ic}'	一齿传动偏差（产品齿轮）f' 说明：见 GB/Z 18620.1—2008，仅给出了符号	齿轮副的一齿切向综合误差 $\Delta f_{ic}'$ 齿轮副的一齿切向综合公差 f_{ic}'
圆周侧隙 j_{wt} 最小圆周侧隙 j_{wtmin} 最大圆周侧隙 j_{wtmax}	圆周侧隙 j_t 最小圆周极限侧隙 j_{tmin} 最大圆周极限侧隙 j_{tmax}	法向侧隙 j_{bn} 最小法向侧隙 j_{bnmin} 最大法向侧隙 j_{bnmax}	法向侧隙 j_n 最小法向极限侧隙 j_{nmin} 最大法向极限侧隙 j_{nmax}
接触斑点 说明：见 GB/Z 18620.4—2008，推荐了直齿轮、斜齿轮装配后的接触斑点	齿轮副的接触斑点	中心距偏差 说明：见 GB/Z 18620.3—2008，没有公差，仅有说明	齿轮副的中心距偏差 Δf_a 齿轮副的中心距极限偏差 $\pm f_a$
轴线平面内的轴线平行度偏差 $f_{\sum\delta}=2f_{\sum\beta}$	x 方向的轴线平面内的轴线平行度误差 Δf_x x 方向的轴线平面内的轴线平行度公差 f_x	垂直平面上的轴线平行度偏差 $f_{\sum\beta}=0.5\left(\dfrac{L}{b}\right)F_\beta$	y 方向的轴线平面内的轴线平行度误差 Δf_y y 方向的轴线平面内的轴线平行度公差 f_y
精度等级与公差组		齿轮检验	
GB/T 10095.1—2008 规定了从 0~12 级，共 13 个等级 GB/T 10095.2—2008 对 F_i''、f_i'' 规定了从 4~12 级，共 9 个等级；对 F_r 规定了 0~12 级，共 13 个等级	将齿轮各项公差和极限偏差分成 3 个公差组，每个公差组规定了 12 公差等级	GB/T 10095.1—2008 规定不是必检项目 GB/T 10095.2—2008 提示：使用公差表需协商一致 GB/Z 18620—2008 推荐了 Ra、Rz 数值表	根据齿轮副的使用要求和生产规模，在各公差组中选定检验组来鉴定和验收齿轮的精度

习题 9

9-1 齿轮传动的使用要求有哪些？彼此有何区别与联系？

9-2 产生齿轮加工误差的主要因素有哪些？齿轮加工误差如何进行分类？

9-3 齿轮传动 4 项使用要求的评价指标有哪些？

9-4 接触斑点应在什么情况下检验？影响接触斑点的因素有哪些？

9-5 齿轮精度标准中，对圆柱齿轮规定了多少个精度等级？选择精度等级应该考虑哪些因素？

9-6 已知某齿轮模数 m_n=3mm，齿数 z=32，齿宽 b=20mm，齿轮精度等级为 8 级。试求单个齿距偏差 f_p 的允许值(即极限偏差)和螺旋线总偏差 F_B 的允许值(公差)。

9-7 某通用减速器中有一对直齿圆柱齿轮副，模数 m=3mm，齿形角 α=20°，小齿轮齿数 z_1=32，大齿轮 z_2=96，齿宽 b=20mm，传递的最大功率为 5kW，转速 n=1280r/min，齿轮箱采用喷油润滑，齿轮工作温度 t_1=75℃，箱体工作温度 t_2=50℃。线膨胀系数：钢齿轮 a_1=11.5×10^{-6}/℃，铸铁箱体 a_2=10.5×10^{-6}/℃，小批量生产。试确定小齿轮精度等级，齿厚的上、下允许偏差，检验项目及其公差，齿坯公差。

参 考 文 献

封金祥，胡建国，2016．公差配合与技术测量[M]．北京：北京理工大学出版社．

甘永立，2010．几何量公差与检测[M]．9版．上海：上海科学技术出版社．

高晓康，陈于萍，2015．互换性与测量技术[M]．4版．北京：高等教育出版社．

韩进宏，2017．互换性与技术测量[M]．2版．北京：机械工业出版社．

韩进宏，王长春，2006．互换性与测量技术基础[M]．北京：北京大学出版社．

李翔英，蒋平，陈于萍，2013．互换性与测量技术基础学习指导及习题集[M]．北京：机械工业出版社．

刘卫胜，2015．互换性与测量技术[M]．北京：机械工业出版社．

刘晓玲，齐庆国，2015．公差配合与技术测量[M]．长春：吉林大学出版社．

罗冬平，2016．互换性与技术测量[M]．北京：机械工业出版社．

毛平淮，2010．互换性与测量技术基础[M]．2版．北京：机械工业出版社．

毛平淮，2016．互换性与测量技术基础[M]．3版．北京：机械工业出版社．

万书亭，2012．互换性与技术测量[M]．2版．北京：电子工业出版社．

汪坚，2015．极限配合与技术测量[M]．北京：机械工业出版社．

王伯平，2010．互换性与测量技术基础学习指导及习题集与解答[M]．北京：机械工业出版社．

王伯平，2013．互换性与测量技术基础[M]．4版．北京：机械工业出版社．

王槐德，2004．机械制图新旧标准代换教程-修订版[M]．北京：中国标准出版社．

王长春，2018．互换性与测量技术基础(3D版)[M]．北京：机械工业出版社．

徐茂功，2015．极限配合与技术测量[M]．北京：机械工业出版社．

张民安，2002．圆柱齿轮精度[M]．北京：中国标准出版社．

张爽，2012．极限配合与零件检测(任务驱动模式)[M]．北京：机械工业出版社．

张玉，刘平，2014．几何量公差与测量技术[M]．沈阳：东北大学出版社．

赵则祥，2015．互换性与测量技术基础[M]．北京：机械工业出版社．

周文玲，2013．互换性与测量技术[M]．2版．北京：机械工业出版社．

周兆元，李翔英，2018．互换性与测量技术基础[M]．4版．北京：机械工业出版社．

周哲波，2012．互换性与技术测量[M]．北京：北京大学出版社．

朱定见，葛为民，2015．互换性与测量技术[M]．大连：大连理工大学出版社．